私有云架构设计与实践

尤永康　梅　磊　刘松涛　蒋　迪 著

上海交通大学出版社
SHANGHAI JIAO TONG UNIVERSITY PRESS

内容提要

本书通过现状、通用架构与模型、技术实现基础、典型案例与用例等四个部分,阐述基于 KVM 环境中的私有云构建元素。

通过本书,读者会了解到 KVM 私有云的主流实现技术,包括架构、模拟器、存储、网络等基础知识等。最后的部分会对 VDI 的几个典型场景以及运维、测试、调节与优化等有针对性地叙述,读者可以直接将其运用到产品或项目中。

图书在版编目(CIP)数据

私有云架构设计与实践／尤永康等著. —上海:
上海交通大学出版社,2019
(电子工程与计算机科学)
ISBN 978-7-313-22087-5

Ⅰ.①私… Ⅱ.①尤… Ⅲ.①云计算 Ⅳ.
①TP393.027

中国版本图书馆 CIP 数据核字(2019)第 227367 号

私有云架构设计与实践
SIYOUYUN JIAGOU SHEJI YU SHIJIAN

著　　者:尤永康　梅　磊　刘松涛　蒋　迪

出版发行:上海交通大学出版社　　　　地　　址:上海市番禺路 951 号
邮政编码:200030　　　　　　　　　　电　　话:021-64071208
印　　制:上海天地海设计印刷有限公司　经　　销:全国新华书店
开　　本:787 mm×1092 mm　1/16　　印　　张:20.25
字　　数:464 千字
版　　次:2019 年 12 月第 1 版　　　　印　　次:2019 年 12 月第 1 次印刷
书　　号:ISBN 978-7-313-22087-5
定　　价:88.00 元

版权所有　侵权必究
告读者:如发现本书有印装质量问题请与印刷厂质量科联系
联系电话:021-64366274

"大数据与计算机科学"系列教材

—— 编 委 会 名 单 ——

| 顾　问 |

John Hopcroft　中国科学院外籍院士,图灵奖获得者

何积丰　中国科学院院士

梅　宏　中国科学院院士

蒋昌俊　东华大学校长

过敏意　千人计划,计算机学会常务理事

施伯乐　复旦大学计算机研究所所长

邵志清　上海市经济和信息化委员会副主任

| 主　任 |

傅育熙　教育部高等学校教学计算机类专业教学指导
　　　　委员会副主任委员

| 副主任 |

臧斌宇　上海交通大学软件学院院长

汪　卫　复旦大学计算机科学技术学院副院长

黄林鹏　上海交通大学计算机科学与技术系副主任

| 编 委 会 委 员 |

（排名不分先后）

曹珍富　华东师范大学计算机科学与软件工程学院密码与网络安全系主任

崔立真　山东大学计算机科学与技术学院副院长

何钦铭　浙江大学计算机科学与技术学院副院长

黄冬梅　上海海洋大学信息学院院长

江建慧　同济大学软件学院副院长

蒋建伟　上海交通大学软件学院副院长、MOOC 推进办副主任

马　啸　中山大学数据科学与计算机学院副院长

秦磊华　华中科技大学计算机科学与技术学院副院长

陶先平　南京大学计算机科学与技术系副主任

童维勤　上海大学计算机工程与科学学院计算机科学与技术系主任

薛向阳　复旦大学大数据学院副院长

虞慧群　华东理工大学信息科学与工程学院副院长

朱　敏　四川大学计算机学院副院长

前　言

本书特色

　　根据中国信息通信研究院发布的《云计算发展白皮书》，云计算的发展，已经进入到第二个 10 年。全球云计算市场趋于稳定增长，尤其在中国，由于传统 IT 基础设施的发展相对发达国家有一定差距，云计算作为新兴的 IT 基础架构，仍然处于高速增长阶段，预计未来几年市场平均增长率在 22% 左右，到 2021 年市场规模将达到 2 461 亿美元。云计算已经深入包括政府、金融、部队、运营商、教育等行业。目前市场上有众多的厂商，基于不同的云计算技术，提供了不同的解决方案。本书将围绕企业云平台建设的场景以及各类技术的落地应用，以及企业云平台的架构设计和实践，帮助读者更好的理解云平台最佳的落地实践。

　　Linux 下早期有以 Xen 为核心的虚拟化技术，但由于其代码的臃肿导致其未能并入 Linux 内核中，现在由以 Citrix 领导的社区维护。KVM（Kernel Based Virtualization）作为后起之秀在服务器虚拟化应用中已经可以完全替代 Xen，并且在桌面虚拟化中也有替代 Xen 的趋势。所以现在不少公司 IT 部门对 KVM 云平台研发与部署都有比较大的投入，以期构建完整的云平台。

　　本书的将首先提取私有云平台架构中的基本要素，然后再针对这些基本要素结合私有云的特点，"模型化"地讲解虚拟化技术核心知识，从而让读者能够比较自由且准确地修改架构以满足其需求。在最后，笔者将针对虚拟化中大家较为关心的技术实现细节提出具体的用例，也有关于运维、测试的一些建议。

读者对象

　　本书主要适合于以下读者：

　　（1）云架构师；

（2）虚拟化研发工程师；

（3）运维工程师；

（4）产品工程师；

（5）云计算初学者；

如何阅读本书

在开始阅读之际，请读者先了解本书的整体结构，以有目的的阅读，每个章节部分都能在下图找到对应位置。

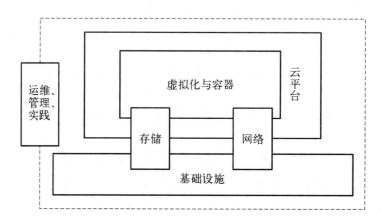

全书分为4篇：

第1篇以国内当下的私有云环境为背景，讲述各个私有云厂商的发力点，以及在典型客户中遇到的痛点；

第2篇从主流云平台中提取其通用架构，并结合私有云的特点阐架构原则，包括基础设施以及软件模型；

第3篇将系统地介绍私有云中的包括虚拟化、存储、网络在内的工具，除使用外，也将说明一下其基本原理，从而使读者更加正确地利用这些工具。对于开发者和入门者而言，这些章节也可作手册查询使用；

第4篇为笔者在开发、部署、维护私有云平台的实践经验、案例，列举现在私有云行业比较关心的种种问题并提供用例。

笔者期望本书能够帮助私有云从业者少走些弯路，在一些关键性问题上提供原则性指导和建议，由于经验有限，本书并不能事无巨细地涵盖私有云的各个方面，只期能达到"授之以渔"的目的。

目　录

第一篇　私有云现状

第二篇　架构设计

第三篇　私有云核心技术与应用

第四篇　实践与拓展

第一篇

私有云现状

第1章 私有云行业现状

随着技术的发展,公有云、私有云所提供的业务已经在部分领域互相融合,并且在行业客户方面也有较大突破,不再局限于 IT 企业而渗入了制造、银行、汽车等诸多行业中。相比公有云,私有云具有本地部署、管理受控、带宽充裕等特点而受到客户青睐。

本章首先将介绍公有云与私有云在通用标准上的区别,然后再通过私有云在一些典型行业落地时遇到的痛点,向读者概述现阶段国内私有云的状况。

1.1 私有云概念

私有云首先属于"云"的范畴,它仍然符合 IaaS、PaaS、SaaS 分层定义,以及更细化的虚拟化、云存储、CDN、负载均衡、应用程序平台和数据库服务等。近些年来国内外关于"云"的讨论与实践来从未中断,但由于其种类较多、厂家宣传过分渲染、受众群体较为分散等诸多因素,导致大众对"云"的理解存在些许偏颇。

首先,"云"的通用功能是提供某种 IT 服务,其服务仍然以计算、存储、网络等资源中的某个或某些元素为载体,并可通过量化指标测量其服务质量。这些元素在不同层面的组合即是不同种类的服务,比如 IaaS 层面提供虚拟机运行环境,PaaS 层面提供应用运行环境,SaaS 层面则直接提供终端应用。终端用户与服务提供商对"云"的理解有所不同——终端用户认为它是无所不在、随用随取、具有一定安全性和可靠性的服务实体,而服务提供商则将其定义为有弹性、可扩展的、前景广阔的 IT 基础架构。但不论从哪个角度考虑我们都会有一点共识,那就是"云即服务"。

公有云与私有云有几点关键差别,比如服务对象、基础设施规模等方面。公有云依托其强大的网络基础设施,面向整个互联网提供服务;私有云面向一些团体用户,公共网络资源较少。表 1-1 是公有云与私有云的在各方面的对比。

在某些情况下两者也存在交叉,比如有厂商会提供私有云下的公有云管理套件,也有公有云下自建私有云的解决方案,而这些也是当前"混合云"的一种存在形式。

表1-1 公有云与私有云特点对比

	公 有 云	私 有 云
服务对象	互联网服务	企业内部服务
公网资源	充沛	较少
服务种类	丰富	单一/丰富
服务质量	不可控	可控
基础设施规模	极大	小/大

本书的私有云介绍将以提供基础架构的开源 IaaS、PaaS 为主,除特别说明,以后章节提及"私有云"即表示"IaaS"或"PaaS",不代表其他类型服务。

1.2 多云管理平台

多云管理平台(Cloud management platforms)是一个可以同时提供公有云、私有云管理的平台。

在过去的十几年中,虚拟化和云计算技术已经帮助企业 IT 运维人员可以抽象和整合基础 IT 设施,并帮助企业数据中心实施转型,同时,虚拟化和云计算技术还极大地降低了企业投资 IT 部门的 TCO。过去,数据中心机器的上架、操作系统的安装、应用程序的配置需要耗费大量的人天。而随着虚拟化和云计算技术的发展,这些工作只需要系统管理员点击几下鼠标,然后从模板部署即可以轻松完成。

然而,随着业界公有云和私有云的共同发展,提供的服务也面向不同的场景。企业的业务也会根据不同的服务对象部署在不同的云平台上。通常,一些企业内部的业务,如开发测试环境,ERP,OA 系统,放在私有云上,一些对外提供服务的业务,如网站系统,会员服务系统,会放在公有云上。那么,CMP 在这种场景下就应运而生,CMP 的主要功能体现在以下三个方面。

(1)提供公有云、私有云的统一管理能力

对企业 IT 人员来说,可以通过一套 Portal 实现不同云平台的统一管理能力。减少操作的复杂性。

(2)快速地开通整个服务堆栈

企业 IT 人员能够通过 CMP,快速地跨私有云和公有云开通整个服务堆栈,而无需来回切换公有云和私有云的控制台,且可以减少一些复杂的配置操作。CMP 通常会封装各个云平台的 API,提供统一的外部 API,让跨云的自动化业务部署上线能够快速通过 API 实现。

(3)精准地运营企业的 IT 资源

CMP 需要确保相关业务在不同平台下的运营效率最佳,并通过实时的监控和运营数据确保业务能够达到最佳的运行效率和最佳的性能。让企业 IT 人员能够像运营企业一样来运营云环境。

CMP 的优势主要体现在以下几个方面。

（1）选择多样

CMP 作为一个管理平台，允许企业 IT 人员自由选择对应的云平台供应商，企业 IT 人员可以充分满足企业内部用户的不同需求。

（2）消费透明

对于企业内部的用户，通过 CMP，他们能够更清楚地看到自己的预算消费到了哪里。对于企业 IT 人员，他们能够充分证明自己提供了哪些服务。

（3）提高跨云运营效率

通过 CMP，企业 IT 人员无需再辗转于各个云平台供应商提供的界面，只需在一套界面下即可完成所有操作。CMP 通常提供的 API 接口，也可以帮助开发测试运维人员快速完成资源的自动化开通和业务上线。

（4）节约成本

通过 CMP 的运营数据，企业 IT 人员能够快速决定采取何种措施降低 IT 资源的使用成本。

（5）降低风险

业务通过 CMP 部署在不同的云平台，或通过 CMP 实现业务的跨云备份，可以降低因为单一云平台的故障导致整个业务长时间不可访问的风险。

1.3　边缘计算

CMP 是云计算发展的必然补充，随着客户业务的不断发展，单一的云平台已经无法满足客户业务多样性的要求，为了实现更高效的使用云计算资源，对多个云平台的统一管理、使用和运营催生了 CMP 平台的发展。

而边缘计算是近几年兴起的新概念，目前，业界关于什么是边缘计算，还有着不同认知。

维基百科认为：边缘计算是一种分散式运算的架构，将应用程序、数据资料与服务的运算，由网络中心节点，移往网络逻辑上的边缘节点来处理。边缘运算将原本完全由中心节点处理大型服务加以分解，切割成更小与更容易管理的部分，分散到边缘节点去处理。边缘节点更接近于用户终端装置，可以加快资料的处理与传送速度，减少延迟。在这种架构下，资料的分析与知识的产生，更接近于数据资料的来源，因此更适合处理大数据。

Gartner 认为，边缘计算是一种新兴的拓扑结构，这个结构基于分散式的计算模型，该模型让计算节点尽可能地靠近数据和内容的源头。

边缘计算产业联盟认为，边缘计算是在靠近物或数据源头的网络边缘侧，融合网络、计算、存储、应用核心能力的分布式开放平台，就近提供边缘智能服务，满足行业数字化在敏捷联接、实时业务、数据优化、应用智能、安全与隐私保护等方面的关键需求。它可以作为联接物理和数字世界的桥梁,使能智能资产、智能网关、智能系统和智能服务。

虽然主流机构对于边缘计算的精确定义众说纷纭,但是我们仍然能够看到边缘计算有如下几个特征。

分散式部署。边缘计算节点和传统的云计算节点不同,不再集中部署在某一个或多个数据中心内部,而是分散在不同的地域或区域,更加靠近数据的源头。

节约网络流量。因为边缘计算节点更加靠近数据源头,所以大量数据的采集和处理只需要在边缘侧完成,只有部分需要进一步处理的数据、备份的数据或处理的结果需要上传给中心云平台,因此,可以节约大量的网络流量。

提供计算、存储、网络能力。边缘计算节点在不同场景下需要提供不同的服务,但是几乎都需要计算、存储、网络功能,来进行边缘数据的计算处理,对处理后的数据进行存储,以及通过网络功能对外上传。

协同处理。边缘计算节点需要和云端节点进行通信,接受并执行云端资源调度管理策略,并和云端节点实现数据的协同处理和交换。

目前,国际主流的云计算巨头都已经开拓边缘计算业务,推出自己的边缘计算产品。

AWS 推出了 AWS IoT Greengrass,将云功能扩展到本地设备的软件。该软件使设备能够收集和分析更靠近信息源的数据,自主应对本地事件,并在本地网络上相互安全地通信。

微软也发布了 Azure IoT Edge 边缘侧产品,将云分析扩展到边缘设备,支持离线使用,同时聚焦边缘的人工智能应用。

谷歌也在 2018 年推出了硬件芯片 Edge TPU 和软件堆栈 Cloud IoT Edge,可将数据处理和机器学习功能扩展到边缘设备,使设备能够对来自其传感器的数据进行实时操作,并在本地进行结果预测。

阿里云推出了 Link IoT Edge,是阿里云能力在边缘端的拓展。它继承了阿里云安全、存储、计算、人工智能的能力,可部署于不同量级的智能设备和计算节点中,通过定义物模型连接不同协议、不同数据格式的设备,提供安全可靠、低延时、低成本、易扩展、弱依赖的本地计算服务。同时,可以结合阿里云的大数据、AI 学习、语音、视频等能力,打造出云边端三位一体的计算体系。

甚至原先一些主打私有云场景的厂商,也针对边缘计算场景,推出更加轻量级的边缘计算节点。能够以更低的成本,运行在边缘场景,提供计算、网络、存储的虚拟化功能,并提供业务的高可用保证,同时和云端协同工作。

可以看到,边缘计算将会是云计算的一个有益补充,随着物联网技术的发展,边缘计算将会成为未来云发展的一个不可替代的部分。

1.4 国内私有云企业与落地场景

目前国内市场的私有云可以按产品类型和客户群体进行垂直和水平细分。垂直细分即按照私有云的相关产品进行分类,包括软件平台、服务器设施、接入终端等;水平细分即按照它们所面向行业客户类型进行划分。

1.4.1　企业细分

基础设施软件

根据云平台的服务提供内容,比如虚拟机、应用环境、云存储、计算、数据库、网络等可以将云分为 IaaS、PaaS、SaaS。表 1-2 是各个层次中的主流私有云市场典型项目或公司。

表 1-2　私有云平台典型项目/产品

云 平 台 类 型	项目/公司
IaaS	OpenStack、VMWare、ZStack 等
PaaS	Rancher、OpenShift、CloudFoundry 等
SaaS	Salesforce

国内市场中,在各个层次都有公司参与,其中以 IaaS 和 SaaS 最多、PaaS 相对较少。根据笔者的初步统计,国内目前在 IaaS 层拥有私有云产品(软件、硬件)并且有行业案例的公司超过 100 家,其中以桌面云为主要软件产品且运营两年以上的公司有超过 30 家;PaaS 层由于其受众以开发人员为主,所以在国内主要以互联网公司内部使用为主,但随着 Docker 的火热也有公司开始涉足私有云形式的 PaaS 平台,他们目前以中小型互联网公司、理工科学校等有大量软件开发需求的客户为主;SaaS 出现最早,国内电商公司在这方面有丰富的经验积累,并且私有云形式的 SaaS 也是最容易落地的,比如 CRM、OA、ERP 系统等。

基础设施硬件

服务器厂商在国内的私有云行业中处于"大卖家"的地位。首先无论是使用公有云、私有云,总免不了服务器的采购。同时我们可以从这些年来服务器厂商的产品目录中发现,他们中很多都开始以云计算、大数据为关键字准备了各种配置的服务器、存储和网络设备等,某些厂商还推出了类似 OpenRack 的一体化机柜、计算存储一体的超融合架构解决方案等。

比较值得注意的是,当政企、学校等单位的 IT 部门的提出需求时,首先会知道此消息的很可能是各一线集成商代表,又由于服务器采购在政企采购中的比例较大,此时集成商会考虑到价格、风险等因素而就客户需求的相关解决方案优先咨询服务器厂商,所以有一部分私有云平台厂商在进入相关行业领域时又主要依托于服务器厂商。

应用软件

无论是 IaaS 还是 PaaS,应用软件绝大多数情况下都会作为企业客户面向用户提供的服务载体,比如中间件、数据库、业务应用等。而随着云平台的普及,应用软件或多或少都会面向基础设施软件进行定制(目前最为常见的方法即是进行容器化无状态封装),从而在不改变用户习惯的同时增强本身对于基础设施的适应性。

而对于一般私有云厂商而言,对应用软件的支持形式可以多种多样,比如模板、应用市场、平台集成等,根据应用支持程度增强,厂商对应用的支持能力也需随之提高。

功能性厂商

功能性厂商是从公有云/私有云角度出发,将特定的功能或场景进行扩展或移植,功能本身与云平台基础设施可进行解耦,比如灾备、VDI、安全等。

一方面云厂商如果仅仅提供单一的虚拟化、存储、网络等基础设施产品,就难以满足用户多样性的需求;另一方面则是由于科技的发展,新的应用、新的技术层出不穷,云厂商需要频繁更新、迭代其产品,从而使新业务发展成为可能。

以 AWS 为例,最早的站点页面上仅有虚拟化、消息队列、对象存储等十余种基础设施以及简单的微服务产品,而现在则涵盖了区块链、大数据、机器学习、AR/VR 甚至卫星等百余种科技服务与产品。对于用户来说,可以用相对较低的基础设施成本享受便利的技术产品服务是云计算带来的主要好处,这也促使着他们往云上迁移更多业务与应用。

1.4.2　落地场景

对于传统的 IT 架构来说,其实现"云"化的过程多是基于现有系统升级为虚拟化,并辅之以资源池化等措施,渐渐转化为一个完整的私有云。接下来,笔者将根据业务对云产品的需求特点划分为不同的场景并进行针对性介绍。

通用场景

通用场景私有云的建设根据具体业务对 IT 需求程度而有所差异(比如政府、制造业、零售等),总体来说传统行业的业务对信息化的依赖较小,但是信息化为其又有助于改善、拓展业务。随着国内各云厂商的推广,私有云从曾经的公有云对立面到现在形成的两者相辅相成的混合云局面,在政企 IT 建设中已经成为不可或缺的部分。

1) 场景模型

私有云通用场景模型可以简单概括为图 1-1。

图 1-1　私有云通用场景模型

通用场景的基础设施根据其业务规模,按照业务区域或者行政区域进行划分,其目的主要是满足容灾、管理以及部分非技术驱动的需求。

外部服务与内部服务一般是独立资源,外部服务即直接面向外部用户,内部服务集群面向内部人员,内外部服务的数据有部分互通。

服务入口是面向终端用户的直接平台,一般与内部服务入口整体分离,也可以在实现时使用"角色"与"权限"进行逻辑隔离,根据具体业务要求进行选择。

当业务推动基础设施与服务集群达到一定规模后,平台运营和安全方面的需求都会凸显出来。以传统企业为例,在私有云的建设过程中往往会有 IaaS 之上的 PaaS、SaaS 需求,他们在以服务的形式提供到用户时,建设者需要考虑得更多,包括计费、自服务、可用域、应用市场等等平台化运营细节,安全服务也会自底向上贯穿着整个服务体系中。所以,企业在选择私有云时,需要考虑控制层面的随时更新,以对未来的数据面变化作出快速应对。

可扩展性

企业以盈利为本,业务与 IT 无关的企业在 IT 基础设施的投资往往十分谨慎,所以其采购部门对于云平台的成本还是非常在意的。早年间就虚拟化产品的采购,客户的选择十分有限。但随着技术发展,单纯的虚拟化功能面对用户业务的扩张已经捉襟见肘,客户自然也对功能提出了新的需求,从而迫使云平台本身具备较高的可持续性发展能力,比如额外提供更上层的产品或服务、开放易用的平台 API 接口等。如此一来,客户的 IT 基础架构便具备了从传统的烟囱式向更为先进的自服务架构过渡的能力,随之而来的是未来 IT 资源利用率提高、总体成本的相对降低等诸多好处。

2) 安全防护

相比于传统架构,云中的安全所关注的问题与之既有的相同,但是也存在方向上的差异。在技术方面,云平台中的用户依然关注数据安全、传输安全、管理安全等,所以绝大多数传统安全手段都同样适用。但是方向上,如果客户本身是整体云平台的拥有者,那么他可能对多租户、公有服务的安全更为重视,而作为用户本身可继续按照传统架构处理。为了满足云平台中的用户的安全需求,云平台厂商一般会提供多种安全产品与服务,比如虚拟防火墙、堡垒机、数据库审计、漏洞扫描等,以求在不改变用户习惯的前提下更方便地用户实施自己的安全方案。

3) 小结

通用场景下的云平台需要具备虚拟化、多租户、资源隔离等基本功能,能够满足如此要求的云平台相对较多,对于用户来说他们的区别即在于产品稳定性、并发性能、功能细节等多方面的"打磨"程度。

专一功能场景

当用户业务已经相当成熟且短期内难以发生改变时,云平台在其中的角色也往往以代替或增强某类现有功能出现。以教育行业为例,它是目前国内很多虚拟化厂商都在发力的市场。在各类院校中,IT 基础设施的体量或许不同,但是功能大多类似。

场景模型

在以高校、普教、职校为重点的教育行业项目中,一般都有教学机房、教师桌面采用云桌面(虚拟桌面)的场景。图1-2是从基础设施角度构造的教学机房桌面与教师桌面共存场景模型。

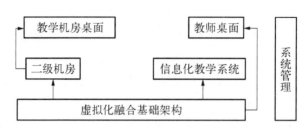

图1-2 服务提供角度的教育云模型

对于学校中使用的桌面,一般可分为教师办公桌面和机房教学桌面。

教师桌面即普通办公桌面,主要用途即为教师提供日常办公软件,一般无特殊要求。而机房教学桌面有安装软件繁多、使用时间固定、并发量大等特点,比较考验虚拟化产品的综合素质。桌面安装软件除日常办公软件外,也包括各种文字、图形密集类教学软件,也极有可能安装影音广播教学类软件。只有在某些特殊情况下(比如上网审计软件要求、管理教师要求),桌面中才会要求安装杀毒软件。

管理教学机房的教师一般会使用传统管理方法对其进行维护,比如使用无盘技术或者系统还原保护功能的软、硬件。他们虽然有一定技术能力并乐意接受云桌面,但在接受程度以及学习能力上有较大差异。根据多个学校教师、管理员的反馈,认为具有排课管理、作业收发等传统教育软件功能、且淡化了云概念的产品更容易被教学教师所接受。

在普教、职教学校中,他们的基础设施多以硬件为主,并且多数学校中缺乏具有企业网管经验的管理员。随着越来越多的学校接入教育网增强了之间的互联,校园网络已经不是往日单纯的"局域网",导致安全问题日益突出,校方也已经意识到了这点并开始部署规范的网络安全套件。

如此场景中的教师办公桌面和机房教学桌面,如果使用一般云平台进行构造则需要很多优化甚至改造,在国内教育软件繁杂的情况下,后者的云平台化问题尤其突出。

4) 多媒体教学

对于进入教育行业的云平台厂商,可能都会遇到新旧交替环境中必须面对的问题——多媒体广播教学。

传统教学机房使用硬件广播卡、广播软件来进行教学。在虚拟化环境中,由于广播卡与物理机直接连接,一般不影响传统教学体验,但纯软件形式的广播教学套件就有所不同了。首先,这类软件进行视频广播时,默认会利用本地显卡的硬解能力,而一般虚拟化产品中并没有支持这类特性的专门虚拟化硬件,所以会带来体验上的损失。很多教学软件厂商已经意识到这个问题,在其广播教学软件中加入了软解选项,能很好地改善其在虚拟化环境中表现。其次,在语音教学环境中,对语音质量的要求比较高,而语音质量的好坏除了网络环境外,教学软件、虚拟化软件实现方式对其也有一定影响。比如笔者在某次测试中,某品牌的云桌面在公司网络下同步很好且无杂音,但是到了客户机房后就出现了声音含杂音、不同步、音量小等意外,后来虽然经过软件优化有所改善,但仍达不到客户要求。所以关于私有云桌面的多媒体语音、视频方面,厂商要充分考虑自身软件特性和教学软件特性,做好针对性优化的同时并结合客户网络环境进行充分调研,这个场景也适用于很多呼叫中心(VoIP、传统PBX)。

5)3D支持

对设计专业、工科等专业来说,3D设计、3D模拟、3D建模都是很常见的课程。而3D设计软件如果采用学生机的本地独显能很好地应付,但是到了采用开源方案的虚拟化产品中就往往需要多方软硬件的配合才能达到预期效果。

以常见的3D设计软件Adobe Fireworks为例,在不支持GPU加速的云桌面中,使用原生Spice协议甚至维持在20 MBps,对于拥有几十台教学机的机房而言,这点是不可接受的。而校方针对这些3D教学类的桌面云项目,比较稳妥地做法多是采用Citrix,目前极少使用国内的私有云桌面产品。但是随着KVM中vGPU及对应桌面协议的发展,采用开源的私有云平台已经有所突破。对KVM下vGPU以及相关桌面协议技术细节的读者可以参考第十章相关内容。

6)软件增量分发

在教学环境中,学生PC上的软件往往需要持续更新,或者学期过程中也会有一些临时软件需要安装。针对这种场景,传统的教学软件主要有两种做法:一是采用同传的方式进行部署,即在某台机器上安装新软件后,再将其作为同传服务器以传送新系统到其他机器中;第二种是将新安装的软件单独打包,再通过教师机进行批量分发安装。而在私有云桌面环境下,一般采用模板镜像替换的方法,即将软件安装至虚拟机的模板中并以链接形式替换现有虚拟机的镜像文件,但是限制也是只能适用于无状态的桌面。

7)小结

目前国内教育行业虚拟化虽然前景广阔,但伴随着现有虚拟化产品的一些弱点以及人们对桌面云教学的担心,厂商在学校中全面推广云桌面的道路上走的比较艰辛。比较令人欣慰的是国内某地已经有基于开源实现的大规模并发桌面云实例了,并且某些厂商针对离线环境下的云桌面也已经有产品推出,笔者相信这些都是私有桌面云在教育行业落地的良好开端。

宕机零容忍场景

传统行业的IT架构中,基础设施的稳定性根据具体业务而有所差异,一般其核心业务要求最为严格。国内金融行业尤其银行业,他们在一些新业务和周边业务中已经使用虚拟化,并逐步向云平台转移。

此类场景中,除计划停机外不允许任何时段的服务中断,且大部分实现需要基础设施、业务应用以及互联网服务提供商共同参与才能做到。我们以较为前端的银行柜台为例,其他业务将在下文的面向服务类场景中描述。

1）场景模型

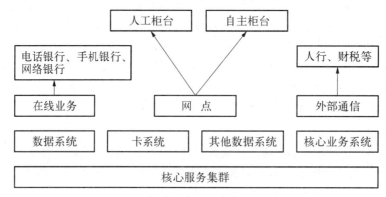

图 1-3　通用银行服务架构模型

由于历史原因,银行现阶段的核心业务仍有部分在小型机中运行,x86 服务器份额在逐渐提高并且慢慢取代小机承载核心业务。由于银行行业的特殊性质,他们的"云"化步伐比较缓慢,目前其研发中心、服务集群机房中的虚拟化产品以虚拟化服务器为主,相对"激进"的云桌面则在研发中心、营业网点中有部分应用。

柜台桌面的用途较为单一,其系统经历了早期的 DOS 到现在的 Windows 7,柜员也只限于在上面查询、办理业务。所需软件除 Office 以为,也有本行开发的软件与某些杀毒软件。其外设较多,常见的有高拍仪、POS 机、读卡设备、密码键盘等。柜台桌面一般会要求还原模式的桌面,大型网点部署在网点内部,小型网点部署在机房,由 IT 部门定期维护,系统一旦部署完成之后维护较少。

2）繁杂外设

银行柜员桌面的外接设备繁多,除 USB 口以外也有串口、并口等设备。这些对于物理机来说都很轻松,但是到了虚拟机以后,就会可能会出现难以预料的问题,笔者总结有如下原因。

原始数据压力:设备接入到虚拟机以后,数据传输所需的额外带宽可能会对柜员机的其他业务产生影响,降低实时性,但是如果将可压缩数据进行无损压缩,对服务器和客户端又带来一定压力,需要较高性能的服务器与客户的才能保证实时性,势必又会导致虚拟化成本的上升。

种类繁杂:由于设备与接口繁多,一般的虚拟化厂商需要投入很大一部分人力与财力,甚至要开发专门的硬件设备来辅助进行重定向操作。很多设备尽管接口相同,但经过重定向以后仍然可能会出现不可识别的情况,需要厂商到现场进行测试甚至开发。

3）高实时性

影响柜台桌面实时性要求的主要因素有两个,一个是客户端到桌面的连接,另一个是桌面到业务系统的连接。

一般由于云桌面是由 IT 部门直接部署在离业务系统逻辑位置较近的地方,其网络质量较高,可以保证桌面到业务系统的延迟满足要求。但是客户端到桌面的网络是使用银行专有网络,网点到机房的带宽有限,并发高了以后网络拥堵所造成的延迟甚至丢包都会出现。

目前很多国内厂商的侧重点集中在桌面协议上,技术手段诸如增量传输、流媒体透传等,目的都在于增强用户体验、减少带宽。但当出现上述的各种外设透传时,就会带来更多的带宽压力和延时,鲜有国内厂商能够在协议上进行比较深度的优化。

4)小结

银行业相较于其他行业,其 IT 技术既先进又保守。准确的切入点除了满足以上需求外,更重要的是稳定性,而这是需要我们去慢慢积累与沉淀的。

面向服务类场景

不管是私有云还是公有云,它们早期都以提供虚拟机为主,典型代表即是 Amazon AWS、阿里云等最早提供公有云 IaaS 服务的平台,现在也都已经提供接近 200 个产品与服务了。虽然当时公有云 SaaS 已经很成熟,但是由于其目标客户群体较为单一,导致在国内影响力远不如 IaaS 甚至 PaaS。在笔者成文时,正是国内公有云形成格局的时期——中小厂商占据着云市场的"一小块蛋糕",而"大块蛋糕"被拥有广泛群众基础的公有云厂商所占有。

(1)如果建设的云平台以面向应用极其复杂、体量分布广泛的用户为主,那么我们可以将此类场景归结为面向服务类场景。此种场景对云平台的软硬件以及架构方式等都很苛刻。

服务分类

虽然服务器所承载的业务很多,但是从基础设施角度看它们仅仅是资源数量与质量的区别,所以笔者在此仅将其按照资源的依赖程度进行划分。图 1-4 中的六边形是一个 SQL 服务器的参考分类模型,可看到它对 CPU、内存、存储 I/O 质量都有较高的要求,存储容量次之,网络需求最小。

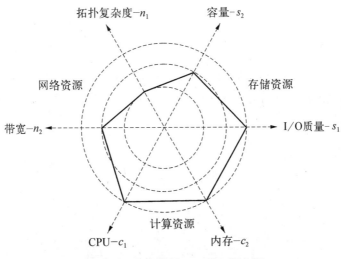

图 1-4　分类模型——SQL 服务器

图中将计算、存储、网络分别按照量化标准进行两个维度的扩展，c_1、c_2 代表计算资源中的 CPU 和内存，测量标准为核数和内存容量；s_1、s_2 代表存储资源的容量和 IO 质量，测量标准为存储容量和 IOPS；n_1、n_2 代表网络资源中的带宽和拓扑复杂度，测量标准为带宽大小和拓扑层级。同时用三个同心圆代表程度，半径越大说明越依赖此种资源。为统一起见读者可以使用标准差表示，可以根据实际情况变化维度或者依赖程度，比如 CPU 计算资源中添加 CPU 核数和主频。

在私有云平台中，用户往往比较关心如下几点。

• 用新利旧：虚拟化相关服务即可以在新服务器，又可以在已有服务器上进行部署。

• 性能最优：某些虚拟机可以独占物理机某些资源（CPU、网络、硬盘），从而保证其业务服务器性能相对最优。

• 业务连续：包含两方面，一是某些物理服务器业务需要完整迁移至虚拟服务器，二是关键业务虚拟机的无中断服务（高可用）。

• 监控统计：除去业务、物理服务器监控外，也要有虚拟服务器的状态监控，可以进行各种统计并形成表格。

• 资源整合：能够使用已有的网络、存储基础设施乃至虚拟化平台组建新的资源池，或者提供完整的资源池化解决方案。

（2）平台鲁棒性

当面向服务类的云平台一旦开放后，用户行为对平台来说就相当于极为全面的"黑盒测试"，比如各种资源的超分、平台 API 的不断请求、整体用度的持续更新甚至机房意外断电等，都考验着云平台本身的设计能力。这一点不止体现在公有云中，在最考验产品化能力的私有云中也十分突出，尤其是并发以及故障恢复方面。

（3）小结

整体而言，面向服务类场景中的云平台对平台构建者的服务水平、综合技术储备、产品把控能力相对要高。

1.5 总结

与其他技术一样，云平台产品在行业中落地为私有云时总会遇到各种问题，了解私有云各组件的功能、特点，同时又能正确地认知客户环境的业务模型，将会是我们合理建设私有云架构的关键。

第二篇

架构设计

第 **2** 章　基础架构设计

在开始讨论私有云的架构之前我们首先确定一件事情,即没有架构是完美的,总是根据实际业务慢慢优化,最终满足或者超越最初需求。

私有云客户与公有云客户最大的不同是——客户对私有的"云"在管理层面上拥有较大的权限,可以很放心地把有涉及公司或者单位隐私的东西放进"云"中,出现意外时可以要求管理员随时处理。并且私有云就服务器规模、SLA、防火墙、计费、安全性等级要求等方面而言,与公有云的侧重点不大相同,架构上自然也要区别对待。

本章会从基本原则、架构安全、"云"化架构三个方面叙述基础架构的设计实现,涉及的技术细节笔者尽量在后面的基础知识章节部分加以叙述。

2.1　基本架构原则

基础设施架构的核心即是整合计算、存储与网络三种资源,而在配置这些时我们需要在扩展性、稳定性及冗余性达到一定要求。

　　□　稳定性

基础架构的稳定性对于一个平台是至关重要的。存储、网络、计算节点自身的稳定性,以及它们之间通信的稳定性,都时时刻刻影响着用户体验。

即使是稳定性非常好的系统,也应该在平时的运维,即监控以及出现故障时的跟踪、定位、解决上花一定功夫。现在国内很多云平台厂商都没有提供服务状态报告,比如可用性、地域延迟、资源统计等,相比国外的主流平台而言仍有很大差距。

　　□　扩展性

扩展性包含两个方面:横向扩展(scale out)和纵向扩展(scale up)。

集群横向扩展主要包括计算节点、存储、网络资源"节点级别"的扩展。如新添加了服务器、交换机等整机设备。需要注意的是,节点加入集群后,其上的所有业务均能在新节点正常运行;同时,新节点的加入对普通用户来说是透明的,即用户一般不会感知到集群的横向扩展。

纵向扩展即是整机中加入新的 CPU、内存、硬盘、网卡等组件以提高单机性能。

平台在进行横向扩展时,也可使用其他平台的资源。比如企业内现有国际品牌的虚拟化产品,如果国内厂商的虚拟化产品能够直接使用原平台的虚拟机、虚拟硬盘甚至是虚拟网络的话,那么对企业来说,这个过渡将会非常轻松。现在能够提供云平台 API 的厂商比较多,而能够作为参考标准的只有 Amazon、OpenStack、VMWare 等国际化平台。本书成文时,中国信息技术标准化组织目前尚未制定出"及时"的标准,但已经成立了很多的工作组,如服务器虚拟化、桌面虚拟化、云存储等,相信他们也很快推出统一标准。

□ 冗余性

冗余性是稳定性和扩展性的补充。对于私有云而言,成本往往仅能保证稳定性,而在冗余性保障上有较少的支出。当成本不足以满足所有基础资源的冗余性的时候,就要根据具体环境来判断,尽量保持它们不同资源上冗余能力的平衡,最大限度地减少潜在风险。

2.1.1　合理的存储配置

私有云中存储配置是整个架构的重点,它承担着整个平台的数据,所以这里一般需要进行重点配置。除了传统存储架构外,也有以 Nutanix 为首的厂商提出了超融合架构,即存储与网络一样也可以进行软件定义。目前对多数国内私有云厂商来说,超融合的一般实现即是在虚拟化平台中添加分布式存储的后端与前端管理,可对计算节点资源进行复用,从而降低项目整体成本。

不管何种形式,它们对平台的提供的功能都是相同的,接下来笔者针对私有云平台的存储基础架构予以介绍,相关的存储知识读者可以阅读本书的第 7 章。

接入方式

私有云中的存储配置按照接入平台的方式可分为本地存储和共享存储,而它们本身的组合方式又是自由的。除传统的本地存储和网络存储外,也有 NFS 存储可以挂载后作为计算节点的本地存储,或者计算节点上的空闲空间组合为分布式存储等方法。图 2－1和图 2－2 分别是本地存储与共享存储的接入方式示例。本地存储即直接使用本地磁盘或

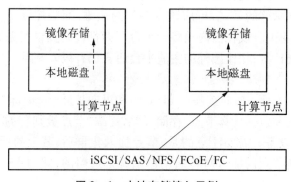

图 2－1　本地存储接入示例

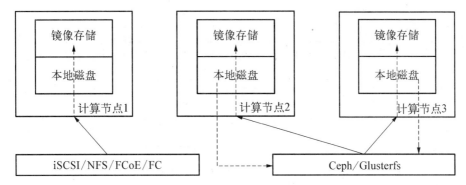

图 2 - 2　共享存储接入示例

者 iSCSI、SAS 等设备作为镜像存储,虚拟机实例与镜像在同一主机中,而共享存储下虚拟机实例可在任意主机中打开镜像并运行,从而使得虚拟机热迁移成为可能。

图 2-1 中有本地硬盘、共享存储/FC/SCSI 存储作为本地存储的两种用例;图 2-2 中节点 1 直接使用外部存储作为共享存储,节点 2 和 3 提供本地硬盘作为 Ceph/Glusterfs 的存储后端,再使用 Ceph/Glusterfs 作为共享存储。存储的接入方式对平台性能、稳定性甚至使用体验上都有直接或间接的影响。

□ 当使用共享存储时:

- 虚拟机可以进行在线迁移,合理利用服务器资源,增加业务连续性;
- 计算节点宕机不会造成虚拟机单点故障,提高稳定性;
- 可以更灵活地应用备份机制,并且扩容相对简单,提高可维护性;
- 可与其他业务或者平台共享存储,提高扩展性;
- 存储与计算节点逻辑、物理都分离时,架构清晰;
- 对网络连接路径较为依赖,计算节点增加时可能需要增加线路隔离流量;
- 可以利用网络缓存机制,减轻启动风暴影响,但对共享存储设备有一定要求。

□ 当使用本地存储时:

- 虚拟机更加独立,某个用户的过度使用不会造成其他虚拟机的读写性能影响,增强用户体验;
- 可以利用更高效的本地缓存机制,减轻启动风暴的影响;
- 存储成本投入较小;
- 计算节点宕机时会造成其上所有机器不可访问,即单点故障损失较大,影响平台稳定性;
- 虚拟机在线迁移有难度,难以平衡集群负载。

我们选择接入方式时需要综合考虑业务类型、成本、用户体验、风险控制等等各方面因素,尽量避免对整个平台的稳定性和性能造成负面影响。

存储后端

存储后端即平台存储资源的核心,组成部件不止于机械硬盘、固态硬盘,也包括其通信链路、固件等物理架构,如图 2-3 所示。存储后端性能与其上的虚拟机紧密相关,当选择不当的时候会降低平台整体性能,而导致用户体验不佳。

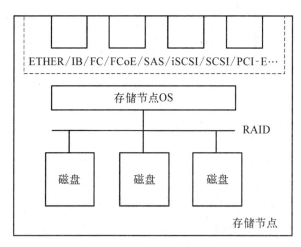

图2-3 存储节点物理架构

多数项目方案中既有高速存储设备,又有相对低速的存储设备,我们要根据"业务"来规划存储使用。接下来我们做一次实验,用数据简单说明虚拟机硬盘格式与物理存储的相互影响,其中我们使用一块SSD硬盘代表性能较高的高速存储,一块SAS硬盘代表相对低速存储,这里的"业务"是启动不同克隆方式①创建的虚拟机并进入桌面。

> **相关链接**
>
> ### "完整克隆"与"链接克隆"
>
> 在KVM虚拟化平台中,有两种创建实例的常用方式:完整克隆与链接(增量)克隆,在以后章节中会有详细介绍。
>
> 完整克隆即完全复制模板配置信息与硬盘文件,硬盘的复制方式一般为cp或者qemu-img convert。如此创建的实例,其硬盘与模板硬盘相对独立,在服务器存储上拥有各自的存储位置,所以在读写操作时受机械盘磁头引起的小区域并发问题影响较小,缺点是创建时需要花费一定时间,不能满足秒级创建的需求。
>
> 链接克隆即新建虚拟机时只复制模板配置信息,硬盘文件则是以原硬盘为模板的增量硬盘。**如此创建的硬盘对模板硬盘的依赖程度较高,对于硬盘内已有文件的读操作(比如启动系统时)绝大部分在模板硬盘上进行,所以在传统机械盘上多个实例的并发导致的启动风暴更容易在此种格式的硬盘上发生。**

本次实验环境中,笔者使用一台双路E5-2630v3、128G内存的服务器,两块企业级SSD(其中一块为服务器系统,另一块虚拟机存储)和一块企业级SAS硬盘(虚拟机存储),将1G内存、单核、全新安装的XP虚拟机作为模板。为了防止虚拟机进入系统后进行文件索引等占用空间的操作,模板虚拟机建立之前开机"静置"了一段时间直到其资源用度无明显变化。

---

① 克隆方式,Types of Clone, https://www.vmware.com/support/ws5/doc/ws_clone_type of done.html

□ 企业级 1T SAS 硬盘虚拟机批量启动实验

此时新建的实例和模板都位于 SAS 硬盘上。同时启动 20 台虚拟机后,全部虚拟机在 300 秒左右进入桌面。启动 20 台虚拟机过程中的服务器 CPU 及 I/O 用度如图 2-4 所示。

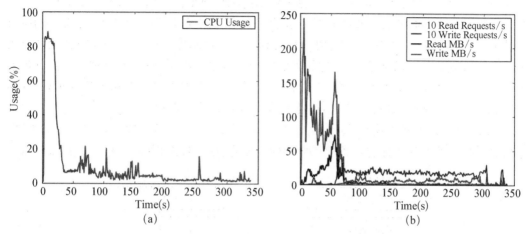

图 2-4　于 SAS 硬盘中启动 20 台虚拟机的 CPU 及 I/O 用度

(a) 主机 CPU 用度　(b) I/O 用度,读写请求与速度

□ 企业级 480G SSD 虚拟机批量启动实验

此时新建的实例和模板都位于 SSD 硬盘上。同时启动 20 台虚拟机后,全部虚拟机在 35 秒左右进入桌面。启动 20 台虚拟机过程中的服务器 CPU 及 I/O 用度如图 2-5 所示。

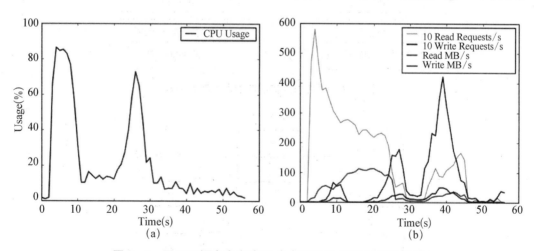

图 2-5　于 SSD 硬盘中启动 20 台虚拟机的 CPU 及 I/O 用度

(a) 主机 CPU 用度　(b) I/O 用度,读写请求与速度

可以看出,高速设备比低速设备拥有更高的 IOPS 以及读写速度。目前两者成本相差很多,所以全部使用高速存储会增加很多成本。在实际实施中,高速和低速设备搭配使用,比如将高速设备用于存储模板和某些高 IOPS 虚拟机,低速设备用于存储普通虚拟机,这样从成本和用户体验综合考量,方可获得比较合理的配置。

2.1.2 稳定的网络基础

一个优秀的 IT 架构一定有一个优秀的网络基础。网络在私有云,尤其是桌面云中的影响有时比存储更加直接。在搭建私有云的过程中,更多的项目是在已有 IT 架构的基础上进行延展,而不是厂商独立的架构。所以对整个用户端网络框架有个清晰认识就显得很重要。在我们接触的项目中,有比较多的问题是网络不稳定、框架不合理造成的。虽然我们在项目中极少拥有对用户网络改造的权力,但是也要在网络上下功夫认真规划,并在关键结点与客户及时沟通,尽量减少网络因素带来的诸多"麻烦事"。

图 2-6 是以业务为核心的通用私有云架构,图 2-7 则是从计算节点出发网络视图,它们的共同点都是对网络进行了较为严格的区分,但划分标准不同,读者在很多云平台中

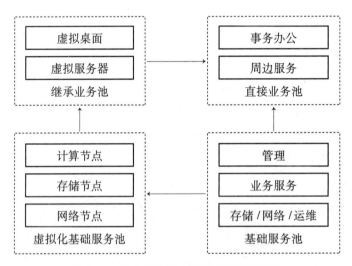

图 2-6 以业务为核心的通用私有云架构

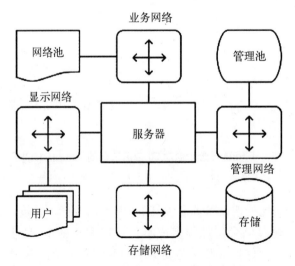

图 2-7 以计算节点为中心的网络架构

都会看到类似架构。其中会涉及虚拟化网络基础与软件定义网络(SDN)等知识点,具体内容读者可阅读本书的第 6 章。

对于构建一个稳定的网络基础来说,传统 OSI 七层模型很有参考价值,而侧重协议实现的 TCP/IP 的四层模型也很实用,在此我们使用它们的混合模型来分层讨论。图 2-8 是 OSI 网络模型与 TCP/IP 模型。

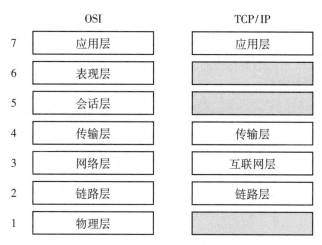

图 2-8　OSI 模型与 TCP/IP 模型

传统 OSI 在服务、接口、协议有所侧重,但是它由于历史原因以及实现等问题,现在仅仅被人奉为"经典",具有的参考价值大于实用价值。而 TCP/IP 的实现由于其模型简单,很大程度上促进了互联网时代的来临,但是使用它来描述如蓝牙网络,基本上是不可能的了。而混合五层模型既吸收了它们的优点,又在一定程度上回避了它们的缺点。图 2-9 即是混合网络模型。

同存储资源一样,我们在构建私有云网络基础的时候也要关注其稳定、扩展、冗余的能力,同时注意成本,以下笔者将分别对这 5 层进行介绍。

图 2-9　OSI 与 TCP/IP 混合模型

物理层

在物理层,我们需要做出的选择有传输介质和有线/无线传输方式。

表 2-1　网络线材分类

分　类	光　纤	万　兆　铜　缆	千/百兆双绞线
最大带宽	100 Mb~100 Gb	10 Gb	100 Mb~1 Gb
能量衰减	极低	低	中
最大长度	300 m~40 km	100 m	100 m
成本估算	中—高	中—高	低

在后端资源链路中,一般有计算到存储之间,计算到网络之间,存储到存储之间以及计算、网络、存储的内部通信链路。其数据量或高或低,对于私有云而言可以采取后端全万兆的链路以减少后端对整个平台产生的短板效应。比如对于私有云而言批量启动是会经常出现的,所以至少计算节点与存储的链路一定要有所保证,从而防止网络带宽成为存储能力的制约影响用户体验。

服务器与前端的链路数据根据私有云业务而异,主要是控制台画面传输、交互(键鼠输入、外设重定向数据、语音等)、文件传输(云存储)等。一般到客户端汇聚层的链路使用千兆网络线,到客户端使用千兆/百兆网络。

数据链路层与网络层

这两层中我们要关注的部分主要是不同层次的交换机/路由配置、IP、VLAN 的划分,除非对于完全自主搭建网络的厂商,否则我们只要了解其基本拓扑和路由配置即可。

目前比较主流的网络规划为环网+星形拓扑,并且按照核心层、汇聚层和接入层区分职责,如图 2 - 10 所示。

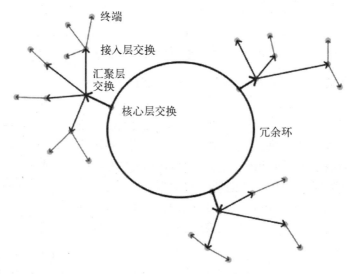

图 2 - 10　星形+环形网络拓扑

其中有几点需要注意:

- 组网的有多种,不同规模可以使用不同的混合拓扑;
- 在私有云的架构中,网络标签更偏向以功能逻辑而不是以地理位置区分。这点在开源云实现中体现的很明显,比如 Mirantis OpenStack 的网络规划以及 oVirt 的逻辑网络;
- 由于后端资源链路较多,一般情况下会使用 VLAN(tagged/untagged)来进行隔离;
- 非核心资源尽量采用 DNS+主机名的方式进行搭建,防止以后 IP 变化带来的维护困难;
- Bonding(链路聚合)是比较常用的增加网络冗余和带宽的措施,但要注意交换机关于 bonding 负载均衡的策略,防止 bonding 无实际效果,比如 IP、MAC、TCP Port 的组合方式;
- 交换机尽量采购同一品牌,以免增加运维人员负担。

传输层与应用层

我们需要保持网络稳定高效主要是为了这两层,因为它们对用户接入、桌面协议、业务网络、资源网络、控制协议等有直接影响。

其中,从用户端到云平台需要保持良好通信的有 http(s)、spice/vnc 等,服务器之间则有 ssh、sql、telnet、smtp、pop 等之间影响业务等应用层协议。

而在传输层中,经常出现的问题有网络拥堵、过载、超时、延迟等问题。比如当一端等交换机或者设备达不到处理大量报文所需的计算能力时,就会导致丢包或者多次重发的现象;当有错误或者恶意报文进行广播时,局域网所有机器都会返回错误包而导致广播风暴;当有大量机器重启从 DHCP 服务器获取 IP 时,也会对服务器造成很大负载;报文的超时时间对应用的影响也很大,过低会导致在网络繁忙时大量应用超时,过高会引起传输效率变低从而影响视频等实时应用卡顿。

在设计时我们需要注意以下几点:

首先,终端/服务器的带宽要尽量保证不高于内部直接连接的网络带宽,否则当网络端(有意/无意/恶意)发送大量报文时,会造成服务器网卡处理能力的大幅下降,影响其上的应用性能。

其次,适量增加封包大小,减少数据发送次数,从而降低网卡负担。

其三,适量调整报文超时时间,减少网络繁忙时产生拥堵。

其四,在可以压缩传输层协议头或数据的条件下优先压缩协议头,从而减少报文传输次数降低流量。

总之,私有云网络设计与传统网络架构设计相比,需要考虑的变量更多。尤其近些年软件定义网络的发展,以及 OpenStack、VMWare 中网络虚拟化的推进,客户对厂商的综合素质要求更高了。

2.1.3 可靠的计算资源

考量计算资源的标准,不止于物理服务器的性能、安全、稳定等因素,还有计算节点组成的集群所具有的能力,如负载均衡、高可用等。接下来,笔者将根据硬件、软件配置并结合私有云的特性进行计算资源服务器的选择,以期达到合理配置计算资源的目的。

服务器硬件

通常情况下,CPU、内存是决定服务器能够承担多少负载的决定性因素,而存储、NUMA 等扩展属性保证着服务器运行的功能性和稳定性。

多数厂商在部署私有云时,往往按照 CPU 逻辑核总数和虚拟机总核数按 1∶X 来分配,当虚拟机有卡顿或者其他情况出现时,再调整比例。而这一点在笔者看来是很不好的习惯,因为它忽略了一些因素,比如 CPU 最大主频、非 NUMA 核间数据拷贝代价、虚拟机运行程序时的保证峰值负载等。在此推荐使用一个经验公式来计算:

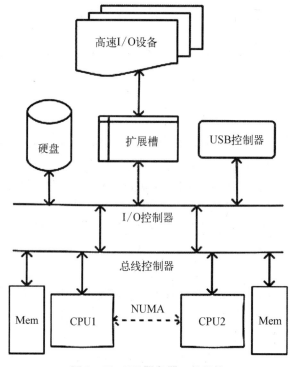

图 2 - 11　PC 服务器一般架构

$$cap = \begin{cases} \text{sockets} \times \text{cores} \times \text{frequency}, \ (\text{HT} = 0) \\ \text{sockets} \times \text{cores} \times \text{frequency} \times 1.2, \ (\text{HT} = 1) \end{cases}$$

PC 服务器的一般架构如图 2 - 11 所示。其中,sockets、cores、frequency 分别代表服务器的物理 CPU 数量、单 CPU 线程数、最大主频,当超线程 HT 打开(为真)时获得 20% 的提升,否则不提升,cap 代表服务器的能力。读者可以访问 Intel ARK 网站(或手机 App)查询具体的 CPU 参数。

假设一个 Windows 7 桌面普通办公流畅的最小负载为 2.0 GHz,使用双路 Intel E5 - 2630 v3,则 cap 为 61.44 GHz,即我们这台服务器可以保障 30 台单核 Windows 7 桌面流畅运行。由于桌面应用程序往往可以利用多核特性,所以我们会考虑分配其双核甚至四核,同时其单核负载下降,亦可以看做 2×1 GHz,加之峰值负载下的机器并发量少,我们可以再适当增加虚拟机数量。在选配 CPU 时,我们要根据实际负载、桌面应用、成本等因素综合考量,尽量减少 CPU 性能的不足或者过剩。

NUMA 技术和主板 CPU 省电选项(C1E 等)同样也会影响服务器 CPU 性能。NUMA 技术会大幅提高 CPU 间通信,换句话说,当有较多进程存在时,利用 NUMA 可以减少进程在 CPU 之间切换的时间,一般建议打开。对于高 I/O、低 CPU 利用率的应用,主板使用 C1E 或者更深度的电源管理选项(C1/C3 /C6)时会较大程度地影响其性能。目前在 KVM 中,缺少 C1E 实时开关的选项,所以建议在 BIOS 设置中关闭此项。

内存技术也是影响虚拟机的重要因素,目前在 KVM 中可以使用内存气球、巨页、KSM 等技术提高内存使用效率。虽然内存可以超分(overcommit),但我们仍然要保证物理内存不小于所有虚拟机分配内存,因为内存不足导致的问题一般比较严重,对于服务器来说甚然。另外,当内存充足时建议关闭 swap 分区,因为在数据拷贝期间发生交换将带来比较严重的性能损失。

计算节点的硬盘配置可分为系统盘和数据盘,系统盘即运行虚拟化节点所需操作系统的硬盘,数据盘即用于本地存储或者共享存储的硬盘。当采用共享存储时,可以省去服务器数据盘配置。

扩展插槽中可以添加 RAID 控制器、JBOD 控制器、显卡、网卡等高速设备。而 USB 控制器则用于加密狗、U‐Key 透传等功能。这两项外设扩展在特定的服务器中可以进行额外扩展。

操作系统

计算资源的操作系统首先要做到效率高、稳定性好、兼容性好,其次是无状态、易维护等。

在效率上我们能进行很多比较系统的优化,比较通用的有进程调度、驱动程序优化、I/O优化等。通用的优化做好以后就可能需要对具体硬件进行针对性的驱动、调度优化。通用的优化是可移植的,而针对具体硬件的优化难以保证,所以我们在这两方面应有所取舍。

稳定性是考量系统的重要标准之一,影响它的因素或是系统本身,或是软件,或是硬件。一般私有云厂商在进行实施之前,如有可能会对服务器进行连续中低压测试,确保其稳定性后再进行软件的部署。而服务器硬件兼容性问题伴随着硬件厂商和操作系统厂商(尤其 RedHat)的紧密合作,它的出现情况已经比较少了。但是一旦出现兼容性问题,一般都比较难以排查,往往需要硬件厂商提供协助。

所谓无状态操作系统,即我们需要这个计算节点异常断电重启后无须人工干预继续提供服务。它提供了一种类似还原模式的操作系统,降低了系统损坏后难以修复的概率同时减少了运维负担。其实现方式比较多,包括 DOM 盘、PXE、SQUASHFS 等。

至于易维护性的对象,主要针对服务器的状态监视、系统软件修复/升级。

相关链接

操作系统的选择

目前主流云平台多基于 CentOS/RHEL 或者 Ubuntu 系统。其主要原因就是其生命周期与知识库——CentOS 每个大版本是 10 年左右,Ubuntu/Debian 为 5 年,SUSE为 10+3 年(期限虽长但对应云平台知识库较少)。当然,影响我们对服务器选择的因素中,软件也占据大部分,比如图 2‐12 就是虚拟化相关软件的通用架构,其中哪部分使用或高或低配置的服务器甚至虚拟机作服务器还是要调研一番更为妥当。

(资料来源:https://zh.wikipedia.org/wiki/Linux 发行版列表。)

软件服务

在分布式架构中,不同的软件服务一般部署在不同的服务器上,这样就会使单独的软件服务模块更具可维护性和部分性能上的优势。以 IaaS 为例,常用的软件服务模块如图 2－12 所示。

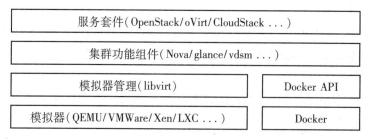

图 2－12　开源云平台虚拟化相关功能软件架构

其中,我们重点考虑的软件模块是模拟器部分(关于开源的 x86 模拟器 QEMU 读者可以参考第 4 章内容)。

首先,模拟器会对计算节点的 CPU 特征有一定要求。以虚拟机迁移为例,现在的虚拟化实现不能进行异构迁移,即虚拟机 vCPU 不能在迁移后改变其 CPU 特征,这就要求集群中的计算节点使用统一的 CPU 特征组启动模拟器,并且所有计算节点的 CPU 至少属于同一架构。其次,模拟器会对计算节点的 CPU 性能有一定要求。私有云中常常会有重点业务虚拟机,它们对 CPU 性能、内存等计算资源有较高要求,此时我们就需要赋予较高资源优先级,保证它们在资源充裕且状态良好的计算节点上运行。然后,如果虚拟机需要使用常驻的外部设备,那么我们就需要进行设备透传或重定向。而现有的模拟器实现不能在设备已与虚拟机连接的情况下进行迁移,这就只能将此虚拟机在固定的计算节点上运行,从而要求此计算节点需要拥有数量合适的外部设备或接口。最后,某些模拟器的性能会受主板设置的影响,比如 CPU 电源管理,这就要求计算节点需要针对具体的模拟器类型作出相应设置,保证模拟器性能最优。

需要注意的是集群中的网络组件,以 Neutron 为例,其 OVS 节点在网络数据包较多的情况下,会对本地 CPU 造成不小的压力从而引起网络丢包、延迟现象,而针对这点常用的做法是使用单独的网络控制节点和 SDN 交换机以分离控制层与数据层,从而保障网络性能。

至于容器,它运行在 Linux 服务器中时一般不会对 CPU 有特殊要求,只要保证核数与主频合适即可(由于容器实例默认使用全部 CPU 核,需要注意防护以防滥用)。而集群组件,比如 Nova、Glance、vdsm 等,它们对计算资源要求也比较少。

2.2　架构安全

当人们讨论安全时,首先想到的可能就是一个复杂的密码,还有不同网站使用不同的密码。作为被各种网站注册页面包围的现代人来说,这是一个好习惯。其实,对一个面向终端用户的系统而言,密码只是它复杂又精密的安全机制体现之一。一个系统安全机制实现的复杂度直接关系到用户数据的安全保障程度,它始终以用户数据为核心,以保障系统自身安全的条件下保障用户数据的安全性,私有云环境下的用户接入如图 2－13 所示。

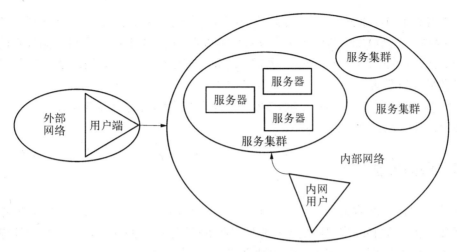

图 2-13 私有云环境用户接入

2.2.1 认证与授权

认证(authentication)与授权(authorization)历来是安全系统重点关注的部分,即使在现实生活中也是这样。认证是发生在用户进入系统时,而授权是在对系统进行操作的过程中。

在传统认证授权系统中,普遍使用 AD、LDAP 等作为网络信息服务器(NIS)的替代,前者是类 Kerberos 的实现,后者可直接与 Kerberos 进行结合。私有云需要这种统一认证访问方式,以便接入现有业务系统或者启用单点登录(Single Sign On)。Kerberos 的认证流程如图 2-14 所示,其核心是 ticket 的获取与授权。

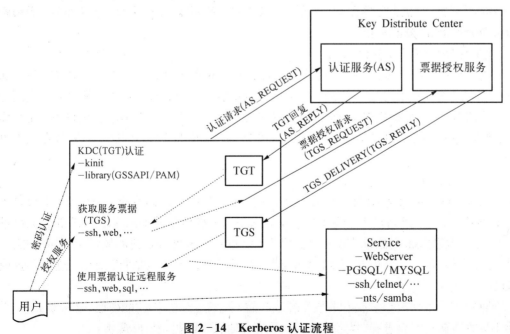

图 2-14 Kerberos 认证流程

可以看到用户与服务的认证授权过程很清晰,实现时注意需要用户/服务端/KDC(相当于 AD 域控)三者时钟同步。当用户进行登录以后,他使用任何应用都不再需要再次输入密码认证,应用程序通过用户第一次获取的 key 向服务请求对应的权限,并且所有权限都可以进行细分管理。

虽然 Kerberos 性能、安全性方面都很优秀,但与应用结合时仍需考虑它引入的运维复杂度问题,尤其是在扩展性方面。

2.2.2　服务安全

对于用户来说,将数据保存在一个放心的环境里能很大程度上减少他们的担心。对于管理员来说,一旦被入侵,那么损失的不只是用户数据了,更有可能丧失用户对整个平台的信任。接下来我们从三个方面来增加我们服务器安全性。

网络安全

网络安全是我们第一个要考虑的事情。从功能上我们将网络划分为用户接入端网络、传输网络、后端网络。我们很难保证用户接入端网络的安全性,所以普遍做法是在传输网络与后端网络上实施安全防护措施,包括加密传输、防 DDoS/CC 攻击、流量限制等。在私有云环境中,不仅要对外网入口进行防护,更要对局域网进行监控和防护,我们要采取一定措施进行区分。

□　加密传输

在私有云平台中,所有服务的 TCP/IP 连接都可以选择性地使用 SSL/TSL 进行加密。而在进行 SSL/TSL 加密传输时,有两点需要注意:确保至少有一个可信的根证书颁发机构颁发的根证书,对于小规模私有云来说,可以使用二级可信证书或者自建可信域;**谨慎管理私钥及其备份,防止外泄。**

□　防 DDoS/CC/SQL 注入

整个平台给用户提供的接入方式很可能是一个 Web 界面,或者 REST API 的接口,那么就会与传统 Web 服务器一样面临着被攻击的威胁。和传统服务一样,我们可以使用专门的硬件/软件防火墙以及负载均衡来处理对访问入口的大量并发请求。SQL 注入是目前互联网企业最为关注的攻击手段,技术细节可以参考市面相关书籍与文章,笔者在此不再赘述。

□　流量控制

私有云的流量限制条件比公有云宽松一些,但是仍要予以高度重视,否则同样会带来体验乃至安全上的严重后果或者事故。平台入口以外的流量我们可以通过外部防火墙进行处理,虚拟机内部的流量往往通过虚拟化平台的流量控制功能进行限制,有些时候也会引入内部防火墙。平台也要对架构中的异常流量有所感知,以通知相关人员进行维护或者防护。

网络安全方面有很多成熟的方案或者产品,我们应根据它们的效能、管理复杂度、平台兼容性等进行综合选择,尽量减少引入私有云时带来的复杂度和成本。

存储介质加密

在此以常见的智能手机为例,用户保存在手机里的数据包括联系人、音视频、照片等,给手机屏幕解锁后,用户可以访问它们。当手机损坏或丢失后,可能会被人使用特殊设备复制出手机的闪存内容进行解读。为预防这种比较极端的情况发生,现在的智能手机操作系统中都会有"加密存储""远程抹除"等安全选项,当用户选择进行存储加密时,对存储介质的非法直接访问也将变得异常困难(现在的加密密钥一般存储在手机CPU 中)。

一般在私有云中,用户数据的加密主体包括服务器 OS、虚拟硬盘、虚拟机 OS 等,如图 2 - 15 所示。

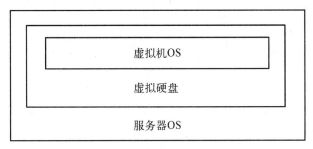

图 2 - 15　用户数据加密主体

服务器操作系统中存储有虚拟硬盘,在这一层进行加密就意味着即使这台服务器硬盘被取出,也很难读取其中数据;KVM 下的虚拟硬盘本身在创建时也支持 AES 加密,但由于其稳定性欠佳已经被社区渐渐抛弃,截至成文时没有任何改进的措施出现;至于虚拟机 OS 内,它可以加密虚拟硬盘、数据、目录等等,但是需要用户自己进行选择加密的内容。

数据加密解密的同时一定会带来性能上的些许影响,全部使用服务器 OS 加密硬盘一定不会适用于所有场景,同样强制用户虚拟机 OS 加密也不会太妥。当面向安全等级特别高的场景时,使用服务器 OS 加密一定是有益的,一般场景下我们提供虚拟机 OS 加密的建议即可。

服务器设备

我们现在也有很多措施可以专门用来加强服务器本身的安全性,不妨尝试从以下两方面入手:

□ 可信平台模块

可信平台模块(TPM,Trusted Platform Module)由计算机工业的可信计算组(TCG,Trusted Computing Group)制定,旨在提供计算机安全加密设备与技术,用来防止密码、敏感数据被窃取的标准设备。下图为某厂商的 TPM 模块,附加于专用的主板 I/O 接口。

它是一个硬件模块,本身提供了各种加解密算法的快速计算,同时可以进行远程认

图 2 - 16　某厂家的 TPM 模块

证、数据加密/解密认证，主要应用场景如下：

平台认证：它可以从硬件设备、设备固件、BIOS 到操作系统、软件都进行哈希校验，保证系统中没有未经许可的硬件或软件接入。如接入一个未曾记录过的 USB 键盘时，它就会记录并按照预配置操作进行处理。

硬盘加密：服务器操作系统可以在其内部使用 TPM 协助进行硬盘加密，一般需要特定软件实现，如 dm-crypt、BitLocker 等。

密码保护：用户的密码、密钥、数据、操作系统等都可以使用它来进行保护。传统软件实现的认证机制往往不能经受字典攻击，而 TPM 内置了防字典攻击机制，使得所有绕过软件限制的大量尝试登录操作被 TPM 终结。

目前在私有云中，主流虚拟化平台都提供了对 TPM 的支持。QEMU 中除了 TPM 透传外，也可以使用 QEMU 模拟出 TPM 设备进行加解密。

□　地理位置标签

使用地理位置标签(Geo-Tag)可以帮助管理人员了解服务器的具体位置，以方便管理维护。它可以配合 RFID 设备进行短距离细分标识，并且在统一管理平台的帮助下，实现所有设备状态、位置的实时监控。当然它也可以配合 TPM 组建基于地理位置的可信资源池。

2.3　"云"化架构

由第一章私有云的定义我们可知，虚拟化只是"云"的实现手段之一，而面对真正的云我们仍需要很多工作。接下来讨论的内容就是如何将基础架构"云"化。

2.3.1　池化资源

池化资源是向"云"迈进的重要一步，这一点我们可以通过社区动态以及商业云产品中看到。在前面的基础架构中，我们围绕着计算、存储、网络三个基本元素组建系统，而接下来就需要使用云平台将它们进行"池化"操作，从而提供更具有弹性、更加高效和稳定的服务。

以服务器为基本载体的三种资源通过各种方式进行组合，提供 IaaS、PaaS、SaaS 模式的服务。这些服务模式展现给最终用户的有诸如虚拟机、云存储、负载均衡、内容加速、应用框架等具体服务，如图 2 - 17 所示。将资源进行池化的好处即是一方面用户不必知道所接受服务的具体来源,同时能够得到稳定、快速的服务响应,另一方面服务提供商对资源也能进行合理的管理与维护。

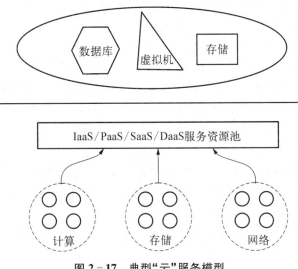

图 2 - 17 典型"云"服务模型

2.3.2 SLA 管理

SLA(Service Level Agreement)即服务等级协议,简言之它通过对资源的限制、配置、调度等措施而保证服务的高可用。

高可用

高可用可以按照其作用对象分为服务器、虚拟机以及虚拟机内应用程序。

在服务器层面,我们通过评分、隔离、电源管理等机制保证虚拟机运行在一个稳定的环境中。评分即通过监视服务器的资源当前及历史状态,对其进行综合评价,分数越高越具有运行虚拟机的权利。隔离操作一般发生在服务器与集群管理节点失去联系时,为保证服务质量而将其从服务集群中隔离不再运行虚拟机,一般配合电源管理等进行操作。

虚拟机层面的高可用往往需要对其添加模拟看门狗。看门狗是一种辅助芯片,在嵌入式系统中常用来监控 CPU 状态,当 CPU 停止工作后看门狗就不会再收到 CPU 发来的心跳信号而将 CPU 强制重启。对于 PC 而言,看门狗将系统重启的条件多是蓝屏、死机等。

对于虚拟机内的应用程序的高可用,可以通过外部监控(比如端口状态监测)和内部监控(比如虚拟机代理程序)完成。这方面的监控产品比较多,主流的有 Nagios/Icinga 和 Zabbix 等,它们都需要在虚拟机内安装代理程序,当某一应用被监测到停止响应时,就可以使用管理员提前设置的策略尝试重启此应用。

资源限制

资源限制即是对允许用户使用的最大资源进行限制,包括虚拟机数目、CPU、内存、硬盘、网络等。这里的限制按照对象可以划分为两个方面,一是用户允许使用的总资源配额(quota),二是虚拟机在运行时所允许的资源最大利用率(usage)。

比如在一个用户可以自己创建虚拟机的环境中,管理员往往难以控制其创建删除行为,如果能对用户创建的所有虚拟机数目、vCPU 数目、内存大小、硬盘大小、网络带宽进行配额限制的话,那就既能满足用户的自主需求又可适当减少管理员负担了。这种限制有些类似操作系统中的配额限制,它主要体现在对"量"的限制上。

但是对"量"的限制还不能满足私有云的需求,那么就要从"质"上进行限制了。如果用户拥有足够的服务资源配额,那么当他的虚拟机长期满负荷运行时(比如网络发包、硬盘高 IOPS 直写、CPU 利用率居高不下等),就会对与其处在同一台服务器上的虚拟机造成比较严重的影响。为了其他用户的体验考虑,我们引入了利用率的限制,包括CPU 利用率(CPU 数目与其利用率乘积)、硬盘利用率(IOPS、MBPS)、网络利用率(百分比)等。

当用户的资源将要超过配额或者较长时间内高利用率使用时,平台同样需要对其发出警告,防止其系统发生崩溃、恶意入侵等意外情况。

读者可能会在很多地方读到关于将 PaaS 平台搭建在 IaaS 平台上的资料,但是我们需要了解这样做的原因主要是考虑到了资源的隔离控制,而不是资源用度方面,所以其利用率较之以物理机直接接驳容器工具的方式有一定劣势。

□ 资源配置

资源配置往往是一个动态的过程,它通过一系列策略对虚拟机的 CPU、内存、网络、硬盘的使用进行控制,以期最有效地利用服务器资源。

当一个多核虚拟机运行时,它会有多个 LWP(轻量级进程,可理解为线程)协同父进程运行。如在双路 32 核服务器上运行一个单路 32 核的虚拟机,往往就会有多于 33 个 LWP在运行(可用 ps -eLf 查看)。而这些 LWP 在未指定的情况下往往会在核之间漂移,然后由于进程同步和上下文切换对虚拟机性能造成比较大的损失,当使用率提高时也会对其他进程产生比较严重的影响。为了解决这一类性能损失,我们引入 p-vCPU 绑定与 NUMA机制。

另外我们还可对每个虚拟机 vCPU 进行优先级安排,较高优先级的 vCPU 拥有更多的CPU 时间。这一特性由于其收益较小,在私有云中适合于极端优化场景。

对于内存的配置,我们同样可以利用 KSM(Kernel Samepage Merging)配合内存气球技术提高内存使用效率并达到内存"超分"(over committing)的效果。从 KSM 可以看出其大意,即合并虚拟机所占用虚拟机的相同内存页以节约服务器内存占用,如图 2-18 所示。内存气球即假设虚拟机的实际占用内存为气球体积,服务器总内存为装有许多气球的盒子,占用内存即为盒子中的空闲体积。当气球变小时,盒子空闲体积变大,就有更多的空间可以供给其他气球及服务器使用,反之亦然,如图 2-19所示。

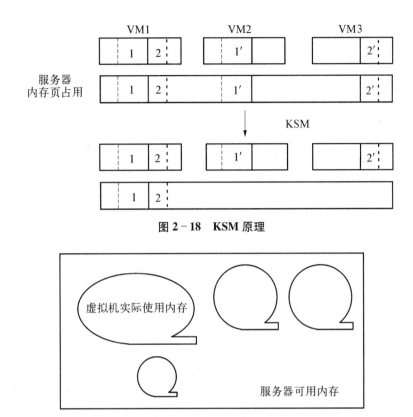

图 2-18　KSM 原理

图 2-19　内存气球技术

□　资源调度

资源调度的过程按照虚拟机的生命周期可分为两部分进行：一是用户请求服务后服务资源后池中分配合适的资源提供服务，称为启动策略；二是当提供的服务达到调度阈值后，为了服务的质量保证而进行的自动调度或者手工调度，称为运行时策略。**资源调度是考虑一个云平台质量的重要指标**。为了实现私有云的资源调度策略，我们需要的操作通常有对虚拟机的迁移、开关机、挂起，以及对服务器的开关机、隔离，再结合定时、分级、排序、统计、反馈机制，套用到不同的场景中去。接下来我们从启动策略、运行时策略开始，讨论它们可能用到的机制和具体操作。

启动策略的实现或简单或复杂，目前在私有云中最基本的有两种：快速启动和最优启动。

快速启动，就是平台首先对服务器按照其所剩资源进行排序。如第一个列表为所有服务器剩余内存从高到低的排序，第二个列表为所有服务器 CPU 剩余未分配核数从高到低的排序。当虚拟机请求资源准备启动时，它从第一个列表中发现服务器甲、乙、丙满足其 CPU 核数要求，从第二个列表中发现服务器甲、丁满足其内存要求，那么虚拟机就会在服务器甲上启动，原理如图 2-20 所示。类似这种快速启动策略实现起来比较容易，效果也能满足大多数场景。

最优启动，同样地平台也会对服务器进行排序，但是这次排序除了考虑剩余资源，也会考虑已用资源。当虚拟机请求资源准备启动时，平台根据剩余资源 选择一组可用的服

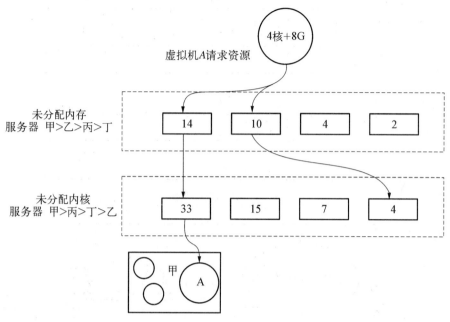

图 2-20 快速启动

务器,然后再计算出这个虚拟机在这些服务器上运行的话,单个服务器的资源百分比是否超过预设阈值,然后它会选择一个资源百分比变化最小的服务器上启动虚拟机,原理如图 2-21 所示。最优启动在实现时,往往会结合运行时策略进行调度,尽量减少虚拟机或者服务器的后期运行时调度。

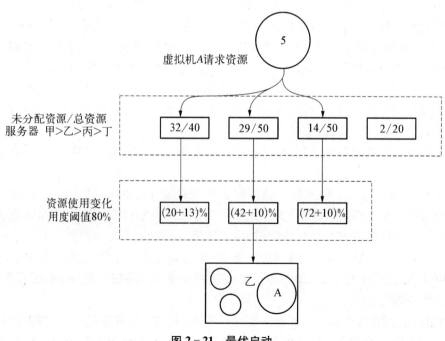

图 2-21 最优启动

相关链接

启 动 排 队

在启动策略中为减少"启动风暴"的发生,我们往往会引入排队机制。每台服务器会根据其当时负载状况选择一定时间窗口内可以允许多少台虚拟机启动,待这些虚拟机启动完成对硬盘和 CPU 的负载降低后,再启动下一批虚拟机。在一个监控机制较完善的平台下,排队机制中的变量(队列长度、窗口时间等)可以根据服务器状态进行动态调整。

(资料来源:https://community.redhat.com/blog/2014/11/smart-vm-scheduling-in-ovirt-cluster)

运行时策略可以从很多角度进行设计,比如服务器利用率、电源能耗、用户负载等,常用的有两种:平均分布和低能耗。

平均分布,即要求所有服务器上的负载(虚拟机数目、资源用度)尽量相同,对于负载过高的服务器就会迁移其上的某些虚拟机至其他负载较低的服务器。这样做的目的是降低局部负载,保持虚拟机所处环境的平等。

低能耗,这种策略有两种实现,第一种要求所有虚拟机运行所占用的服务器数目尽可能少。它先将虚拟机从多台服务器上集中迁移到某些台服务器,然后再 将其他服务器关机以达到省电的目的。第二种则不要求服务器关机,但是会让闲置的虚拟机释放 CPU、内存资源,它通过定期检测桌面连接或应用连接,挂起较长时间无连接的虚拟机。在私有云桌面环境中,第二种实现应用比较广泛。

相关链接

虚拟机亲和组

虚拟机亲和组即是按虚拟机应用或者关系将其分组,同一组的虚拟机尽量在同一台服务器中运行或者往同一台服务器迁移。应用环境相似的虚拟机会有很多相同的内存页,那么将它们保持在同一台服务器上运行就会很大程度上地节约资源消耗。集群架构的业务虚拟机有时也需要在同一亲和组中,比如负载均衡的 Web 服务器、分布式计算服务器等。

(资料来源:https://www.ovirt.org/develop/release-management/features/sla/vm-affinity)

弹性伸缩

弹性伸缩是"云"化的重点之一,主要功能是在基础设施资源固定的情况下,平台可根据用户应用程序的需求对其在用资源进行自动扩充或回收,其实现包括 Amazon 简单/分步扩展策略、阿里云的弹性伸缩服务等,但这不代表它仅适用于公有云。一般来说,三大主要资源都可以进行弹性伸缩,但它们落实到具体对象上时则主要以虚拟机实例(或者 vCPU)数量、容器实例数量、网络质量、存储读写质量等为单位(vCPU、内存热插拔方式的伸缩目前由于操作系统支持受限,所以应用极少),可应用的场景主要有 Web 服务、分布式计算、存储服务等依托 LB(Load Balance,负载均衡)与 HA 的集群服务(关于 LB/HA 的技术选型可参考第 10 章相关内容)。

以应用较多的 Web 服务为例,它的典型实现如图 2 - 22 所示。

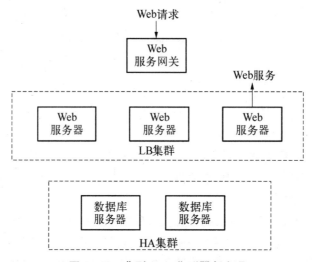

图 2 - 22　典型 Web 集群服务实现

当 Web 服务网关收到请求以后,它会从 LB 集群中选择一个 Web 服务器响应服务,此 Web 服务器将与 HA 的数据库服务交互以后再返回信息给用户。如果用户请求过多,每个 Web 服务器的资源用度超过上限阈值一定时间时,平台就需要新建一台 Web 服务器并将其注册到 LB 集群中,如此一来新的请求便会被引导至新加入的 Web 服务器上,从而使得集群服务处理能力得以提高;反之,当多数服务器的资源用度低于下限阈值超过一定时间时,平台则会从 LB 集群中移除一台 Web 服务器以节省资源占用。

这个过程中的资源用度检测、阈值设定、Web 服务器数量变化、LB 服务器的注册与注销,即是由弹性伸缩服务所提供。

完善的弹性伸缩系统对于监测准确度、阈值选择与设定、阈强度(即高于或低于阈值的持续时间)、响应时间(即伸缩条件被触发后,Web 服务器创建/移除、注册/注销过程消耗的总时间)、可伸缩集群类型(Web 服务、数据库服务等)、防火墙(有效阻挡攻击流量)等方面都有一定要求。以阈值选择与设定为例,在实现时多以服务器即时并发量、资源消耗等综合考量,如果我们仅仅将指标设置为 CPU 用度,且阈值设置不合理的话,就可能发生如下现象:已知单位时间内用户请求数一定,那么当一个已经扩展的 LB 集群整体资源用度低于缩减阈值时,则其中一台 Web 服务器会被移除,用户请求被单台服务器全部接收导致其 CPU 利用率上升,如果此时扩展阈值过小系统则会再次向 LB 集群中添加一台服务器使得 CPU 利用率再次下降,最后重复前面的步骤导致震荡发生,如图 2 - 23 所示。

如果读者对此部分设计有兴趣可适当阅读自动化相关书籍,比如《线性系统理论》《现

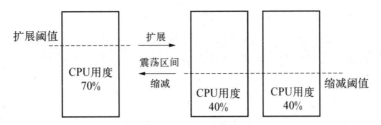

图 2-23　典型 Web 集群服务实现

代控制系统》《自动控制原理》等,虽然是面向电子电气专业人员,但对 IT 从业者也颇具参考价值。

2.4　ZStack 基础架构设计示例

基础架构模型是需要根据业务模型设计的,接下来笔者以 ZStack 基础架构为例,首先介绍适用性较广的通用型设计,然后以其为基础拓展至计算和存储密集型的设计。

通用型设计

通用型设计即是指用户需求不太明显的情况,我们提供给用户适用性较广的架构以满足其潜在需求。比如用户在内网运行 Web 服务器但不知何时会面向公网,或者用户是为了某个项目进行实验等等,所以我们的架构中就需要合理规划公有网络与私有网络以减少后期改动工作量。

□ *存储考虑*

提供的存储服务主要包括块存储与对象存储两部分。

块存储服务是整个架构的基础,在生产环境中一般建议部署商业 IP/FC SAN/NAS 存储。如果没有单独的存储设备则考虑在各个服务器上部署多副本的分布式存储集群,比如 Ceph 或者 Glusterfs。如果用户希望更快的业务响应,或者需要频繁地创建、删除虚拟机,可考虑划分单独的 SSD 存储池用于虚拟机模板/镜像存储。如果服务器仅仅用作提供存储服务,从笔者经验来说采用高主频、少核的 CPU 性价比较高。

而使用对象存储的目的有两个,一是存储平台虚拟机模板镜像,二是让用户将其作为业务数据存储使用。存储模板镜像时,对象存储架构比较简单,Swift 控制节点也可放入主控制器中;当作业务数据存储使用时,那么 Swift 网关服务器就相当于一个 Web 服务器,此时如果有一定数量并发但未达到相当规模时,一般只需加强网关服务器硬件与优化系统配置即可,如果要针对较大规模并发,则需要更改其架构,比如添加单独的负载均衡设备或者组成高可用集群。

□ *网络考虑*

在设计基础网络时,一般会针对不同的网络功能区域进行单独设计。

通用型设计中,网络一般划分为公共网络、私有网络、管理网络、存储服务网络、存储集群网络、VDI 网络等。公共网络即是用于对外服务的网络,这些服务主要用于外部用户访问虚拟机所提供的业务,同时负载均衡集群也会使用此网络作为入口。私有网络即是用户的虚拟机之间使用的内部通信网络,其 IP 地址一般位于"虚拟网段"中,或者是与物理交换机相连的"物理网段"中。管理网络即是管理硬件资源时使用的网络,管理员添加新节点时会赋予其管理网络所在网段的 IP。存储网络即是存储节点所使用的网络,它对网络硬件的要求较高,包括带宽、延迟、冗余性等方面。

□ 计算考虑

通常,计算节点所组成的集群按照其逻辑功能或位置划分为多个计算池,且每个池中的资源总量都由管理员定义,比如常驻桌面池、浮动桌面池、研发服务器池、办公服务器池等。考虑到虚拟机实例的可迁移性,同一池中的服务器 CPU 配置(主频适中、多核)都是相同的。

虚拟化的基本特性之一是资源超分,即分配给虚拟机的资源可以超过所在计算节点实际资源,CPU 资源、内存资源在 ZStack 中的比例默认较高,分别为 10∶1、1∶1,但这些比例并不一定适用于实际生产环境,比如当 CPU 超分过多时,会导致部分虚拟机因 QEMU 进程上下文切换成本过高而变得卡顿,当内存超分过多时,如果虚拟机实例实际占用的内存超过 hypervisor 的物理内存,则有可能发生交换(swap out)动作同样导致部分虚拟机性能下降。在生产环境一般建议 CPU 超分比例为 3—5∶1、内存超分比为 1∶1。

□ 架构示例

如图 2-24 是以提供 Web 服务虚拟机为主和对象存储为辅服务的 ZStack 架构。

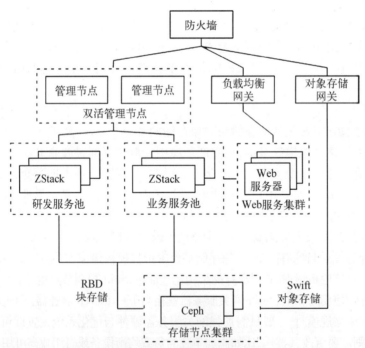

图 2-24　提供 Web 服务虚拟机、对象存储服务为主的 ZStack 架构示例

存储服务由单独的存储服务器集群提供,包括用于计算节点的块存储服务 Cinder 以及用于云存储的对象存储服务 Swift。

网络部分的划分笔者并没有在图中标注,但整体可进行如下划分:外部业务网络包括防火墙、控制器、Swift 网关、负载均衡网关(虚拟机),服务器网络包括控制器、Nova 计算集群,存储网络包括 Ceph 存储集群、ZStack 计算集群、Swift 存储网关,虚拟机网络根据业务与研发划分不同网络并挂载到对应集群。

计算服务池分为研发和业务,前者用于研发人员开发、测试、代码/项目管理等,后者则用于运行已经上线的 Web 服务。由虚拟机组成的 Web 服务集群接收来自负载均衡设备分发的请求,再选择 Web 服务器予以响应。图中的负载均衡网关是在虚拟机内以软件形式(NFV)提供的,它和 Web 服务器集群的架构与传统架构相同,因为管理员对后者更为熟悉。而高可用的控制器则保证了所有 ZStack 控制面的稳定性。由于用户需求中对象存储仅仅作为可选存在,所以此设计并没有添加单独的 Swift 存储网关负载均衡措施。

计算密集型设计

如果用户的应用是在高性能计算(HPC)、图文特征计算等非常依赖 CPU 或 GPU 性能的环境中时,我们可以对通用型稍作修改以完成应用计算密集型设计,而这其中可以根据应用种类部署多个集群,以隔离计算资源分别进行计算作业,从而构建出多租户环境的 PaaS 平台。

计算密集型的设计中,我们会尽量缩短 I/O 路径以减少数据搬迁带来的时间成本,且由于虚拟机实例或容器实例很少有高可用需求,所以采用本地存储将直接用于存放虚拟机实例镜像并单独部署应用程序需要的文件系统,比如 HDFS。此时,网络划分相对来说简单一些,但是计算节点则需要拥有独立的数据盘,采用 ZStack 基础设施的 Hadoop 集群架构如图 2-25 所示,其中控制节点可选装成熟的大数据产品比如 MapR、Hortonworks 等。

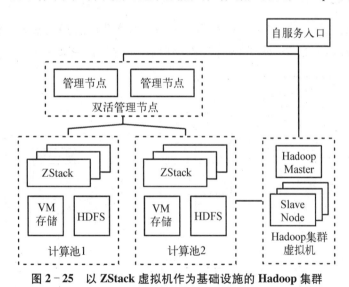

图 2-25 以 ZStack 虚拟机作为基础设施的 Hadoop 集群

这种架构虽然牺牲了虚拟机的迁移特性,但同时我们亦可以在计算节点添加物理显卡并透传至虚拟机中,从而提高特定应用的分布式计算性能。

另外,由于虚拟化的性能较之物理机有轻微损失,所以有人考虑使用性能几乎等同于物理机的容器运行分布式计算应用。笔者成文时原生 Kubernetes、Docker Swarm、Mesos/Marathon 组建的 Docker 集群并没有多租户功能,但是它们上层的 OpenShift、Rancher 等容器平台可将 Swarm、Kubernetes 作为容器集群后端,从而提供多租户、权限划分、网络管理等云管功能。其架构可参考图 2－26，其中使用 Kubernetes 作为容器集群服务，两个计算池分别用 ZStack 虚拟机和 ZStack 裸金属提供的容器实例以适应不同的应用场景，其基础网络同样由 ZStack 统一管理，存储部分可参考上图。

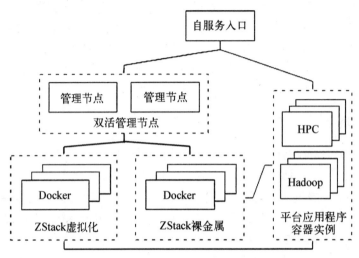

图 2－26 ZStack 虚拟化+裸金属参考架构

存储密集型设计

存储密集型的设计一般可将其理解为用于提供对外存储服务的基础架构，相当于一个独立的存储设备，其中的 ZStack 的虚拟机仅用作高可用存储管理服务，如图 2－27 所示。

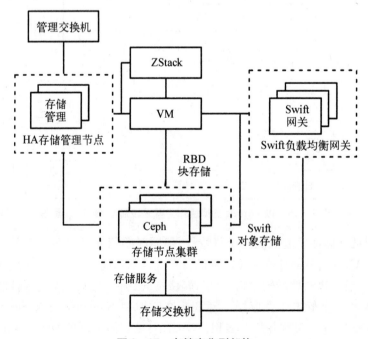

图 2－27 存储密集型架构

这个架构主要参考了一些存储厂商的软件设计,所有对外暴露的存储服务都由管理入口进行控制,包括 RBD、共享文件系统、对象存储以及基于它们构建的 NFS、iSCSI、CIFS 等。其中计算节点性能较弱,仅运行一些功能单一的虚拟机,厂商的实现中甚至将包括控制器、管理入口在内的服务直接部署至存储节点。

2.5　总结

私有云架构的基础与传统 IT 架构一样,都是根据需求一步一步扩展。为了保证物理上难以维护的虚拟机稳定运行,我们要求资源的基础架构具有稳定性、冗余性和扩展性。当资源延伸到虚拟机中使用以后,整个架构才开始变得灵活但又不易控制。此时需要我们采取安全防护和资源限制措施,以让它在一个可控的环境中发展。当它发展到一定程度后,赋予其"云"的属性,如资源池化、SLA 管理等。至此,基础架构走向正轨,再经历更多意外、添加更多实用技术,然后才变得更加成熟、稳定。

第3章 IaaS 软件架构设计实践

本章将针对 IaaS 软件设计过程中需要解决的问题,介绍当前主流 IaaS 的解决方案,并对比不同 IaaS 软件的架构设计模式,介绍 IaaS 软件架构设计上的最佳实践。

3.1 IaaS 软件解决的问题

首先,我们需要概括一下 IaaS 软件解决的问题,IaaS 软件解决的问题主要涵盖以下的几个方面:

(1)解决计算资源的管理和虚拟化问题,包括如何解决资源利用率、资源隔离及传统 GPU 的计算资源分配等问题

(2)解决网络的管理和虚拟化问题,包括快速构建 NFV 和 SDN 网络等问题

(3)解决存储的管理和虚拟化问题,包括分布式存储、本地存储、集中式存储的统一管理和使用等问题

(4)解决资源的弹性伸缩问题,包括根据资源的使用情况,实现横向和纵向的弹性伸缩等问题

(5)解决资源申请和分配以及计费的问题,包括自定义审批流程,实现用户的权限精确控制和账单管理等问题

(6)解决监控和告警的问题,包括如何自定义监控告警指标和快速发现问题

(7)解决业务和平台的高可用问题

为了解决以上的几个问题,IaaS 软件根据面向的场景不同,分为三类,公有云 IaaS 软件、混合云 IaaS 软件和私有云 IaaS 软件。

公有云 IaaS 软件是公有云厂商为自己的数据中心量身设计的软件,通常面对的业务范围较为封闭,因此,可以对特殊的业务做特殊优化,不论从硬件还是软件架构上,都是以性能、可伸缩性作为优先考虑条件,并且有强大的运维团队做运维保障,因此,公有云 IaaS 软件无太多产品化的要求和意愿,更多依靠标准的硬件和强大的运维做保障。国内以阿里云为例,阿里云的公有云系统名为飞天(Apsara),最早是王坚博士带领团队在 2009 年初

启动的项目,当时的目标是给阿里云内部使用的一个基础架构平台,内部也成为云操作系统。2010 年 8 月 27 日,飞天成为了阿里巴巴集团内部的云基础设施,在这个云基础设施之上慢慢开始支持一些业务应用,包括全网搜索,网络邮箱,还有图片储存和微贷支付(当时该业务还在阿里巴巴集团下,现在已经单独拆分为蚂蚁金服集团)。2013 年 8 月,阿里发布了飞天集群 5K 项目,突破了集群中五千台服务器的技术瓶颈。成为了国内第一个独立研发并实现大规模通用计算集群的公司。由于阿里云起步较早,目前已经发展为国内遥遥领先的公有云提供商,并且也是全球前三名的公有云提供商。

私有云 IaaS 软件面对的是各种类型客户的数据中心,通常面对的业务场景非常复杂,不论从客户机房的供电稳定性,还是客户硬件的种类,以及客户自身的运维水平,都存在天壤之别,所以,私有云软件必须采用灵活的架构,适应各类硬件条件,适应各类用户的运维水平,才能够满足不同场景下的不同用户需求,因此,私有云 IaaS 软件必须产品化。产品化意味着需要兼容大量的硬件,以及考虑到各类用户场景,并且能够屏蔽复杂的底层技术细节,让客户轻松上手。国外在虚拟化领域能够做到产品化的代表厂商是 VMware,国内以 ZStack 为代表的新一代产品化云计算平台厂商也在快速发展中。

混合云 IaaS 软件是同时面向私有云和公有云结合的场景。从广义上来讲,混合云的形态可以包括云与云的组合、云与传统 IT 系统的组合、云与虚拟化技术的组合等。这些都是根据具体的业务场景需求,使用混合 IT 的方式解决具体的问题。例如,Gartner 认为所有 IT 环境都是混合的环境,混合 IT 既包含传统的 IT 系统也包含云系统(公有云、私有云)。从狭义上来讲,混合云指的是至少使用了两种不同部署模式(公有云、私有云、社区云)的云部署模式。例如,公有云与私有云的组合、公有云与社区云的组合、私有云与社区云的组合等,都可以称之为混合云。目前,应用较多的混合云形式为公有云+私有云的组合。目前混合云国外以 VMware+AWS 为代表,国内以最大的公有云提供商阿里云和阿里云的敏捷版产品 ZStack 为代表,能够给客户提供混合云的整体解决方案。

由于本书主要关注点在私有云,且私有云 IaaS 软件的架构设计和公有云、混合云 IaaS 软件的架构设计也有相似之处,因此,后文所提的 IaaS 软件即指私有云 IaaS 软件,公有云和混合云的 IaaS 软件不在本章讨论范围。

3.2　IaaS 软件面临的难点架构问题

市场上和社区里的大部分 IaaS 软件都取名为 xxStack,从字面意思,Stack 译为“堆积,堆叠,堆栈”。因此,IaaS 软件从本质上来说,是一个堆叠起来的集成软件,由不同的子系统堆叠完成云平台的工作。

3.2.1　IaaS 软件设计难点

那么,在设计一款 IaaS 软件的时候,有哪些难点呢? 总结下来主要为以下 4 个方面。
(1) 稳定性。

（2）易用性（简单）。

（3）可伸缩性（弹性）。

（4）智能灵活性。

稳定性意味着 IaaS 软件需要能经受住客户复杂的场景验证，笔者遇到过各类使用云平台的客户，有的客户每天晚上云平台都需要断电以节约成本；有的客户机房供电不稳定，在使用云平台初期机房出现突然断电；还有的客户云平台业务请求压力非常大，业务需要大规模对云平台发起请求等等。因此，稳定性在设计之初是最难满足的一个难点问题，但也是客户最看重的一个方面。

易用性，意味着客户上手简单，无需太多学习成本即能安装、搭建、运营一个 IaaS 软件。而前文提过，IaaS 软件本质上是一个集成软件，需要管理种类繁多的硬件，如何屏蔽底层硬件的复杂性，只暴露给用户一个简单的 UI 和全自动的操作过程，是 IaaS 软件设计的一个难点。

可伸缩性是 IaaS 软件区别于传统 IT 架构的重要特征，可伸缩性包含了横向伸缩和纵向伸缩，横向伸缩指云平台在添加（或减少）硬件后，资源池的容量自动扩展（或缩小）。纵向伸缩是指单个业务云主机能够增加（或降低）业务主机的硬件配置。目前依赖于成熟的虚拟化技术和分布式存储技术，可伸缩性在 IaaS 软件设计的过程中，难度较低。当然，业界还存在一些亟待解决的可伸缩问题，例如，如何跨物理机去访问并伸缩业务云主机的 CPU 和内存，这些不在本章讨论范围内。

智能灵活性是 IaaS 软件给用户的最终体验，智能性相对来说涉及的面比较广，笔者总结为以下三个方面，第一，用户在使用 IaaS 软件过程中，IaaS 平台需要屏蔽底层复杂的硬件信息，给用户提供良好的 UI 交互和智能提醒，虽然 2B 软件目前还无法做到 2C 软件一样，没有任何说明书即能让用户操作，但用户在使用 2B 软件的过程中，也希望不看说明书即能完成基本操作。第二，当错误发生时，IaaS 软件需要能够自动回滚已经完成的操作，不需要用户手动去清理垃圾文件，并保证整个系统的元数据一致。第三，提供用户稳定、无缝的升级体验，虽然升级是一个软件该有的基本功能，但是根据前文所述，IaaS 软件是一个集成软件，内部集成了大量的子系统，如何帮助用户稳定、无缝的升级这些子系统，并保证升级过程快速且升级过程对业务不产生影响，是 IaaS 软件设计的又一个难点。

以目前市场上主流的几款 IaaS 软件为例，我们在下个章节对他们的架构设计做一个概览。

3.2.2　CloudStack 架构设计概览

CloudStack 是华人梁胜博士、Shannon Williams、Alex Huang、Will Chan 和 Chiradeep Vittal 于 2008 年发起的提供公共和私有的 IaaS 云计算软件，根据 CloudStack 官网（http://cloudstack.apache.org）的介绍"Apache CloudStack is a top-level project of the Apache Software Foundation (ASF). The project develops open source software for deploying public and private Infrastructure-as-a-Service (IaaS) clouds."，CloudStack 当前归属于 Apache 基金会，同时面向公有云和私有云场景。CloudStack 的最新版本为 4.11.2。CloudStack 是由梁胜博士创立并在全球范围内获得一定影响力的 IaaS 平台，2011 年被 Citrix 收购后以开源项

目运营，2012 年 Citrix 宣布将 CloudStack 托付给 Apache 基金会。后续由于初创团队持续离开，CloudStack 项目的活跃度逐渐下滑，目前已经失去了往日的影响力。但 CloudStack 无疑是曾经成功过的一个 IaaS 软件，因此，我们仍然把 CloudStack 的软件架构作为研究对象之一。

　　Cloudstack 的架构图如图 3 - 1 所示：

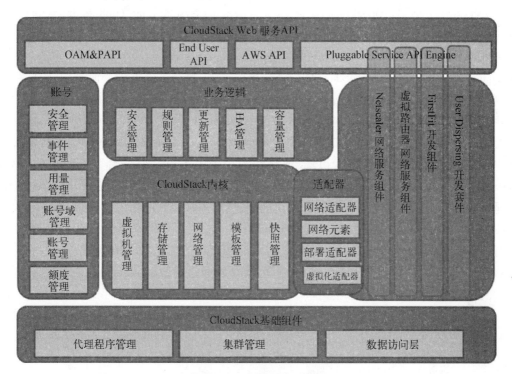

图 3 - 1　CloudStack 架构

　　可以看到，CloudStack 在架构设计上，使用的是集中式架构，这种架构的优势是易用性较好，尤其对于开发者来说，增加新的功能只需要在原有的代码里做修改，增加新的代码即可。

然而，集中式架构的缺点也非常明显，当大量的功能和代码增加，势必会导致整个 IaaS 软件的不稳定和复杂性增加。事实上，当 CloudStack 发展到后期，集中式架构最终演变成了图 3 - 2 所示的样子：

　　是的，集中式架构就像右图被各种线路缠绕的电线杆，每增加一个新功能，就会围绕这个电线卡新拉一根电线。拉电线的过程虽然简单，但是日后的维护，线路的稳定性却成为了一个问题。因此，集中式架构虽然赢得了易用性，却失去了灵活性、稳定性和智能性。

图 3 - 2　集中式架构最终的归宿

3.2.3　OpenStack 架构设计概览

OpenStack 是一个由 NASA(美国国家航空航天局)和 Rackspace 于 2010 年合作研发并发起的,以 Apache 许可证授权的自由软件和开放源代码项目。根据官网(https://www.openstack.org/)介绍"OpenStack is a cloud operating system that controls large pools of compute, storage, and networking resources throughout a datacenter, all managed through a dashboard that gives administrators control while empowering their users to provision resources through a web interface."OpenStack 是一个云操作系统,控制了数据中心海量的计算、存储和网络资源池。所有对这些资源管控,都是通过 web 接口让管理员更够授权所有用户去使用这些资源。根据官网介绍,我们可以知道,OpenStack 早期的目标是对标 AWS,提供一套公有云的 IaaS 软件,然而,从 2010 年 OpenStack 出现,到 2014 年 Rackspace 突然宣布不再以纯 IaaS 提供商的身份进入市场,而是作为一个服务提供商去给客户做服务,说明 OpenStack 在和 AWS 的竞争中完全失败了。2015 年,著名的 OpenStack 公司 Nebula 倒闭,更是给整个 IaaS 产业蒙上了一层阴影。目前,虽然海外包括惠普在内的大厂,都宣布放弃 OpenStack,然而在国内,虽然也有一些 OpenStack 公司也宣布倒闭,但由于 IaaS 开源软件没有太多选择,仍然有部分 OpenStack 创业公司和一些大公司在坚守并持续推动 OpenStack 发展和创新。由于 OpenStack 目前已经发展了近 10 年,有大量的用户在使用,属于主流的 IaaS 平台,我们也对 OpenStack 的架构也做一个研究。

笔者相信很多人都和笔者一样,第一次看完图 3 - 3 的 OpenStack 的架构图,会感觉无从下手,因为整个架构图给人的第一感觉是复杂,不同的组件之间,以及组件内部,都

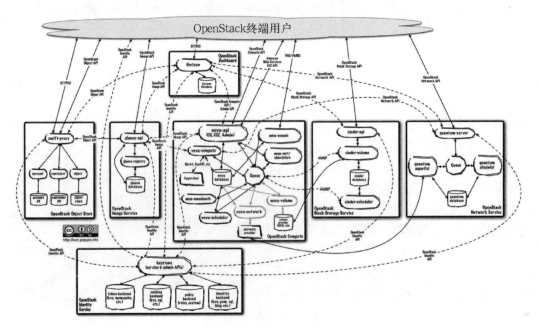

图 3 - 3　OpenStack 架构图

是虚虚实实的调用关系图,让初学者没法对整个系统形成一个很清晰的概念。而且从架构上看,各个组件之间都存在依赖关系,让初学者对这些组件的关系也需要花时间去理解。

事实上,OpenStack 采用了微服务架构,微服务架构有一定的灵活性,但由于 OpenStack 的微服务大量分散于每一个计算节点,导致整个平台的维护成为挑战管理员的难题,管理员需要时刻关注每一个微服务的运行状态,由于 Openstack 是采用 Python 写的代码,笔者曾经多次遇到某个组件通过管理节点看到状态正常,但是当云平台调用到该组件功能的时候,突然发现已经不响应了,排查到该组件所在的物理机,会发现组件的 Python 进程已经 hung 住,日志没有任何输出,只能通过重启进程服务来解决。这样的情况为运维人员带来了巨大的烦恼,因为运维人员无法知道微服务化之后的组件真实的运行状态。升级更是无法想象的困难。OpenStack 由于本身是 nova、cinder、glance 等等组件组合一起来的一个云平台,每个组件都维护着自己的服务,通过 API 和其他服务之间交互,当某个组件有新版本发布的时候,只会关注组件自身的升级方式,整个平台没有一个同步升级的机制,当某一个组件升级的过程中,可能会导致其他组件和该组件之间的交互出现问题,而大量组件升级的过程本身就是一种痛苦。因此,微服务架构虽然在可伸缩性上有一定优势,但是在稳定、易用和智能灵活性上,没有很好地达到预期。

3.2.4　ZStack 架构设计概览

ZStack 是华人工程师张鑫(Frank)和尤永康在 2015 年 4 月发布的完全自研的新一款开源 IaaS 产品。根据官方网站(http://en.zstack.io/)的介绍:"ZStack is open source IaaS (infrastructure as a service) software aiming to automate datacenters, managing resources of compute, storage, and networking all by APIs."可以看到,ZStack 的定位和传统 IaaS 软件并无区别,都是面向数据中心的 IaaS 软件,只是,ZStack 强调了全 API 实现数据中心自动化的管理。看起来一两句简短的介绍并没有体现 ZStack 的优越之处,作为业界的后起之秀,ZStack 靠什么来改变已有的用户习惯,并和已经发展多年的 CloudStack、OpenStack 竞争呢? 如图 3-4 所示,我们先看下 ZStack 的总体架构:

从图 3-4 可以看到,ZStack 的整体架构非常清晰,底层只依赖 Mysql 和 Tomcat。所有组件之间的交互都是通过消息,并且,组件和组件之间都是完全松耦合关系,用户通过网络访问 ZStack 的 UI Service, UI Service 收到用户请求后,转发给 Portal Service, Portal Service 针对请求的类型,将请求通过 API 消息的方式,转发给不同的后端服务,不同的后端服务之间,也通过 API 消息或内部消息产生交互,请求的功能完成后,再通过 UI 返回给用户。加上前文 ZStack 对自身全 API 的描述,我们对 ZStack 可以有一个直观的感受,ZStack 采用的是一个全 API 的架构,各组件之间只有消息的交互,组件之间基本独立,添加或者删除某个组件不会影响整个架构(只会增加或失去某些功能)。ZStack 把所有服务封装在单一进程中,称之为管理节点。除去一些微服务已经带来的如解耦架构的优点外,进程内的微服务还给了我们很多额外的好处:

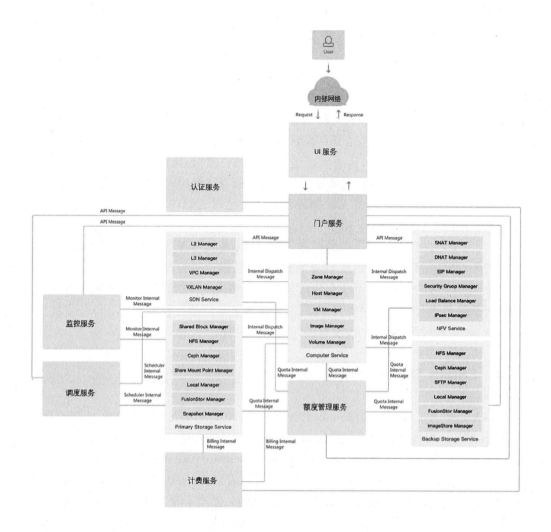

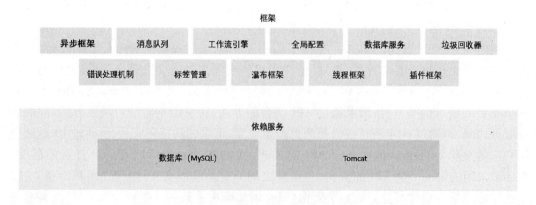

图 3－4　ZStack 架构图

1. 简洁的依赖

因为所有服务都运行在同一进程内，软件只需要一份支持软件（如：database library，message library）的拷贝；升级或改变支持库跟我们对一个单独的二进制应用程序所做的一样简单。

2. 高可用，负载均衡和监控

服务可以专注于它们的业务逻辑，而不受各种来自高可用、负载均衡、监控的干扰，这一切只由管理节点关心；更进一步，状态可以从服务中分离以创建无状态服务，详见 ZStack's Scalability Secrets Part 2：Stateless Services。

3. 中心化的配置

由于在一个进程中，所有的服务共享一份配置文件——zstack. properties；用户不需要去管理各种各样的分散在不同机器上的配置文件。

4. 易于部署、升级、维护和横向扩展

部署，升级或者维护一个单一的管理节点跟部署升级一个单一的应用程序一样容易。横向扩展服务只需要简单地增加管理节点。

5. 允许插件

因为运行在一个单一的进程中，插件可以很容易地被创建，和给传统的单进程应用程序添加插件一样。

通过进程内微服务，ZStack 很好地解决了其他云平台遇到的微服务化的架构问题。

3.3　IaaS 软件架构设计实践

综上所述的 IaaS 软件设计难点和主流的 IaaS 软件架构特点，我们可以看出，不同的 IaaS 软件都有各自的特点，并且随着时间的积累，越晚出现的 IaaS 软件在设计之初，站的角度更高，能够在原先的 IaaS 软件的架构基础上做出创新设计。那么，哪些设计原则是架构设计过程中需要遵循的？

本章将从几个核心的架构设计方法来探讨 IaaS 软件设计需要遵循的原则。

3.3.1　消息处理机制设计实践

消息的传递与处理是 IaaS 软件设计中最重要的部分，对于 IaaS 软件面向的场景来说，消息的传递方式决定了任务执行的效率。根据 3.1 章节的描述，IaaS 软件涵盖的场景包含了计算、网络、存储的虚拟化及管理，因此，IaaS 软件需要和不同的硬件产生交互，这将导

致 IaaS 软件上的任务运行的非常缓慢,通常一项任务完成需要花费几秒甚至几分钟。所以当整个系统被缓慢的任务填满的时候,新任务的延迟非常大是很正常的。执行缓慢的任务通常是由一个很长的任务路径组成的,比如,创建一个虚拟机,需要经过身份验证服务→调度器→镜像服务→存储服务→网络服务→虚拟机管理程序,每一个服务可能会花费几秒甚至几分钟去引导外部硬件完成一些操作,这极大地延长了任务执行的时间。

如何解决任务的缓慢执行问题,或者说,消息如何处理能够最大化的提高 IaaS 软件的执行效率?

为了解决这个问题,一个直观的想法是提高线程池容量,但是这个想法在实际中是不可行的,即使现代操作系统允许一个应用程序拥有成千上万条线程,没有操作系统可以非常有效率的调度他们。随后有一个想法是把线程分发出去,让不同的操作系统上相似的软件分布式的处理线程,因为每一个软件都有它自己的线程池,这样最终增加了整个系统的线程容量。然而,分发会带来一定的开销,它增加了管理的复杂度,同时集群软件在软件设计层面依旧是一个挑战。最后,IaaS 软件自身变成云的瓶颈,而其他的基础设施包括数据库,消息代理和外部的系统(比如成千台物理服务器)都足够去处理更多的并发任务。

如果我们把目光投向 IaaS 软件和数据中心的设备之间的关系,我们会发现 IaaS 软件实际上扮演着一个协调者的角色,它负责协调外部系统但并不做任何真正耗时的操作。举个例子,存储系统可以分配磁盘容量,镜像系统可以下载镜像模板,虚拟机管理程序可以创建虚拟机。IaaS 软件所做的工作是做决策然后把子任务分配给不同的外部系统。比如,对于 KVM,KVM 主机需要执行诸如准备磁盘、准备网络、创建虚拟机等子任务。创建一台虚拟机可能需要花费 5 s,IaaS 软件花费时间为 0.5 s,剩下的 4.5 s 被 KVM 主机占用,如果采用异步架构,使 IaaS 管理软件不用等待 4.5 s,它只需要花费 0.5 s 的时间选择让哪一台主机处理这个任务,然后把任务分派给那个主机。一旦主机完成了它的任务,它将结果通知给 IaaS 软件。通过异步架构,一个只有 100 条线程容量的线程池可以处理上千数的并发任务。

因此,可以得到一个结论,在对 IaaS 软件的消息处理机制做设计的时候,应该最大程度的使用异步架构。

让我们来看看目前主流的 IaaS 平台如何处理消息。

3.3.1.1　OpenStack 消息处理机制

以 OpenStack 的核心组件 Nova 为例,在 arch. rst 中,对 Nova 的架构做了说明:

```
Compute uses a messaging-based, `shared nothing`architecture. All major
components exist on multiple servers, including the compute, volume, and
network controllers, and the Object Storage or Image service. The state of the
entire system is stored in a database. The cloud controller communicates with
the internal object store using HTTP, but it communicates with the scheduler,
network controller, and volume controller using Advanced Message Queuing
Protocol (AMQP). To avoid blocking a component while waiting for a response,
Compute uses asynchronous calls, with a callback that is triggered when a
response is received.
```

从说明中可以看到,云平台控制节点内部的和 object store 的消息处理和外部的消息处理使用不同的方式,内部的和 object store 的消息处理使用 HTTP 的方式,而和外部组件的通讯都是使用 AMQP 的消息队列方式。由于 Nova 是虚拟机的核心管理组件,大量的时间需要与外部的网络服务、云硬盘服务、镜像服务等打交道,因此外部的消息处理机制决定了 OpenStack 的消息处理效率。我们看一下 Nova 和外部组件的通讯方式具体是如何来实现。

根据文档里的描述,Nova 使用 Advanced Message Queuing Protocol（AMQP）和外部组件实现通信,那么,我们需要一起来了解一下,什么是 AMQP?

AMQP 从本质上来说是一个网络协议,它支持符合要求的客户端应用(application)和消息代理(message broker)之间进行通信。

消息代理(message broker)连接了消息的发布者(publishers)和消息的消费者(consumers),并且,他们三者可以存在于不同的设备上。

由于引入了较多新的概念,我们来看如图 3-5 的一个模型从而让读者更清晰的了解这些概念的作用。

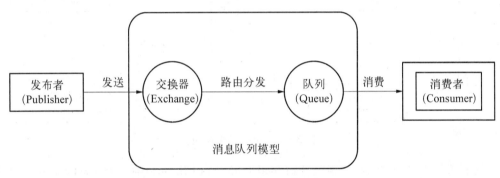

图 3-5　消息队列模型

在上面这个模型中,消息(message)被发布者(publisher)发送给交换器(exchange)。然后交换器将收到的消息根据路由规则分发给绑定的队列(queue)。最后 AMQP 代理会将消息投递给订阅了此队列的消费者(consumers),或者消费者按照需求自行获取。

发布者(publisher)发布消息时可以给消息指定各种消息属性(message meta-data)。有些属性有可能会被消息代理(brokers)使用,然而其他的属性则是完全不透明的,它们只能被接收消息的应用所使用。

OpenStack 默认使用 Rabbitmq 作为 AMQP 的消息代理实现。这样可以保证消息发送的松耦合性。更精确地说,Nova 组件使用 RPC 通信方式来进行服务之间的通信,但是这样的 RPC 通信仍然基于上文讨论的发布者消费者模式,这样可以得到以下几个好处:

（1）解耦了客户端和服务端,客户端不需要知道服务端在哪里,只需要往消息队列里面发送消息即可

（2）可以实现异步的通讯机制,客户端在发送消息的时候,不需要远程的服务端必须同时在线

（3）可以实现随机的负载均衡,例如当客户端消息非常多的时候,可以有多个服务端

提供服务,并分别从消息队列里获取要处理的消息

OpenStack 每个服务都可以连接消息队列,一个服务可以作为一个消息发送者 Invoker（如 API、Scheduler）连接消息队列,也可以作为一个消息接收者 Worker（如 compute、volume、network）连接消息队列。Invoker 发送消息有两种方式：同步调用 rpc. call 和异步调用 rpc. cast,Worker 接受并根据 rpc 调用的信息返回消息

如图 3-6 的 Nova 架构图可以比较详细的体现 Nova 各个服务的是通过何种方式传递消息：

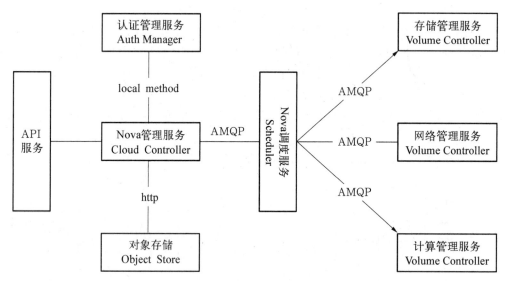

图 3-6　Nova 的架构图

从上图可以看到,Nova 控制服务（Cloud Controller）和 Nova 调度器（Scheduler）,以及 Scheduler 和云盘控制服务（Volume Controller）、网络控制服务（Network Controller）、计算节点控制服务（Compute Controller）之间,都是通过 AMQP 实现消息的传递。

Nova 通过两种方式通过 AMQP 实现了 RPC,一种是 rpc. call,另外一种是 rpc. cast,这两种的区别如下文：

（1）call（）：同步执行远程调用,调用会被阻塞直到结果返回,在一些调用时间较长的情况下会对效率产生很大的影响。（call（）所调用的远程服务方法会被马上执行,在执行过程中调用者的进程会一直阻塞,直到返回结果。）

（2）cast（）：异步执行远程调用,调用不会被阻塞,结果也无须立即返回,在任务执行完毕之后,再返回结果,也可以人为指定返回的时间。因此对调用者来说,需要通过另外的手段去查询调用是否完成

每一个 nova 服务,例如 compute 服务,sheduler 服务等等,都会在初始化的时候创建这两个队列。

下面再详细介绍一下 rpc call 和 rpc cast 的操作过程。

（1）RPC Call

图 3-7 展示了一个 RPC Call 的处理流程：

① 消息发送者(Invoker)发送一个消息到消息队列(OpenStack 的消息队列默认为 RabbitMQ),同时创建并初始化一个 Direct Consumer 去等待返回的消息

② 消息到了交换器(exchange)之后,将根据 routing key(例如 topic. host)通过不同的队列让 Topic Consumer 获取消息

③ Topic Consumer 获取消息后,即开始处理消息

④ 一旦消息处理完成,消息将通过 Direct Publisher 发送返回消息到消息队列

⑤ 当消息进入交换器,交换机将根据消息的 routing key(例如 msg_id 以及对应的 direct 类型),被 Direct Consumer 获取并传递给消息发送者(Invoker)

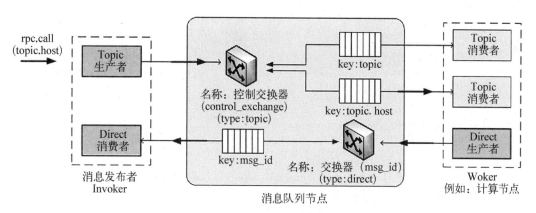

图 3-7　RPC Call 处理流程图

(2) RPC Cast

图 3-8 展示了一个 RPC Cast 消息在消息队列的处理流程:

① 消息发布者(Inovker)发送消息到消息队列

② 和 RPC Call 一样,消息到了交换器(exchange)之后,将根据 routing key(例如 topic. host)通过不同的队列让 Topic Consumer 获取消息

③ 和 RPC Call 不同的是,RPC Cast 不会创建 Direct Consumer,因为不需要立刻接收返回的消息

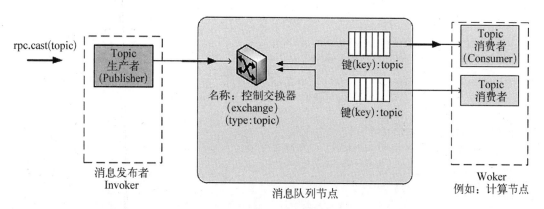

图 3-8　RPC Cast 处理流程图

说了原理,再看下 OpenStack 里的实现,先看异步的实现:

```python
def rebuild_instance(self, ctxt, instance, new_pass, injected_files,
        image_ref, orig_image_ref, orig_sys_metadata, bdms,
        recreate, on_shared_storage, host, node,
        preserve_ephemeral, migration, limits,
        request_spec, kwargs=None):
    # NOTE(edleafe): compute nodes can only use the dict form of limits.
    if isinstance(limits, objects.SchedulerLimits):
        limits = limits.to_dict()
    # NOTE(danms): kwargs is only here for cells compatibility, don't
    # actually send it to compute
    msg_args = {'preserve_ephemeral': preserve_ephemeral,
                'migration': migration,
                'scheduled_node': node,
                'limits': limits,
                'request_spec': request_spec}
    version = '5.0'
    client = self.router.client(ctxt)
    cctxt = client.prepare(server=_compute_host(host, instance),
            version=version)
    cctxt.cast(ctxt, 'rebuild_instance',
            instance=instance, new_pass=new_pass,
            injected_files=injected_files, image_ref=image_ref,
            orig_image_ref=orig_image_ref,
            orig_sys_metadata=orig_sys_metadata, bdms=bdms,
            recreate=recreate, on_shared_storage=on_shared_storage,
            **msg_args)
```

这里可以看到,rebuild_instance 函数最终通过 cctxt. cast 把消息异步发送到消息队列。

再看下 OpenStack 同步的实现:

```python
def attach_interface(self, ctxt, instance, network_id, port_id,
                requested_ip, tag=None):
    kw = {'instance': instance, 'network_id': network_id,
        'port_id': port_id, 'requested_ip': requested_ip,
        'tag': tag}
    version = '5.0'
    client = self.router.client(ctxt)
    cctxt = client.prepare(server=_compute_host(None, instance),
                    version=version)
    return cctxt.call(ctxt, 'attach_interface', **kw)
```

这里可以看到,attach_interface 函数最终通过 cctxt. call 把消息同步发送到消息队列。

3.3.1.2　ZStack 消息处理机制

在 IaaS 软件中,最大的挑战是必须让所有组件都异步,并不只是一部分组件异步。举个例子,如果你在其他服务都是同步的条件下,建立一个异步的存储服务,整个系统性能并不会提升。因为在异步的调用存储服务时,调用的服务自身如果是同步的,那么调用的服务必须等待存储服务完成,才能进行下一步操作,这会使得整个工作流依旧是处于同步状态。

如图 3 - 9 所示:一个执行业务流程服务的线程同步调用了存储服务,然而存储服务和外部存储系统是异步通信的,因此它依旧需要等到存储服务返回之后,才能往下执行,这里的异步就等同于同步了。

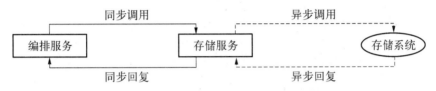

图 3 - 9　同步和异步都存在的消息处理流程图

ZStack 采用了全异步的消息处理机制,异步架构包含了三个模块:异步消息,异步方法,异步 HTTP 调用。

□　异步消息

ZStack 使用自己研发的 CloudBus 消息队列作为一个消息总线连接各类服务,当一个服务调用另一个服务时,源服务发送一条消息给目标服务并注册一个回调函数,然后立即返回。一旦目标服务完成了任务,它返回一条消息触发源服务注册的回调函数。代码如下:

```
AttachNicToVmOnHypervisorMsg amsg = new AttachNicToVmOnHypervisorMsg();
amsg.setVmUuid(self.getUuid());
amsg.setHostUuid(self.getHostUuid());
amsg.setNics(msg.getNics());
bus. makeTargetServiceIdByResourceUuid ( amsg, HostConstant. SERVICE _ ID, self.
getHostUuid());
bus.send(amsg, new CloudBusCallBack(msg) {
   @ Override
   public void run(MessageReply reply) {
       AttachNicToVmReply r = new AttachNicToVmReply();
       if (! reply.isSuccess()) {
           r.setError(errf.instantiateErrorCode(VmErrors.ATTACH_NETWORK_ERROR, r.
getError()));
       }
       bus.reply(msg, r);
   }
});
```

一个服务也可以同时发送一列消息给其他服务,然后异步的等待回复。

```
final ImageInventory inv = ImageInventory.valueOf(ivo);
final List < DownloadImageMsg > dmsgs = CollectionUtils. transformToList ( msg.
getBackupStorageUuids(), new Function<DownloadImageMsg, String>() {
    @ Override
    public DownloadImageMsg call(String arg) {
        DownloadImageMsg dmsg = new DownloadImageMsg(inv);
        dmsg.setBackupStorageUuid(arg);
        bus.makeTargetServiceIdByResourceUuid(dmsg, BackupStorageConstant.SERVICE
_ID, arg);
        return dmsg;
    }
});

bus.send(dmsgs, new CloudBusListCallBack(msg) {
    @ Override
    public void run(List<MessageReply> replies) {
        /* do something * /
    }
}
```

甚至,以设定的并行度发送一列消息也是可以实现的。也就是说,含有 10 条消息的消息列表,可以每次发送 2 条消息,也就是说第 3、4 条消息可以在第 1、2 条消息的回复收到后被发送。

```
final List<ConnectHostMsg> msgs = new ArrayList<ConnectHostMsg>(hostsToLoad.size
());
for (String uuid : hostsToLoad) {
    ConnectHostMsg connectMsg = new ConnectHostMsg(uuid);
    connectMsg.setNewAdd(false);
    connectMsg.setServiceId(serviceId);
    connectMsg.setStartPingTaskOnFailure(true);
    msgs.add(connectMsg);
}

bus.send ( msgs, HostGlobalConfig. HOST _ LOAD _ PARALLELISM _ DEGREE. value ( Integer.
class), new CloudBusSteppingCallback() {
    @ Override
    public void run(NeedReplyMessage msg, MessageReply reply) {
        /* do something * /
    }
});
```

□ 异步的方法

服务在 ZStack 中是一等公民,他们通过异步消息进行通信。在服务的内部,有非常多的组件、插件使用方法调用的方式来进行交互,这种方式也是异步的。

```
protected void startVm ( final APIStartVmInstanceMsg msg, final SyncTaskChain
taskChain) {
    startVm(msg, new Completion(taskChain) {
        @ Override
        public void success() {
            VmInstanceInventory inv = VmInstanceInventory.valueOf(self);
            APIStartVmInstanceEvent evt = new APIStartVmInstanceEvent(msg.getId());
            evt.setInventory(inv);
            bus.publish(evt);
            taskChain.next();
        }

        @ Override
        public void fail(ErrorCode errorCode) {
            APIStartVmInstanceEvent evt = new APIStartVmInstanceEvent(msg.getId());
                evt.setErrorCode ( errf.instantiateErrorCode ( VmErrors.START_ERROR,
errorCode));
            bus.publish(evt);
            taskChain.next();
        }
    });
}
```

回调函数也可以有返回值:

```
public void createApplianceVm(ApplianceVmSpec spec, final ReturnValueCompletion<
ApplianceVmInventory> completion) {
    CreateApplianceVmJob job = new CreateApplianceVmJob();
    job.setSpec(spec);
    if (! spec.isSyncCreate()) {
      job.run(new ReturnValueCompletion<Object>(completion) {
        @ Override
        public void success(Object returnValue) {
          completion.success((ApplianceVmInventory) returnValue);
        }

        @ Override
        public void fail(ErrorCode errorCode) {
          completion.fail(errorCode);
        }
```

```
    });
  } else {
      jobf.execute(spec.getName(), OWNER, job, completion, ApplianceVmInventory.
class);
  }
}
```

□ 异步 HTTP 调用

ZStack 使用一组 agent 去管理外部系统, 比如: 管理 KVM 主机的 agent, 管理控制台代理的 agent, 管理虚拟路由的 agent 等, 这些 agents 大部分是搭建在 Python CherryPy 上的轻量级 web 服务器, 最新的 ZStack 版本里也有部分使用 go 开发的 agent 代理程序。因为如果没有 HTML5 技术, 如 websockets 技术, 是没有办法进行双向通信的, ZStack 每个请求的 HTTP 头部嵌入一个回调的 URL, 因此, 在任务完成后, agents 可以发送回复给调用者的 URL。

```
RefreshFirewallCmd cmd = new RefreshFirewallCmd();
List<ApplianceVmFirewallRuleTO> tos = new RuleCombiner().merge();
cmd.setRules(tos);

resf.asyncJsonPost(buildUrl(ApplianceVmConstant.REFRESH_FIREWALL_PATH), cmd, new
JsonAsyncRESTCallback<RefreshFirewallRsp>(msg, completion) {
    @Override
    public void fail(ErrorCode err) {
        /* handle failures */
    }

    @Override
    public void success(RefreshFirewallRsp ret) {
        /* do something */
    }

    @Override
    public Class<RefreshFirewallRsp> getReturnClass() {
        return RefreshFirewallRsp.class;
    }
});
```

通过以上三种方法, ZStack 已经建立了一个可以使所有组件都异步进行操作的全局架构。

综上所述, ZStack 和 OpenStack 都使用了异步的机制来传递消息, 不同的是, ZStack 更加激进, 通过全异步的架构, 完全将同步的调用舍弃, 从而用最小的线程池保证了最高的并发度, 同时任务和任务之间不会相互等待, 最大程度地提高了 IaaS 系统的运行效率。但

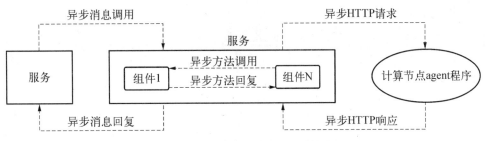

图 3 - 10 全异步的消息处理流程图

是随之带来的是程序员写代码时候的难度提升,程序员需要小心翼翼的处理异步的返回结果,以及考虑异步情况下的各种意外情况,避免程序出现 bug。

3.3.2 分布式系统设计实践

在上一结中,我们阐述了 IaaS 软件中的异步架构,尤其是全异步架构,可以让使得单个 IaaS 管理节点的组件足以承担大量的发到云平台的请求负载;然而当用户想要去创建一个高可用的生产环境或处理海量的并发请求负载,一个管理节点也许是不够的。解决方案是建立一个可以负载均衡的分布式系统,这种通过添加新的节点来拓展整个系统的能力的方法被称为横向拓展。

设计一个分布式系统不是一件简单的事情。一个分布式系统,特别是一个有状态的系统,必须处理一致性(consistency)、可用性(availability)和分区容忍性(partition tolerance)(CAP 理论)的问题,每一个问题都是非常复杂的。与之相反,一个无状态的分布式系统一定程度上降低了复杂度。第一,因为节点不用分享状态,整个系统的一致性是可以保证的。第二,因为节点都是相似的,对于分区问题系统通常是可以容忍的。因此,通常把一个分布式系统设计为无状态的而不是有状态的。但是设计一个无状态的分布式系统通常比设计一个有状态的分布式系统难得多。但为了解决 CAP 问题,我们更加倾向于使用无状态的设计。

为了讨论方便,在本章中,"服务"和"服务实例"是可以互换的。在讨论什么是无状态的服务之前,我们首先理解什么是"状态"。对提供同样功能的服务来说,当整个系统的服务实例不止一个的时候,资源会被分发到不同的服务实例中。如图 3 - 11 所示,假设有10 000 台虚拟机和两个虚拟机服务实例,理想状态下每个实例会管理 5 000 台虚拟机。

如图 3 - 12 所示,因为有两个服务实例,在向一个虚拟机发出请求前,请求者必须知道哪个实例管理哪个虚拟机,否则,他将不知道向哪个实例发出请求。类似"哪个服务实例管理哪个资源"的信息就是我们所说的状态。如果一个服务是有状态的,每个服务维护自己的状态。请求者必须可以获取到当前的状态信息。当服务实例的数量改变的时候,服务需要去改变状态。

状态的改变是危险且易错的,这通常限制了整个系统的可拓展性。为了使整个系统的可靠性和横向拓展性增强,把状态和服务分离开,使得服务无状态是比较理想的解决办法。无状态的服务使请求者不需要询问向哪里发送请求,当新添一个新的服务实例或者

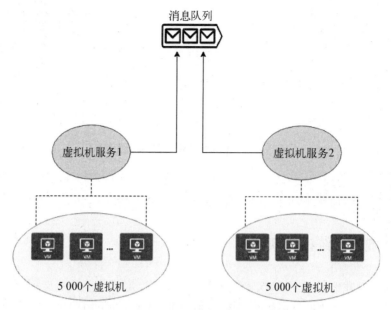

图 3-11 同步和异步都存在的消息处理流程图

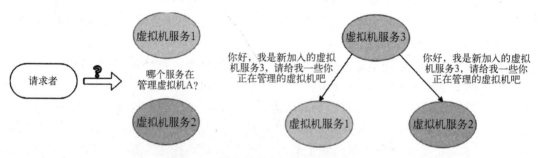

图 3-12 服务的状态及服务状态的改变

删除一个旧的服务实例的时候,服务之间也不用交换状态。因此,对一个云平台来说,最佳实践是尽可能的使用无状态服务。

3.3.2.1 OpenStack 分布式设计

OpenStack 的服务分为两种类型,其中,nova-api, nova-conductor, glance-api, keystone-api, neutron-api 和 nova-scheduler 等服务是无状态服务。而 neutron-l3-agent、neutron-metadata-agent、nova-compute、cinder-volume 等服务仍然是有状态服务。对于无状态服务,一般使用 Keepalived+HAProxy 实现分布式设计。如下图所示:

如图 3-13 所示,OpenStack 完全依赖 Haproxy 和 Keepalived,对外暴露一个 VIP 提供服务,对内通过 HAProxy 负载均衡流量到 OpenStack 的服务。生产环境中,OpenStack 建议至少部署三台控制节点。

了解了架构,我们也看一下 OpenStack 如何来做具体的配置,对 OpenStack 来说,需要在每个控制节点(这里以三个为例),配置对应的/etc/haproxy/haproxy.cfg 文件,三个控制节点上的配置文件内容需保持一致。以下是配置文件的一个示例:

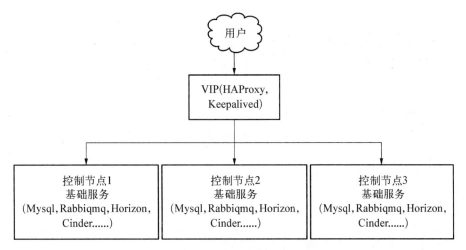

图 3 - 13　OpenStack 分布式服务设计

```
global
  chroot  /var/lib/haproxy
  daemon
  group  haproxy
  maxconn  4000
  pidfile  /var/run/haproxy.pid
  user  haproxy

defaults
  log  global
  maxconn  4000
  option  redispatch
  retries  3
  timeout  http-request 10s
  timeout  queue 1m
  timeout  connect 10s
  timeout  client 1m
  timeout  server 1m
  timeout  check 10s

listen dashboard_cluster
  bind <Virtual IP>:443
  balance  source
  option  tcpka
  option  httpchk
  option  tcplog
  server controller1 10.0.0.12:443 check inter 2000 rise 2 fall 5
  server controller2 10.0.0.13:443 check inter 2000 rise 2 fall 5
  server controller3 10.0.0.14:443 check inter 2000 rise 2 fall 5
```

```
listen galera_cluster
  bind <Virtual IP>:3306
  balance   source
  option   mysql-check
  server controller1 10.0.0.12:3306 check port 9200 inter 2000 rise 2 fall 5
  server controller2 10.0.0.13:3306 backup check port 9200 inter 2000 rise 2 fall 5
  server controller3 10.0.0.14:3306 backup check port 9200 inter 2000 rise 2 fall 5

listen glance_api_cluster
  bind <Virtual IP>:9292
  balance   source
  option   tcpka
  option   httpchk
  option   tcplog
  server controller1 10.0.0.12:9292 check inter 2000 rise 2 fall 5
  server controller2 10.0.0.13:9292 check inter 2000 rise 2 fall 5
  server controller3 10.0.0.14:9292 check inter 2000 rise 2 fall 5

listen glance_registry_cluster
  bind <Virtual IP>:9191
  balance   source
  option   tcpka
  option   tcplog
  server controller1 10.0.0.12:9191 check inter 2000 rise 2 fall 5
  server controller2 10.0.0.13:9191 check inter 2000 rise 2 fall 5
  server controller3 10.0.0.14:9191 check inter 2000 rise 2 fall 5

listen keystone_admin_cluster
  bind <Virtual IP>:35357
  balance   source
  option   tcpka
  option   httpchk
  option   tcplog
  server controller1 10.0.0.12:35357 check inter 2000 rise 2 fall 5
  server controller2 10.0.0.13:35357 check inter 2000 rise 2 fall 5
  server controller3 10.0.0.14:35357 check inter 2000 rise 2 fall 5

listen keystone_public_internal_cluster
  bind <Virtual IP>:5000
  balance   source
  option   tcpka
  option   httpchk
option   tcplog
  server controller1 10.0.0.12:5000 check inter 2000 rise 2 fall 5
```

```
    server controller2 10.0.0.13:5000 check inter 2000 rise 2 fall 5
    server controller3 10.0.0.14:5000 check inter 2000 rise 2 fall 5


listen nova_ec2_api_cluster
  bind <Virtual IP>:8773
  balance   source
  option   tcpka
  option   tcplog
  server controller1 10.0.0.12:8773 check inter 2000 rise 2 fall 5
  server controller2 10.0.0.13:8773 check inter 2000 rise 2 fall 5
  server controller3 10.0.0.14:8773 check inter 2000 rise 2 fall 5


listen nova_compute_api_cluster
  bind <Virtual IP>:8774
  balance   source
  option   tcpka
  option   httpchk
  option   tcplog
  server controller1 10.0.0.12:8774 check inter 2000 rise 2 fall 5
  server controller2 10.0.0.13:8774 check inter 2000 rise 2 fall 5
  server controller3 10.0.0.14:8774 check inter 2000 rise 2 fall 5


listen nova_metadata_api_cluster
  bind <Virtual IP>:8775
  balance   source
  option   tcpka
  option   tcplog
  server controller1 10.0.0.12:8775 check inter 2000 rise 2 fall 5
  server controller2 10.0.0.13:8775 check inter 2000 rise 2 fall 5
  server controller3 10.0.0.14:8775 check inter 2000 rise 2 fall 5


listen cinder_api_cluster
  bind <Virtual IP>:8776
  balance   source
  option   tcpka
  option   httpchk
  option   tcplog
  server controller1 10.0.0.12:8776 check inter 2000 rise 2 fall 5
  server controller2 10.0.0.13:8776 check inter 2000 rise 2 fall 5
  server controller3 10.0.0.14:8776 check inter 2000 rise 2 fall 5


listen ceilometer_api_cluster
  bind <Virtual IP>:8777
  balance   source
```

```
    option  tcpka
    option  tcplog
    server controller1 10.0.0.12:8777 check inter 2000 rise 2 fall 5
    server controller2 10.0.0.13:8777 check inter 2000 rise 2 fall 5
    server controller3 10.0.0.14:8777 check inter 2000 rise 2 fall 5

listen nova_vncproxy_cluster
    bind <Virtual IP>:6080
    balance  source
    option  tcpka
    option  tcplog
    server controller1 10.0.0.12:6080 check inter 2000 rise 2 fall 5
    server controller2 10.0.0.13:6080 check inter 2000 rise 2 fall 5
    server controller3 10.0.0.14:6080 check inter 2000 rise 2 fall 5

listen neutron_api_cluster
    bind <Virtual IP>:9696
    balance  source
    option  tcpka
    option  httpchk
    option  tcplog
    server controller1 10.0.0.12:9696 check inter 2000 rise 2 fall 5
    server controller2 10.0.0.13:9696 check inter 2000 rise 2 fall 5
    server controller3 10.0.0.14:9696 check inter 2000 rise 2 fall 5

listen swift_proxy_cluster
    bind <Virtual IP>:8080
    balance  source
    option  tcplog
    option  tcpka
    server controller1 10.0.0.12:8080 check inter 2000 rise 2 fall 5
    server controller2 10.0.0.13:8080 check inter 2000 rise 2 fall 5
    server controller3 10.0.0.14:8080 check inter 2000 rise 2 fall 5
```

从上述配置可以看到,需要对 OpenStack 的每一个无状态服务配置对应的访问 IP,负载均衡方法,以及对应的服务所在地址。OpenStack 的分布式集群默认使用主备方式,三个控制节点只有一个对外提供服务,另外两个出于 standby 状态。OpenStack 官方的建议是这样做,可以保证写请求只有一个节点发起,生产环境上 OpenStack 还没有办法处理多节点的同时写请求场景。

3.3.2.2　ZStack 分布式设计

正如我们在 3.2.4 所论述的,ZStack 和其他云平台的一个典型区别是使用了进程内微服务架构,因此,一个 ZStack 管理节点进程包含了所有的云平台服务。针对 ZStack 的实现逻辑,无状态服务的核心实现技术,除了使用 Haproxy+Keepalived 提供 VIP 之外,最重要的是一致性哈希算法。当系统启动的时候,每一个管理节点将被分配一个 version 4 UUID(管理节点 UUID),这个 UUID 将和服务名称拼在一起在消息代理上注册一个服务队列。例如,一个管理节点可能有类似下面的服务队列:

```
zstack.message.ansible.3694776ab31a45709259254a018913ca
zstack.message.api.portal
zstack.message.applianceVm.3694776ab31a45709259254a018913ca
zstack.message.cloudbus.3694776ab31a45709259254a018913ca
zstack.message.cluster.3694776ab31a45709259254a018913ca
zstack.message.configuration.3694776ab31a45709259254a018913ca
zstack.message.console.3694776ab31a45709259254a018913ca
zstack.message.eip.3694776ab31a45709259254a018913ca
zstack.message.globalConfig.3694776ab31a45709259254a018913ca
zstack.message.host.3694776ab31a45709259254a018913ca
zstack.message.host.allocator.3694776ab31a45709259254a018913ca
zstack.message.identity.3694776ab31a45709259254a018913ca
zstack.message.image.3694776ab31a45709259254a018913ca
zstack.message.managementNode.3694776ab31a45709259254a018913ca
zstack.message.network.12.3694776ab31a45709259254a018913ca
zstack.message.network.12.vlan.3694776ab31a45709259254a018913ca
zstack.message.network.13.3694776ab31a45709259254a018913ca
zstack.message.network.service.3694776ab31a45709259254a018913ca
zstack.message.portForwarding.3694776ab31a45709259254a018913ca
zstack.message.query.3694776ab31a45709259254a018913ca
zstack.message.securityGroup.3694776ab31a45709259254a018913ca
zstack.message.snapshot.volume.3694776ab31a45709259254a018913ca
zstack.message.storage.backup.3694776ab31a45709259254a018913ca
```

读者应该已经注意到所有的队列都是以一个相同的管理节点的 UUID 结尾的。

主机,磁盘,虚拟机等资源也有特定的 UUID。和资源相关的消息通常在服务之间传递,在发送一个消息之前,发送者必须基于资源的 UUID 选择一个接收服务,一致性哈希算法这时候就发挥作用了。

一致性哈希是一种较特别的哈希,当一个哈希表的大小发生变化时,只有一部分键需要被重新映射。如图 3-14,在 ZStack 中,管理节点组成了一个一致性哈希环:

每一个管理节点维护了一份包含系统中所有管理节点的 UUID 的环拷贝,当一个管理节点添加或删除的时候,一个生命周期事件将通过消息代理广播到其他的管理节点,这将导致这些节点拓展或者收缩环去

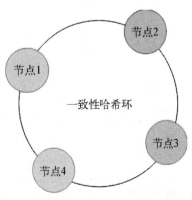

图 3-14　ZStack 一致性哈希环

描述当前系统的状态。当发送一条消息时,发送者将使用资源的 UUID 哈希得出目标管理节点的 UUID。例如,当 VM 的 UUID 是 932763162d054c04adaab6ab498c9139 时发送一个 StartVmInstanceMsg,伪代码如下所示:

```
msg = new StartVmInstanceMsg();
    destinationManagementNodeUUID  =  consistent _ hashing _ algorithm ( "
932763162d054c04adaab6ab498c9139");
    msg.setServiceId("vmInstance." + destinationManagementNodeUUID);
    cloudBus.send(msg)
```

如果 3 - 15 所示,有了哈希环,资源 UUID 相同的消息将被映射到特定管理节点的相同服务中。

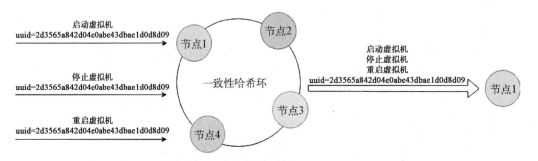

图 3 - 15　一致性哈希环映射消息到服务

当环收缩或者拓展的时候,因为哈希环的固有特性,仅有小部分节点将被影响。

因为使用一致性哈希环,发送者不需要知道哪个服务实例将处理这条消息,因为服务实例将被哈希计算出来。服务也不用维护、交换他们管理的资源信息,并且因为选择正确的服务实例可以由哈希环完成,服务只需要单纯的处理消息。因此,服务变得极其简单且无状态。

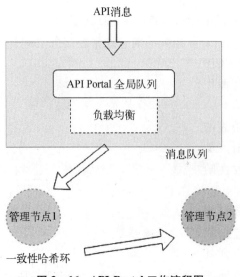

图 3 - 16　API Portal 工作流程图

除了包含资源 UUID 的消息(例如 StartVmInstanceMsg,DownloadImageMsg)以外,有一种不包含资源 UUID 的消息,这种消息通常是创造性的消息(例如 CreateVolumeMsg)和不进行资源操作的消息(例如 AllocateHostMsg),因为这些消息可以被发送到任意管理节点的服务中,他们就被发送到本地的管理节点,因为发送者和接收者在同一个节点上,接收者在发送者发送消息时一定是可用的。

如图 3 - 16 所示,对于 API 消息(如 APIStartVmInstanceMsg),有一个特别的处理方法是他们经常和一个重要的服务 ID api. portal 绑在一起发送。在消息代理中,一个称为 zstack. message. api. portal 的全局的队列被所有管理节点的 API 服务共享,带有 api. portal 的消息将通过一致性哈希环把消息映射到正确的服务中,从而实现负载均衡。通过上面这种方式,ZStack 隐藏了 API 客户端消息选路的实现,减少了 ZStack API 客户端代码。

```
msg = new APICreateVmInstanceMsg()
    msg.setServiceId("api.portal")
    cloudBus.send(msg)
```

综上所述,分布式系统的设计最佳实践是采用无状态服务,当使用一致性哈希环来映射请求到对应的服务中,这个过程将大大减少系统管理员在节点变化时候的干预,降低出错的可能性。并且,因为管理节点共享的信息非常少,集群能够实现非常灵活横向扩展。

3.3.3　自动化部署设计实践

IaaS 软件通常是一个包含很多小程序的组合软件。理想情况下,IaaS 软件可以被写成一个中央管理软件,可以通过设备的 SDK 和设备对话;但在现实中,设备要么没有提供 SDK,要么提供的 SDK 不完整,迫使 IaaS 软件必须部署一个叫 agent 的小程序去控制它们。部署 agent 的过程中,不仅需要安装 agent 和相关依赖的软件,还需要配置目标设备,这并不简单,而且通常需要用户做大量的手动工作。当 IaaS 软件管理着大量的设备的时候,这个问题变得非常显著,甚至会限制数据中心规模。部署、升级 agent 以及配置目标设备的问题都属于配置管理问题,Puppet、Chef、Salt 和 Ansible 这类软件就是旨在解决这类问题。许多开发人员已经开始使用这些工具软件将 IaaS 软件包装成一个易于部署的方式。我们可以通过表 3-1 看一下这些工具的区别。

表 3-1　各自动化部署工具对比

对　比　项	Chef	Puppet	Ansible	Saltstack
高可靠性	✓	✓	✓	✓
安装配置便利性	较复杂	较复杂	简单	较复杂
可管理性	较复杂	较复杂	简单	简单
实现语言	Ruby	Ruby	Python	Python
活跃度(github star)	5.8 k	5.3 k	37.1 k	9.8 k

简单说明一下上面表格对比的内容。

□ 高可靠性

表格里列举的工具都提供了高可靠的机制,意味着可以有多个服务端提供服务,如果主节点出问题下线,其他节点仍然可以接管工作,例如:

• Chef:Chef 提供了主备模式。主节点一旦出问题下线,Chef 的备节点将会接管主节点的工作

- Puppet：Puppet 提供了多主节点的架构。如果一个主节点出问题下线了，其他主节点将会接管失效主节点上的工作。

- Ansible：Ansible 运行的时候只有一个节点，如果主节点出问题下线了，需要启动另外一个节点去接管原先工作节点的所有工作。

- Saltstack：Saltstack 可以提供多主节点的配置。如果一个主节点下线了，agent 将会按照配置列表里主节点的顺序连接其他主节点。

□ 安装配置便利性

可以毫不掩饰地说，Ansible 是安装配置最便利的工具，我们可以通过下面的对比来看一下：

- Chef：Chef 的架构是 master-agent 模式。Chef 的服务端跑在 master 机器上，客户端作为 agent 跑在每一个 client 机器上。并且，Chef 提供了一个额外的组件叫 workstation，这个组件包含了所有的配置，这些配置将会被推送到 chef 的各个节点。因此，Chef 的安装配置需要用户了解较多的概念，并且需要一定的配置。

- Puppet：Puppet 在架构上和 Chef 一样，也是采用了 master-agent 模式。Puppet 的服务端跑在 master 机器上，客户端作为 agent 跑在每一个 client 机器上。并且，agent 和 master 之间需要做认证。因此，在初始化的时候不是非常便利。

- Ansible：Ansible 只有一个 master 进程跑在服务端机器上，没有任何 agent 跑在客户端机器上。Ansible 使用 ssh 去 login 客户端的系统，并生成一个临时的 python 文件，任务全部写在 python 文件里去执行，执行完之后删除 python 文件退出。因此，无需任何客户端的配置。可以让管理员非常快速的安装和配置。

- Saltstack：Saltstack 也是 master-agent 模式。对 Saltstack 来说，服务端叫做 salt master，客户端上的 agent 叫做 salt minions。

□ 可管理性

在讲解可管理性之前，我们先了解一下 pull 模式和 push 模式，pull 模式意味着 slave 节点将会主动从 master 节点拉取配置文件；而 push 模式意味着 master 节点主动推送配置文件到 slave 节点。Ansible 和 Saltstack 使用的都是 push 模式，而 puppet 和 chef 使用的是 pull 模式。当然，Ansible 也提供了一种机制可以实现 pull 模式，不在本章讨论范围。

那么，我们分别讨论一下这些工具的可管理性：

- Chef：因为 Chef 的配置文件遵循的是 Ruby 的 DSL，因此，管理员在编辑配置文件时，需要有一定的 Ruby 基础。客户端将从服务端通过 pull 模式拉取配置。

- Puppet：Puppet 使用了一种自定义的规范语言来撰写配置文件，因此，对初学者有一定的学习成本。Puppet 的客户端也是通过 pull 模式从服务端拉取配置。并且，Puppet 没有提供一种方式能够立刻执行配置，所以需要系统管理员对配置有一定的经验。

- Ansible：Ansible 配置语法使用了标准的 YAML 语言，非常友好，并且 ansible 提供了非常完善的命令行方式供管理员立刻验证 YAML 配置的有效性。Ansible 默认使用 push 方式执行最终生效的配置文件并推送到各个节点。

- Saltstack：Saltstack 和 Ansible 一样，也使用 YAML 作为配置语法。和 Ansible 也非常类似，可以立刻验证配置的有效性，并且提供的是 push 方式执行服务端最终生效的配置文件到客户端。

□　实现语言

Chef 和 Puppet 基于 Ruby 语言,而 Ansible 和 Saltstack 基于 Python 语言。得益于 Python 社区的活跃度,使用 Python 做运维管理的管理员要远多于 Ruby 语言。用户在使用过程中,遇到的一些简单问题可以自己定位并排查。

□　活跃度

虽然活跃度并无法证明工具软件本身是否好用。但是,活跃度高的项目,通常功能的完善度、迭代速度,以及在社区得到帮助、解决问题的效率也会高很多。可以看到,截止本书写稿时间,2019.5.14 号,Ansible 项目的活跃度远远高过其他几个项目。

3.3.3.1　OpenStack 自动化部署设计机制

OpenStack 默认使用 Puppet 来实现自动化部署。

包括 Redhat、Mirantis 以及 UnitedStack 等,都使用 Puppet 作为自动化部署的工具,并在 Puppet 社区不断提交贡献。下图是 Puppet 的一个工作原理:

如图 3-17 所示,OpenStack 默认的自动化部署机制就是原生的 Puppet 工作方式,通过在客户端部署 agent,并和 master 节点进行认证。之后,在 master 节点上定义对应的 manifest 文件,运行 puppet 使所有的 manifest 文件定义的操作在客户端生效。由于 OpenStack 社区没有做太多自动化部署设计上的创新,本节不再赘述 Puppet 的工作方式。

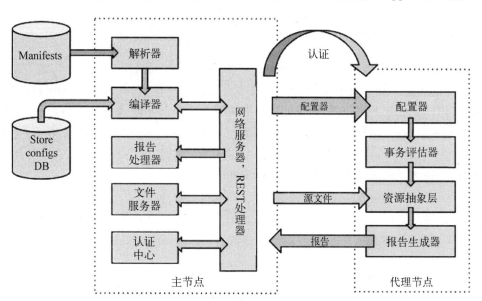

图 3-17　OpenStack 使用 Puppet 自动化部署示意图

3.3.3.2　ZStack 自动化部署设计机制

ZStack 是通过 Ansible 来实现自动化部署。

首先,ZStack 有一个典型的服务端-代理(server-agent)架构,服务器端包含所有驱动业务逻辑的编排服务,代理端执行来自于编排服务的命令,通过使用运行在不同的设备上的小的 Python agent 或者 Go agent 实现外部设备的管理。

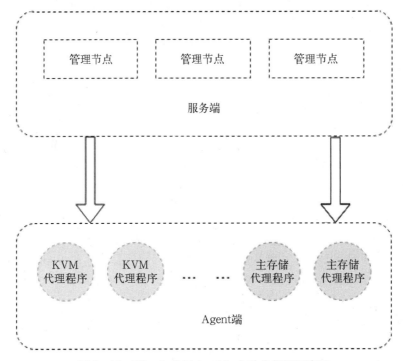

图 3-18　ZStack 使用 Ansible 自动化部署示意图

服务和 agents:ZStack 对服务和 agents 有明确的定义。服务负责在云中完成一部分业务,例如存储服务。服务通常在 ZStack 管理节点运行的进程中,有自己的 API 和配置,与其他服务协同完成云上的业务。agent 是一个被服务命令的小附属程序,可以通过使用它来操作没有提供像样 SDK 的外部设备;例如,Ceph 主存储 agent 在一台安装了 Ceph 的 Linux 机器上和 Ceph monitor 节点通过 RBD 协议通信。服务和 agent 代理的设计原则是把所有复杂的业务逻辑放在服务中,使代理尽可能简单。

ZStack 没有使用 Ansible 默认的 YAML 配置文件,而是直接调用 Ansible 的 API 实现 agent 部署过程中的精确控制。以下面这个封装的 check_nested_kvm 函数为例:

```
def check_nested_kvm(host_post_info):
    enabled_nested_flag = False
    # enable nested kvm
    command = "cat /sys/module/kvm_intel/parameters/nested"
    (status, stdout) = run_remote_command(command, host_post_info, return_status =
True, return_output =True)
    if "Y" in stdout:
        enabled_nested_flag = True
```

```
    else:
        command = "mkdir -p /etc/modprobe.d/ && echo'options kvm_intel nested=1'>  /
etc/modprobe.d/kvm-nested.conf"
        run_remote_command(command, host_post_info)

    #add kvm module and tun module
    modprobe_arg = ModProbeArg()
    modprobe_arg.name ='kvm'
    modprobe_arg.state ='present'
    modprobe(modprobe_arg, host_post_info)

    modprobe_arg = ModProbeArg()
    if'intel'in get_remote_host_cpu(host_post_info).lower():
        # reload kvm_intel for enable nested kvm
        if enabled_nested_flag is False:
            command = "modprobe -r kvm_intel"
            run_remote_command(command, host_post_info, return_status=True)
        modprobe_arg.name ='kvm_intel'
    elif'amd'in get_remote_host_cpu(host_post_info).lower():
        if enabled_nested_flag is False:
            command = "modprobe -r kvm_amd"
            run_remote_command(command, host_post_info, return_status=True)
        modprobe_arg.name ='kvm_amd'
    else:
        handle_ansible_info("Unknown CPU type detected when modprobe kvm", host_post
_info, "WARNING")
    modprobe_arg.state ='present'
    modprobe(modprobe_arg, host_post_info)
    modprobe_arg = ModProbeArg()
    modprobe_arg.name ='tun'
    modprobe_arg.state ='present'
    modprobe(modprobe_arg, host_post_info)
```

　　ZStack 在添加物理机的时候,将会调用这个函数,去检查物理机的 CPU 是否支持嵌套虚拟化功能,如果不支持,意味着物理机无法启动虚拟机,将不会被添加到 ZStack 平台。这个过程中,ZStack 调用了 modprobe 去注入 kvm_intel 内核模块,这个函数最终的实现是通过封装 Ansible API 完成,如下所示。

```
def modprobe(modprobe_arg, host_post_info):
    start_time = datetime.now()
    host_post_info.start_time = start_time
    name = modprobe_arg.name
    state = modprobe_arg.state
```

```
    params = modprobe_arg.params
    host = host_post_info.host
    post_url = host_post_info.post_url
    host_post_info.post_label = "ansible.modprobe"
    host_post_info.post_label_param = [name, state]
    handle_ansible_info("INFO: starting change kernel module %s to %s ... " % (name,
state), host_post_info, "INFO")
    if params ! = None:
        modprobe_args ='name='+ name +'state='+ state + 'params='+ params
    else:
        modprobe_args ='name='+ name +'state='+ state
    runner_args = ZstackRunnerArg()
    runner_args.host_post_info = host_post_info
    runner_args.module_name ='modprobe'
    runner_args.module_args = modprobe_args
    zstack_runner = ZstackRunner(runner_args)
    result = zstack_runner.run()
    logger.debug(result)
    result = zstack_runner.run()
    if result['contacted'] == {}:
        ansible_start = AnsibleStartResult()
        ansible_start.host = host
        ansible_start.post_url = post_url
        ansible_start.result = result
        handle_ansible_start(ansible_start)
    else:
        if result['contacted'][host]['failed'] is False:
            details = "SUCC: change kernel module %s to %s successfully" % (name,
state)
            host_post_info.post_label = "ansible.modprobe.succ"
            handle_ansible_info(details, host_post_info, "INFO")
            return True
        else:
            description = "ERROR: change kernel module %s status to %s failed " %
(name, state)
            host_post_info.post_label = "ansible.modprobe.fail"
            handle_ansible_failed(description, result, host_post_info)
```

在封装 API 的过程中，可以细粒度的输出日志，并且发送每一步操作的状态到管理节点。这个是使用 YAML 配置文件无法做到的，YAML 配置文件在执行过程中，只能一次性打印出来所有的结果，并且无法细粒度的干涉每一步的工作。

通过封装 Ansible API，实现自动化部署之后，用户不需要担心 ZStack 会要求你手动安装很多依赖软件，并且不会收到任何由于缺乏依赖或者错误配置引起的奇怪的错误。

在 Java 代码中的服务可以在某个恰当的时机，使用 AnsibleRunner 去调用 Ansible 去部署或升级 agents。KVM 的 AnsibleRunner 看起来像：

```
AnsibleRunner runner = new AnsibleRunner();
runner.installChecker(checker);
runner.setAgentPort(KVMGlobalProperty.AGENT_PORT);
runner.setTargetIp(getSelf().getManagementIp());
runner.setPlayBookName(KVMConstant.ANSIBLE_PLAYBOOK_NAME);
runner.setUsername(getSelf().getUsername());
runner.setPassword(getSelf().getPassword());
if (info.isNewAdded()) {
    runner.putArgument("init", "true");
    runner.setFullDeploy(true);
}
runner.putArgument("pkg_kvmagent", agentPackageName);
runner. putArgument ( " hostname ", String. format ( "% s. zstack. org ", self.
getManagementIp().replaceAll("\\\\.", "-")));
runner.run(new Completion(trigger) {
    @ Override
    public void success() {
        trigger.next();
    }

    @ Override
    public void fail(ErrorCode errorCode) {
        trigger.fail(errorCode);
    }
});
```

AnsibleRunner 非常智能。它将跟踪每一个 agent 文件的 MD5 校验值，并在远程设备测试 agent 的端口连接性，保证 Ansible 只在需要的时候被调用。通常情况下，部署或升级的过程是对用户透明的，在服务定义的触发点被触发；例如，一个 KVM agent 将在添加一个新的 KVM 主机的时候自动被部署。然而，服务也提供叫做 Reconnect 的 API，让用户用命令式的方式触发 agent 部署；例如，用户可以调用 APIReconnectHostMsg 让一个 KVM agent 重新部署，并完全还原物理机环境。重新部署的原因可能是为 Linux 操作系统修复一个关键的安全漏洞，或者是用户不小心破坏了他的物理机环境。

在软件升级过程中，用户在安装完一个新的 ZStack 版本并重启所有管理节点后，AnsibleRunner 将检测到 agents 的 MD5 校验和发生了变化，并自动在外部设备升级 agents。这个过程是对用户透明的且精心设计的；例如，主机服务如果它发现共有 10 000 台主机，将每次升级 1 000 台 KVM 主机，以避免管理节点的资源被耗尽；当然，我们也为用户提供了全局配置去优化这个行为（例如每次升级 100 台主机）。

综上所述，使用不同的自动化部署工具对用户的要求也不尽相同，在 IaaS 软件的安装部署升级过程中,笔者建议的最佳实践是屏蔽底层的细节,把复杂的配置和认证工作交给 IaaS 平台来处理,也就是说,通过 API 集成的方式细粒度的使用自动化部署工具,避免手动的修改配置文件。这样能够最高效率的完成平台的安装部署,并且能够通过定制化的方式,细粒度的展示安装部署的细节。

3.4　总结

本章从 IaaS 软件需要解决的问题和面临的难点架构,让读者看到,IaaS 软件面对的场景非常复杂,因此,IaaS 软件的架构也没有银子弹,每一种架构,都是在稳定性、易用性、可伸缩性、智能灵活性以及开发人员的上手难度之间做折中和平衡。通过比较目前国内比较主流的两种 IaaS 软件 OpenStack 和 ZStack 的架构特点,让读者可以深入的了解 IaaS 软件架构设计过程中的具体实现方式和最佳实践。

第三篇

私有云核心
技术与应用

第 **4** 章 KVM 虚拟化基础

私有云的核心之一是虚拟化,而 KVM 虚拟化的核心是外设模拟器 QEMU(Quick Emulator)和虚拟化管理 libvirt 库。本章将按照"模拟器→封装库"路线进行,即首先利用一个 KVM API 调用示例让读者对 KVM 的工作流程有个大致印象,然后介绍 QEMU 模拟器及其常用命令,然后再介绍对 QEMU 与其他模拟器进行封装的 libvirt 库,最后给读者介绍学习两者的绝佳工具 VirtManager,相关书籍可参考机械工业出版社的《深度实践 KVM》、《KVM 虚拟化原理与实践》等。

4.1 QEMU

KVM 是一种 x86 架构全虚拟化方案,由以色列公司 Qumranet 主导开发并贡献给社区。使用它我们需要在 Linux 中载入驱动模块 kvm. ko,以及针对 Intel/AMD 处理器的基础模块 kvm_intel. ko 或 kvm_amd. ko。驱动准备完成以后,我们需要在模拟器中运行 OS 与驱动进行交互,以充分利用处理器的硬件辅助虚拟化特性。开源 x86 模拟器种类很多,但是目前 KVM 社区支持最好的只有高产工程师 Fabrice Bellard 发起的 QEMU。

QEMU 是属于用户空间的模拟器,它可以模拟主流平台诸如 x86、PowerPC、ARM、SPARC、OpenRISC 等指令集与外设。它采用二进制转译的方法,同时提供一系列的虚拟硬件模块。KVM 社区在使用 QEMU 时,会提供 qemu-kvm 分支专门融合 QEMU 上流版本的新特性,同时提供 KVM 虚拟化相关功能,诸如在线迁移、VFIO 设备透传等。但是随着两者关系越来越紧密,现在它们在某些发行版上的区别有时仅仅是一个符号链接的关系。

4.1.1 QEMU/KVM 简介

QEMU 有两种运行模式,分别是用户模式和系统模式。用户模式下的 QEMU 在交叉编译环境下使用较多,值得一提的是在 Linux 下执行 Windows 程序的 Wine(Wine Is Not a Emulator)也有类似功能,而后者属于包装了许多 Windows 系统库文件的库虚拟化;系统模式下 QEMU 可以模拟一个完整的系统硬件环境,甚至单独一个外设,所有执行(execution)操作全部经由软件模拟,主机硬件(Intel-VT/AMD-V)不参与辅助加速;如果服务器 CPU 支持硬件虚拟化,则可以使用 KVM 或者 Xen 驱动加速,此时 QEMU 负责模拟各种硬件外设,但虚拟机的指令执行操作由 KVM 或 Xen 驱动模块进行处理,普通系统模式与 KVM 系统模式如图 4-1 所示。

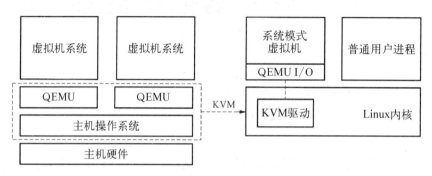

图 4-1 系统模式与 KVM 主机模式

当 QEMU 运行在无硬件虚拟化加速的系统模式时,它主要依靠二进制转译(Binary Translation)技术将虚拟机 CPU 指令转译成主机 CPU 指令。自 QEMU 版本 0.10 后,引入了 TCG(Tiny Code Generator)实现二进制转译。TCG 在转移时包含前端操作与后端操作,其中前端操作是封装了模拟目标 CPU 寄存器与运算操作的函数,它将虚拟机指令转换成 QEMU 指令,后端操作负责将 QEMU 指令转换成主机 CPU 指令。

1. KVM API 示例

KVM 虚拟机并不一定要运行一个操作系统,也可以裸跑一段代码。通过 KVM API,被隔离在沙箱(sandbox,又译作沙盘、沙盒,一般表示拥有基础资源且可随意改变的隔离环境)中的程序可以访问沙箱中的任意接口。为使读者对 KVM 的原理和过程有个大致印象,笔者将在支持 Intel VT 的 x86 主机系统中直接操作 KVM API 来创建一个的虚拟机,并在实模式下执行一段代码(计算"3+3")。KVM API 文档可参考 https://kernel.org/doc/Documentation/virtual/kvm/,KVM 测试工具可以使用 novm 或者 kvmtool。

先将要执行的汇编转化为机器码,以便交由 vCPU 执行。由于这段代码是 16 位实模式,在支持 VT 的主机中运行它需要 CPU 支持"unrestricted guest"特性。虽然 VT 原生支持带页面交换功能的 16 位保护模式,但对于型号较老的 CPU 而言,QEMU 需要首先依靠纯软件实现实模式,待 vCPU 进入保护模式后再将虚拟机的执行转交给 KVM 处理。如果主机使用的是 Westmere 及其以后的处理器(打开 EPT),且内核版本不低于 2.6.32 的系统,QEMU 则可直接借助 KVM 进入 vCPU 的实模式和无内存页交换的保护模式。

```
[root@ localhost ~]# cat test.S
    .code16
    .text
```

```
        .globl _start
_start:
        # 使用串口 COM1,默认 I/O 地址为 0x3f8,PC 兼容机的设备 I/O 地址可参考
        # https://en.wikipedia.org/wiki/Input/output_base_address
        mov $ 0x3f8, % dx
        # 相加
        add % bl, % al
        # 寄存器值的与0相加以转化为 ASCII
        add $'0', % al
        # 向 COM1 输出结果
        out % al, (% dx)
        mov $'\n', % al
        # 向 COM1 输出换行符
        out % al, (% dx)
        # 挂起,程序结束
        hlt
[root@ localhost ~]# gcc -c test.S
[root@ localhost ~]# objdump -D test.o
Disassembly of section .text:

0000000000000000 <_start>:
   0:   ba f8 03 00 d8      mov     $ 0xd80003f8,% edx
   5:   04 30               add     $ 0x30,% al
   7:   ee                  out     % al,(% dx)
   8:   b0 0a               mov     $ 0xa,% al
   a:   ee                  out     % al,(% dx)
   b:   f4                  hlt
```

接下来的初始化操作,我们需要将这些机器码拷贝至虚拟机内存的第二页(避免与中断地址冲突),寄存器 al、bl 分别赋值为 3,指令指针(ip)指向内存第二页开始处(0x1000),运行后将结果输出至 0x3f8 的模拟串口。

准备工作完成后,我们开始进行模拟。首先需要打开/dev/kvm 设备,此操作需要对 kvm 拥有可读写权限,并指定在执行 exec 后关闭描述符。

```
kvm_fd = open( "/dev/kvm", O_RDWR | O_CLOEXEC);
```

然后确定 KVM API 版本号是 12,否则退出。

```
ret = ioctl(kvm_fd, KVM_GET_API_VERSION, NULL);
if (ret == -1)
err(1, "KVM_GET_API_VERSION");
if (ret != 12)
errx(1, "KVM_GET_API_VERSION % d, expected 12", ret);
```

由于我们需要设置 KVM 虚拟机的内存,所以我们需要在此检查这个系统中的 KVM 是否支持此特性。

```
ret = ioctl(kvm_fd, KVM_CHECK_EXTENSION, KVM_CAP_USER_MEMORY);
if (ret == -1)
err(1, "KVM_CHECK_EXTENSION");
if (! ret)
errx(1, "Required feature KVM_CAP_USER_MEM not available");
```

开始创建虚拟机,机器类型为默认。

```
vm_fd = ioctl(kvm_fd, KVM_CREATE_VM, (unsigned long)0);
```

然后给虚拟机分配一页(4 KB)内存,并将上述程序的机器码拷贝进去。

```
memcpy(mem, code, sizeof(code));
```

内存分配完成以后,我们需要设置虚拟机的内存拓扑。

```
struct kvm_userspace_memory_region region = {
    .slot = 0,
    .guest_phys_addr = 0x1000,
    .memory_size = 0x1000,
    .userspace_addr = (uint64_t)mem,
};
ioctl(vm_fd, KVM_SET_USER_MEMORY_REGION, &region);
```

给虚拟机添加一个序号为 0 的 vCPU。

```
vcpu_fd = ioctl(vm_fd, KVM_CREATE_VCPU, (unsigned long)0);
```

每一个 vCPU 具有 kvm_run 结构体,以用于在内核空间和用户空间之间交换 vCPU 状态信息,在模拟设备意外停止工作时还可以存储设备 dump 信息。

```
mmap_size = ioctl(kvm_fd, KVM_GET_VCPU_MMAP_SIZE, NULL);
run = mmap(NULL, mmap_size, PROT_READ | PROT_WRITE, MAP_SHARED, vcpu_fd, 0);
```

设置寄存器初始值。vCPU 结构中包括标准寄存器(kvm_regs)和特殊寄存器(kvm_sregs)两种数据结构。标准寄存器包括通用集群器、指令指针和 CPU 标志,特殊寄存器中则主要是段寄存器和控制寄存器等,且特殊寄存器中的每个段都有完整的段描述符结构体。通用寄存器中我们只需要初始化 al、bl、指令指针寄存器、标志寄存器,而特殊寄存器中我们需要将代码段寄存器的基地址 base 和 selector(全局描述符 GDT 的偏移量)。

```
struct kvm_regs regs = {
    .rip = 0x1000,
    .rax = 2,
    .rbx = 2,
    .rflags = 0x2,
};
ioctl(vcpu_fd, KVM_SET_REGS, &regs);

ioctl(vcpu_fd, KVM_GET_SREGS, &sregs);
sregs.cs.base = 0;
sregs.cs.selector = 0;
ioctl(vcpu_fd, KVM_SET_SREGS, &sregs);
```

寄存器初始化完成，代码也已经载入内存，接下来开始进行模拟运算，即向 vCPU 循环发送 KVM_RUN 命令。

```
while (1) {
    ioctl(vcpu_fd, KVM_RUN, NULL);
    switch (run->exit_reason) {
    /* Handle exit */
    }
}
```

代码运行完之后遇到 halt 指令，模拟即停止（EXIT），我们需要对这个过程的停止返回值进行处理。

```
# include <err.h>
# include <fcntl.h>
# include <linux/kvm.h>
# include <stdint.h>
# include <stdio.h>
# include <stdlib.h>
# include <string.h>
# include <sys/ioctl.h>
# include <sys/mman.h>
# include <sys/stat.h>
# include <sys/types.h>

int main(void)
{
    int kvm_fd, vm_fd, vcpu_fd, ret;
    const uint8_t code[] = {
        0xba, 0xf8, 0x03, /* mov $ 0x3f8, % dx */
        0x00, 0xd8,     /* add % bl, % al */
```

```
    0x04, '0',          /* add $'0', %al */
    0xee,               /* out %al, (%dx) */
    0xb0, '\n',         /* mov $'\n', %al */
    0xee,               /* out %al, (%dx) */
    0xf4,               /* hlt */
};
uint8_t *mem;
struct kvm_sregs sregs;
size_t mmap_size;
struct kvm_run *run;

kvm_fd = open("/dev/kvm", O_RDWR | O_CLOEXEC);
if (kvm_fd == -1)
    err(1, "/dev/kvm");

ret = ioctl(kvm_fd, KVM_GET_API_VERSION, NULL);
if (ret == -1)
    err(1, "KVM_GET_API_VERSION");
if (ret != 12)
    errx(1, "KVM_GET_API_VERSION %d, expected 12", ret);

vm_fd = ioctl(kvm_fd, KVM_CREATE_VM, (unsigned long)0);
if (vm_fd == -1)
    err(1, "KVM_CREATE_VM");

mem = mmap(NULL, 0x1000, PROT_READ | PROT_WRITE, MAP_SHARED | MAP_ANONYMOUS, -1, 0);
if (!mem)
    err(1, "allocating guest memory");
memcpy(mem, code, sizeof(code));

struct kvm_userspace_memory_region region = {
    .slot = 0,
    .guest_phys_addr = 0x1000,
    .memory_size = 0x1000,
    .userspace_addr = (uint64_t)mem,
};
ret = ioctl(vm_fd, KVM_SET_USER_MEMORY_REGION, &region);
if (ret == -1)
    err(1, "KVM_SET_USER_MEMORY_REGION");

vcpu_fd = ioctl(vm_fd, KVM_CREATE_VCPU, (unsigned long)0);
if (vcpu_fd == -1)
    err(1, "KVM_CREATE_VCPU");

ret = ioctl(kvm_fd, KVM_GET_VCPU_MMAP_SIZE, NULL);
```

```
if (ret == -1)
    err(1, "KVM_GET_VCPU_MMAP_SIZE");
mmap_size = ret;
if (mmap_size < sizeof(*run))
    errx(1, "KVM_GET_VCPU_MMAP_SIZE unexpectedly small");
run = mmap(NULL, mmap_size, PROT_READ | PROT_WRITE, MAP_SHARED, vcpu_fd, 0);
if (!run)
    err(1, "mmap vcpu");

ret = ioctl(vcpu_fd, KVM_GET_SREGS, &sregs);
if (ret == -1)
    err(1, "KVM_GET_SREGS");
sregs.cs.base = 0;
sregs.cs.selector = 0;
ret = ioctl(vcpu_fd, KVM_SET_SREGS, &sregs);
if (ret == -1)
    err(1, "KVM_SET_SREGS");

struct kvm_regs regs = {
    .rip = 0x1000,
    .rax = 3,
    .rbx = 3,
    .rflags = 0x2,
};
ret = ioctl(vcpu_fd, KVM_SET_REGS, &regs);
if (ret == -1)
    err(1, "KVM_SET_REGS");

while (1) {
    ret = ioctl(vcpu_fd, KVM_RUN, NULL);
    /* 如果 ret 为 -1 说明运行错误, 继续执行 switch */
    if (ret == -1)
        err(1, "KVM_RUN");
    switch (run->exit_reason) {
    /* 设置 EXIT 时的信息输出位置与内容, 属于 EIXT 指令的钩子函数 */
    case KVM_EXIT_IO:
        if (run->io.direction == KVM_EXIT_IO_OUT && run->io.size == 1 && run->
        io.port == 0x3f8 && run->io.count == 1)
            putchar(*(((char *)run) + run->io.data_offset));
        else
            errx(1, "unhandled KVM_EXIT_IO");
        break;
    /* 遇到 EXIT 挂起指令, 此时返回 0 即正常结束进程 */
    case KVM_EXIT_HLT:
```

```
        puts("KVM_EXIT_HLT");
        return 0;
      /*执行失败,返回具体错误信息,比如代码执行完成后未执行 return */
      case KVM_EXIT_FAIL_ENTRY:
          errx(1, "KVM_EXIT_FAIL_ENTRY: hardware_entry_failure_reason = 0x%11x",
              (unsigned long long)run->fail_entry.hardware_entry_failure_reason);
/*KVM 驱动内部错误*/
case KVM_EXIT_INTERNAL_ERROR:
          errx(1, "KVM_EXIT_INTERNAL_ERROR: suberror = 0x%x", run->internal.suberror);
      default:
          errx(1, "exit_reason = 0x%x", run->exit_reason);
      }
  }
}
```

将以上文件保存至 kvm_test. c,然后编译运行得到代码执行结果。

```
[root@ localhost ~]# gcc kvm_test.c
[root@ localhost ~]# ./a.out
6
KVM_EXIT_HLT
```

以上即是使用 KVM 驱动进行 x86 模拟的基本过程了,QEMU 和 KVM 的组合便是在此基础上添加各种外设,以提供操作系统必需的硬件环境。

2. QEMU 用户模式示例

在用户模式下,我们可以运行为任意 CPU 架构编译的二进制文件,对于非静态二进制我们需要安装对应的动态链接库文件。接下来我们以 arm 的交叉编译示例。

```
# 源文件
[lofyer@ localhost tmp] $ cat hello.c
# include <stdio.h>

int main(void)
{
    printf("Hello, world. \n");
    return 0;
}
# 交叉编译,arm-linux 前缀说明为操作系统环境准备的工具链,需要 libc 链接库
[lofyer@ localhost tmp] $ arm-linux-gnueabi-gcc -Wall hello.c -o hello
# 查看文件,ARM 架构,32 位小端的 ELF 文件
[lofyer@ localhost tmp] $ file hello
hello: ELF 32 -bit LSB executable, ARM, EABI5 version 1 (SYSV), dynamically linked,
interpreter /lib/ld-linux.so.3, for GNU/Linux 2.6.32,
```

```
BuildID[sha1]=7ed5e5bdace595e2a28ad498c31a5ea9420191b7, not stripped
# 运行用户模式命令,-L 选项指定动态链接库位置
[lofyer@ localhost tmp]$ qemu-arm -L /usr/arm-linux-gnueabi/sys-root/ ./hello Hello, world.
```

3. QEMU 系统模式示例

当 QEMU 运行在系统模式时,它会模拟出包含 CPU、内存等各种外设在内的指定型号机器模型,除此之外也有很多与主机、客户端的交互选项,比如设备重定向、内存气球、spice USB-Redir 等。

每个选项的具体含义及格式请使用"man qemu-kvm"查看,每个设备的参数列表查询可以在设备选项后加"?",形如"qemu-kvm -cpu ?"。 下面是一个比较精简的 QEMU 系统模式命令示例,我们逐行进行讲解。

```
[lofyer@ localhost tmp]$ qemu-kvm \
# 指定名称,即 libvirt 中的 domain name;指定模拟机器模型使用"qemu-kvm -M ?"即可查看支持机器
模型,x86 目标有 q35 和 i440fx 两种基本机器模型,每种机器模型都有固定的芯片组和总线,其中 q35 提
供对 PCI-E 总线的支持。
-name windows_vm -S -M q35 \
# 指定 CPU 类型,CPU 颗粒数、每颗核数、每核线程数,其中 sockets 可以预留以便后期的 CPU 热插拔
-cpu Nehalem,hv_relaxed -smp 1,maxcpus=16,sockets=16,cores=1,threads=1 \
# 指定 kvm 加速;分配 2048MB 内存
-enable-kvm -m 2048 \
# 添加字符设备,id 为 charmonitor 位于当前目录的 UNIX 套接字,这类字符设备在虚拟机、主机以及客户
端之间的通信时将会经常用到
-chardev socket,id=charmonitor,path=./windows_vm.monitor,server,nowait \
# 添加 QEMU 字符控制台,后端为 charmonitor
-mon chardev=charmonitor,id=monitor,mode=control \
# 添加 ICH9 芯片组的 USB 控制器
-device ich9-usb-ehci1,id=usb,bus=pci.0,addr=0x4.0x7 \
-device ich9-usb-uhci2,masterbus=usb.0,firstport=2,bus=pci.0,addr=0x4.0x1 \
-device ich9-usb-uhci3,masterbus=usb.0,firstport=4,bus=pci.0,addr=0x4.0x2 \
-device
ich9-usb-uhci1,masterbus=usb.0,firstport=0,bus=pci.0,multifunction=on,addr=0x4 \
# 添加 ide 驱动器
-device ide-drive,bus=ide.1,unit=0,drive=drive-ide0-1-0,id=ide0-1-0 \
# 添加 virtio 块存储后端硬盘,在这里可以调整 cache 策略,包括 writethrough 和 writeback,也可选
择存储 IO 线程实现
-drive
file=./windows_vm.qcow2,if=none,id=drive-virtio-disk0,format=qcow2,cache=none,
werror=stop,rerror=stop,aio=threads \
# 添加 virtio 块存储前端
-device
virtio-blk-pci,scsi=off,bus=pci.0,addr=0x6,drive=drive-virtio-disk0,id=
virtio-disk0,bootindex=1 \
```

```
# 使用 virtio balloon 设备,提供内存气球实现
-device virtio-balloon-pci,id=balloon0,bus=pci.0,addr=0x7 \
# 指定虚拟机网卡的接入的 tap 设备
-netdev tap,fd=39,id=hostnet0,vhost=on,vhostfd=41 \
# 添加 virtio 网卡,同时指定 MAC 地址
-device
virtio-net-pci,netdev=hostnet0,id=net0,mac=00:1a:4a:8e:28:8e,bus=pci.0,addr=0x3 \
# 添加字符设备,id 为 charchannel1 位于当前目录的 socket 套接字
-chardev socket,id=charchannel1,path=./qemu.guest_agent,server,nowait \
# 添加虚拟串口,使用 charchannel1,用于外部与 qemu-guest-agent 通信
-device
virtserialport,bus=virtio-serial0.0,nr=1,chardev=charchannel1,id=channel1,
name=qemu.guest_agent \
# 添加字符设备,id 为 charchannel2 位于当前目录的 socket 套接字
-device
virtserialport,bus=virtio-serial0.0,nr=2,chardev=charchannel2,id=channel2,
name=com.redhat.spice.0 \
# 添加 spice vmc 设备,使用 charchannel2,用于虚拟机内的 vdagent 和 spice 客户端的通信
-chardev spicevmc,id=charchannel2,name=vdagent \
# 指定 spice 端口,同时启用 spice 无缝迁移
-spice port=5914,seamless-migration=on \
# 指定键盘布局为 en-us,显卡设备为 qxl,显存为 67108864 字节(64MB)
-k en-us -vga qxl -global qxl-vga.ram_size=67108864 \
```

系统模式下的 QEMU 是 KVM 虚拟化技术的核心之一,深入了解其参数、选择合适的设备,将会对我们的虚拟机调试工作带来极大的便利。

4.1.2　机器模型

一个计算机由 CPU、内存、各种控制器、外设组成,既然 QEMU 是一个模拟器,那么它一样遵循基本的计算机架构与原理。首先 QEMU 能够模拟的设备有很多种,按照设备类别可以分为总线控制器(南北桥)、USB 总线控制器、存储设备、网络设备、输入设备、显示设备、声音设备、附加外设等。诸多设备都要在接入总线并与控制器通信的前提下才能使用,而我们需要在了解计算机架构的基础上进行添加,避免造成设备或者总线发生冲突。我们已经在之前章节介绍了计算机的逻辑架构,接下来我们从 QEMU 的两种经典 x86 机器模型入手,提供一个比较科学的命令构建或者是"计算机组装"方法。

1. I440FX

QEMU 引入的 Intel I440FX 芯片组模型已经有二十多年的历史了,它使用了支持 ACPI 以及 USB 2.0 的 PIIX4 南桥,是绝大多数 x86 操作系统都支持的经典芯片组之一。I440FX 芯片组在 QEMU 机器模型列表中一般是 PC-XXX,芯片组中的控制器与芯片型号根据发行版的差异而有所不同,其整体架构如图 4-2。

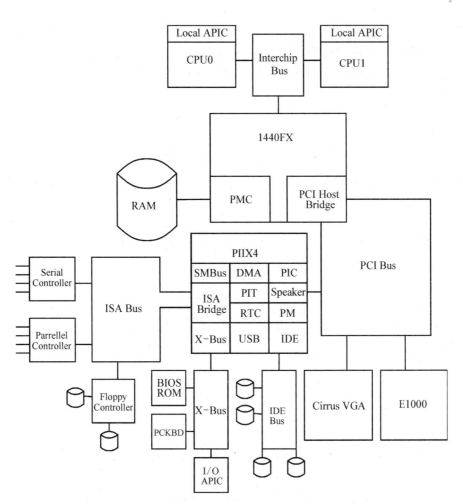

图 4-2　I440FX 芯片组

我们在 CentOS7 服务器中用 CentOS LiveCD 系统启动 x86 虚拟机,并列举这个模型中的默认 PCI 设备。

```
# 首先在主机上创建一个 20GB 的虚拟硬盘,然后启动 CentOS Live CD。
[lofyer@ localhost tmp] $ qemu-img create -f qcow2 hda.qcow2 20G
[lofyer@ localhost tmp] $ /usr/libexec/qemu-kvm -M PC -m 4GB -smp 1 -cdrom centos7.
iso -hda hda.qcow2

# 在虚拟中使用 lspci 命令查看 PCI 设备。
[centoslive@ livecd ~] $ lspci -tv
-[0000:00]-+-00.0 Intel Corporation 440FX - 82441FX PMC [Natoma]
           +-01.0 Intel Corporation 82371SB PIIX3 ISA [Natoma/Triton II]
           +-01.1 Intel Corporation 82371SB PIIX3 IDE [Natoma/Triton II]
           +-01.3 Intel Corporation 82371AB/EB/MB PIIX4 ACPI
           +-02.0 Cirrus Logic GD 5446
           \-03.0 Intel Corporation 82540EM Gigabit Ethernet Controller
```

我们可以看出新的硬盘控制器接入了 PCI 总线,由于我们未指定位置,所以 QEMU 将其自动排列至网卡的后一个 PCI 槽位。另外,我们指定了网卡类型为"virtio",而 QEMU 使用了指定类型的网卡而并不是在 82540 的基础上添加一个新网卡。注意某些版本 QEMU 机器模型都有一些"未指定则默认(缺省)"的选项或设备。

2. Q35

Q35 是 Intel 于 2007 年 9 月公布的主板芯片组,它使用 ICH9 作为南桥主控。相较于之前的 I440FX,Q35 拥有 PCI-E 总线、AHCI、IOMMU、SATA 控制器等诸多主流功能,能更好地适应现代操作系统,其架构如图 4-3 所示。

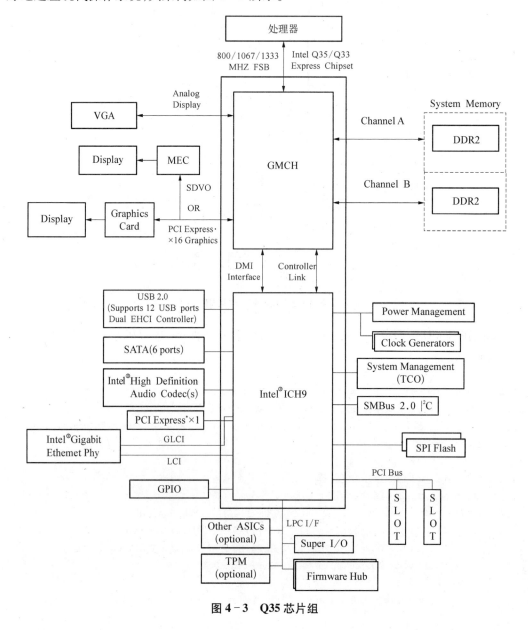

图 4-3　Q35 芯片组

同样我们先来看一下 Q35 的基本 PCI 设备。

```
# 使用同样的参数启动,仅更改机器类型为"q35"。
[lofyer@ localhost tmp]$ /usr/libexec/qemu-kvm -M q35 -m 4GB -smp 1 -cdrom centos7.
iso -hda hda.qcow2
# 在虚拟机中查看 PCI 总线设备。
[centoslive@ livecd ~]$ lspci -tv
-[0000:00]-+-00.0 Intel Corporation 82G33/G31/P35/P31 Express DRAM Controller
           +-01.0 Cirrus Logic GD 5446
           +-02.0 Intel Corporation 82540EM Gigabit Ethernet Controller
           +-1f.0 Intel Corporation 82801IB (ICH9) LPC Interface Controller
           +-1f.2 Intel Corporation 82801IR/IO/IH (ICH9R/DO/DH) 6 port SATA Controller
           [AHCI mode]
           \-1f.3 Intel Corporation 82801I (ICH9 Family) SMBus Controller
```

一般不同的虚拟化平台使用的机器模型也不大相同,比如在 OpenStack 中默认使用的是 I440FX,而 oVirt 中两种模型都可选。我们选择平台时以及增添设备时需要注意这点,尤其在需要添加 PCIE 设备的场景中。

4.1.3　设备清单

QEMU 可模拟的设备繁多,由于篇幅所限难以全部列出。在命令行中可使用"**qemu-kvm -device ?**"查看所有模拟设备,使用形似"**qemu-kvm -device virtio-gpu-pci,?**"查看具体设备的参数,如下示例。

```
# 查看全部设备
[root@ localhost ~]# qemu-kvm -device ?
Controller/Bridge/Hub devices:
name "i82801b11-bridge", bus PCI
name "ioh3420", bus PCI, desc "Intel IOH device id 3420 PCIE Root Port"
name "pci-bridge", bus PCI, desc "Standard PCI Bridge"
name "pci-bridge-seat", bus PCI, desc "Standard PCI Bridge (multiseat)"
name "q35-pcihost", bus System
name "usb-host", bus usb-bus
name "usb-hub", bus usb-bus
name "x3130-upstream", bus PCI, desc "TI X3130 Upstream Port of PCI Express Switch"
name "xio3130-downstream", bus PCI, desc "TI X3130 Downstream Port of PCI Express Switch"

USB devices:
name "ich9-usb-ehci1", bus PCI
name "ich9-usb-ehci2", bus PCI
name "ich9-usb-uhci1", bus PCI
...
```

```
# 查看设备参数
[root@ localhost ~]# qemu-kvm -device virtio-gpu-pci,?
virtio-gpu-pci.disable-modern=bool (on/off)
virtio-gpu-pci.ioeventfd=bool (on/off)
virtio-gpu-pci.virtio-pci-bus-master-bug-migration=bool (on/off)
virtio-gpu-pci.event_idx=bool (on/off)
virtio-gpu-pci.indirect_desc=bool (on/off)
virtio-gpu-pci.stats=bool (on/off)
virtio-gpu-pci.multifunction=bool (on/off)
virtio-gpu-pci.migrate-extra=bool (on/off)
virtio-gpu-pci.notify_on_empty=bool (on/off)
virtio-gpu-pci.virgl=bool (on/off)
virtio-gpu-pci.modern-pio-notify=bool (on/off)
virtio-gpu-pci.romfile=str
virtio-gpu-pci.virtio-backend=child<virtio-gpu-device>
virtio-gpu-pci.disable-legacy=bool (on/off)
virtio-gpu-pci.command_serr_enable=bool (on/off)
virtio-gpu-pci.vectors=uint32
virtio-gpu-pci.x-disable-pcie=bool (on/off)
...
```

我们以 KVM 平台的虚拟机设置为主列举虚拟机的通用设备,如图 4-4 所示的虚拟机

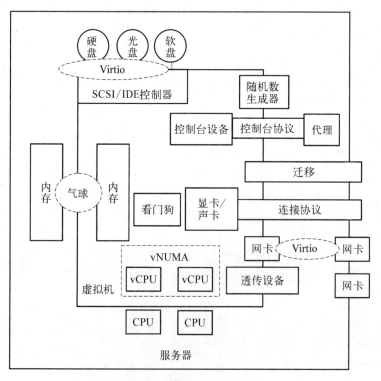

图 4-4　虚拟机设备简图

设备简图以及它们与服务器之间的关系。

1. 基本设备

包括 CPU、内存、显示等在内的设备一般是必选项,并且其参数直接影响虚拟机的性能。

□ CPU

QEMU 中可调节 CPU 的选项有 CPU 类型(-cpu)、SMP 配置(-smp)、NUMA(-numa)。

CPU 类型差异主要体现在 CPU 指令集的组合上,目前 QEMU 支持的组合 qemu32、qemu64、SandyBridge、Haswell 等,在虚拟机中使用"cat/proc/cpuinfo | grep flags | uniq"查看当前 CPU 所有指令集,在不同的机器类型中识别到的 CPU 类型也会有差异。除了默认的几十种组合外,它也支持自定义组合,比如"qemu-kvm -cpu qemu-64,+ssse3"将添加"ssse3"到虚拟机的 qemu64 CPU 指令集中。

相关链接

Intel 处理器微架构

Intel 处理器微架构自 486 开始,每一代都有固定的编号,从早期的 Pentium、NetBurst、Core,到现在 Itanium、Nehalem、SandyBridge、Haswell 等。虽然它们的架构元件与性能差异较大,但对虚拟化而言,这种差异可以近似看做指令集的不同。即在很多时候,最新架构的 CPU 可以具备早期架构的 CPU 指令集,但反之则不能,我们也应在虚拟机迁移时注意这点。

(资料来源:https://en.wikipedia.org/wiki/List_of_CPU_architectures.)

需要注意的是,虚拟机的 CPU 指令集不能多于服务器 CPU 支持的指令集,如果某台服务器缺少虚拟机所需要的某些指令集,那么虚拟机将不能迁移至其运行。**如果集群的服务器 CPU 类型相同,我们可以直接将虚拟机 CPU 类型设置为 host,这样既能保证虚拟机的迁移,又最大限度扩展了虚拟 CPU 的特性以支持某些特殊应用场景。**

(资料来源:HTTP://www.rdoxen ham.com/?p=275.)

嵌套虚拟化

当前版本的 KVM 我们需要在相关模块加载时添加"nested"选项以使虚拟机内支持虚拟化指令集。Intel 和 AMD 的 CPU 在/etc/modprobe.d/kvm-intel.conf 中分别添加"options kvm-intel nested =1"或者"options kvm-amd nested = 1"后,重新加载对应的 kvm 模块。

在实际项目中,某些客户会在云桌面中使用其他虚拟化软件,比如 VMWare、VirtualBox 或者 Virt Manager,这时候嵌套虚拟化就很必要了。

一般实现嵌套虚拟化除了系统内核到 Linux 3.X 版本且 qemu-kvm 大于 1.5 版本外,

如果读者使用 libvirt 管理虚拟机,还需要修改虚拟机 XML 文件中 CPU 的定义,下面三种定义都可以

(1)可以使用预制的 CPU 型号,比如 core2duo,这种方式为虚拟机定义需要模拟的 CPU 类型"core2duo",并且为虚拟机添加"vmx"特性。

```
<cpu mode='custom' match='exact'>
    <model fallback='allow'>core2duo</model>
    <feature policy='require' name='vmx'/>
</cpu>
```

(2)使用 host 模式。

```
<cpu mode='host-model'>
    <model fallback='allow'/>
</cpu>
```

(3)CPU 透传特性。

```
<cpu mode='host-passthrough'>
    <topology sockets='2' cores='2' threads='2'/>
</cpu>
```

在虚拟机中看到的 vCPU 将会与物理机的 CPU 同样配置,这种方式缺点在于如果要对虚拟机迁移,迁移的目的服务器硬件配置必须与当前物理机一致。

SMP 选项即为模拟 CPU 对称多处理器架构,目前支持的最大 vCPU 数目为 255 个。它的参数有 vCPU 总数(cpus)、插槽数(sockets)、插槽核数(cores)、每核线程数(threads)、vCPU 允许最大数(maxcpus)。其中 maxcpus 用于 vCPU 热插拔(QEMU 1.5 版本及以上),可通过 QEMU 控制台进行操作。SMP 选项对虚拟机性能的影响就像一把双刃剑,过高或过低都会造成同一服务器上其他虚拟机性能的下降。另外,由于 QEMU 只是在虚拟机层面模拟了 SMP 架构,但在物理服务器操作系统看来这个虚拟机的多个 LWP 仍然是普通的进程,并没有真正的隔离在多 CPU 间,所以在创建多路 CPU 的虚拟机时我们往往会添加 NUMA 选项,以保证其性能。

QEMU 中的 NUMA 实现即是创建虚拟 NUMA 节点从而设置虚拟机 LWP 与物理逻辑 CPU 的"亲密度",它需要 libvirt 提供物理 CPU 绑定支持以避免虚拟 NUMA 节点内存性能损失,具体操作会在实践部分指出。它的参数有 NUMA 节点序号(nodeid)、NUMA 节点内存(mem)、NUMA 节点内存设备(memdev)、vCPU 逻辑序号(cpu)。

通过命令形似" qemu-kvm -smp 4 -numa node, nodeid = 0, cpus = 0, 1 -numa node, nodeid = 1, cpus = 2,3 -monitor stdio"启动的虚拟机,在 QEMU 控制台输入"info numa"即可看到虚拟机的 NUMA 拓扑;我们也可以在服务器中使用"lstopo"命令或者"virsh nodeinfo"查看服务器的 NUMA 拓扑。如果要指定 NUMA 节点使用其他形式的内存,需要添加 object

选项,形如"qemu-kvm -object memory-backend-file,id = mem,size = 512M,mem-path =/hugetlbfs,share=on -numa node,memdev=mem"。

□　内存

内存的直接调节选项有基本配置(-m)、内存设备路径(-mem-path)、内存预分配(-mem-prealloc)。

内存基本配置中包括内存大小(size)、预留槽位(slot)、允许最大内存(maxmem)。内存大小选项接受的参数可以是"K、M、G、T"的单位字节。预留槽位和允许最大内存这两个选项需要一起使用以提供内存热插拔功能,可通过 QEMU 控制台操作,形如"object_add memory-backend-ram,id = mem1,size = 1G;device _ add pc-dimm,id = dimm1,memdev = mem1"。内存热插拔与内存气球技术颇为相似,不同的地方是前者以内存槽位为最小操作单位,而后者以最小内存页为单位。

内存设备路径和预分配一般配合巨页进行使用,内存气球(balloon)、KSM 等需要配合虚拟机代理或者服务器相关设置,我们将在实践部分详细说明。

□　显示

QEMU 中的显示可调选项丰富,主要由两个部分组成,即 VGA 设备与显示协议。

在 QEMU 2.4 版本,模拟 VGA 设备有 cirrus、std、vmware、tcx、cg3、qxl、virtio、none。每种 VGA 设备都有不同的用途:cirrus 与 std 的系统兼容性最佳,前者在 Windows 95 中即开始支持,后者从 XP 开始支持,并且分辨率可以达到 1 280×1 024 以上,两种设备在 vnc 协议下使用效果较佳;vmware 的设备类型是 SVGA－II,在 KVM 的虚拟化环境中得以保留往往是由于个别系统的兼容性原因,平时使用较少;tcx、cg3 两种 VGA 设备属于 SPARC 平台默认支持的设备,在 x86 中极少使用;qxl 是一种半虚拟化 VGA 设备,它需要与 spice 协议一起使用方可达到最佳显示效果;virtio 类型的设备属于典型的 vGPU 设备,它来自 virgl 项目,本书成文时它仅支持 sdl 与 gtk 显示协议,spice 协议的仍在开发中;none 即表示不模拟 VGA 设备,将输出重定向至串口或者并口,一般在嵌入式开发中使用较多。

远程显示协议是各私有云桌面厂商的核心竞争力表现之一。在 QEMU 中,除了 gtk、sdl、curses 三种本地显示协议,我们关注最多的就是开源的 spice 以及 vnc 协议了。

本地显示协议 sdl 较 gtk 而言,它的底层 API 使用了 OpenGL 与 OpenAL 等实现(需客户端 VGA 驱动支持),在渲染声音与图像时拥有更高效率。在 QEMU 2.5 版本,"-display sdl"选项等同于"-display gtk,gl=on"。另外,在文字中的操作系统时将显示输出到 curses/ncurses 接口中也是非常不错的选择。

远程显示协议 vnc 属于较经典的协议之一,拥有极佳的移植性,它的服务端及其变种适用于包括 Windows、Linux、Unix、OS X 等等有 GUI 界面的操作系统,甚至在 Android、iOS 中也可运行。QEMU 的 vnc 实现是 sdl 协议的 VGA 内容经过转发后输出 vnc 会话,它的选项与常规 vnc 服务器类似,包括密码访问、共享访问、证书加密、sasl 认证等。另外,它也提供 websocket 选项用以支持浏览器 HTML5 直接访问虚拟机桌面,这点特性在提供虚拟服务器为主的云平台中使用非常广泛(由于 QEMU 版本不同,云平台中的 websocket 实现可能不同)。

最后就是仍然占据开源桌面云市场的 spice 协议,它是国内 KVM 私有云和私有云厂商的最主要的参考与使用协议之一。spice 是一个开源的远程桌面显示解决方案,使客户端能查看远程虚拟机的操作界面,它给用户提供了一种如同操作本地机器一样的体验,同时尽可能把 GPU 密集型的解码任务在客户端本地处理。spice 的基本组成包括 spice 协议、spice 服务器、spice 客户端,以及其相关组件 QXL 设备和 QXL 驱动,目前其移动端支持 Android、iOS。与 vnc 相比,spice 协议的实现需要虚拟机内部 QXL 驱动辅助,因此性能有一定提升,其过程如图 4-5 所示。除了一些 vnc 所支持的诸多选项外,spice 协议同时还提供了视频流重定向、在线迁移、主机目录映射等直接提升用户体验的选项。比如视频流重定向即是通过检测虚拟机视频播放区域,将其转化成 M-JPEG 视频流(M-JPEG 是 multiple jpegs 的缩写,并不是视频格式 MPEG)后发送至客户端,从而在保证视频质量同时减少带宽消耗(国内厂商在其基础上添加了 H264 解码)。协议中的通道是 spice 协议进行周边扩展的基本,它与各种代理设备相结合可以实现客户端设备重定向、粘贴板共享、分辨率自适应等等提升桌面体验的功能与特性。

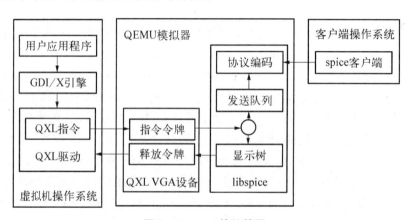

图 4-5 spice 协议简图

2. 可移除设备

可移除设备包括块设备驱动器与存储介质、USB 控制器、网卡、声卡等,这类设备也是由虚拟化平台提供,对虚拟机的性能与功能都有较大影响。

□ 设备驱动器与存储介质

QEMU 中的块设备由存储介质及对应的驱动器构成,其中存储介质种类不限于虚拟硬盘,也有 iSCSI 硬盘、主机硬盘、主机文件系统等。

最直接的块设备选项有软盘(-fda/fdb)、光盘(-cdrom)和硬盘(-hda/hdb/hdc/hdd),选项的参数是一个文件路径,可以是 iso、qcow2、raw、vfd 等类型的普通文件或者/dev/sdb 这样的主机设备文件。

通常我们使用最多的选项是驱动器(-drive),它拥有更丰富的参数,可以适应各种应用场景。它的参数有文件路径(file)、接口类型(if)、总线位置(bus、unit)、系统顺序(index)、介质类型(media)、硬盘参数(cyls、heads、secs)、快照开关(snapshot)、缓存策略

（cache）、异步实现（aio）、擦除请求（discard）、硬盘格式（format）、序列号（serial）、PCI 地址（addr）、勘误动作（werror、rerror）、只读模式（readonly）、读时复制（copy-on-read）、QoS 限制（throttling）。这些参数与虚拟机、驱动器、硬盘、服务器之间的关系如图 4-6 所示，具体应用场景的设置我们将在以后章节中讲到。

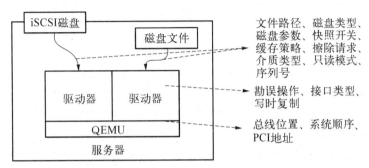

图 4-6　驱动器参数在 QEMU 各层的作用域

QEMU 也提供了 nand flash（mtdblock）、nor flash（plash）、SD 卡（sd）等针对嵌入式设备的块存储选项，接受参数同样为文件路径。

针对 virtio，QEMU 在 0.15 版本时支持了使用 Plan 9 项目中 9P 协议的 VirtFS，它通过向虚拟机系统提供系统层的服务接口，能够获得比直接访问设备驱动更高的性能，详细内容我们将在后面章节讲述。

□ USB 控制器

不管对于服务器虚拟化还是桌面虚拟化，USB 控制器的加入都是非常有必要的。在第 1 章我们已经知道，服务器需要 U-Key、桌面需要各种外设，那么我们就需要在虚拟机中模拟 USB 控制器从而接入真实的外设。

两种机器模型中都自带了 USB 控制器（ehci、uhci），而 QEMU 提供了 USB 设备选项（usbdevice）以加入各种 USB 设备，包括鼠标与触控输入（mouse、tablet）、主机 USB 设备（host）、USB 转串口（serial）、大容量存储（disk）等。其中，主机 USB 设备（host）必须指定主机 USB 设备的 verdor id 和 product id，并且不管是 U 盘还是摄像头，**必须处于未被占用状态且 QEMU 进程有对此设备访问的权限（注意 SELinux 设置，最好处于 permissive 或 disabled 状态）**。大容量设备选项可直接将一个 raw 格式的文件转化为 USB 存储传递至虚拟机中，这对于模拟测试有很大帮助。

□ 网卡

虚拟机的网络包括网卡设备和网络连接两部分，网络连接部分我们将在以后的章节中进行详细说明。QEMU 的网络设备有模拟设备和主机透传设备两种，主机透传设备可以是主机的整个网卡或者是 SR-IOV 虚拟网卡。对于 x86 平台的模拟网卡有 ne2k_pci、i82551、i82557b、i82559er、**rtl8139**、pcnet、**e1000**、**virtio**，其中除了 virtio 是半虚拟化设备，其他都是纯虚拟化设备。

对于网卡我们可设置的选项有网卡模型（model）、VLAN（vlan）MAC 地址（macaddr）、PCI 地址（addr）、设备向量（vector，仅对 virtio 网卡有效）。这些参数中对网络效率有较大影响的只有网卡类型,它对操作系统的驱动实现较为依赖。目前看来,virtio、主机透传网卡效率基本持平,略低于 SR－IOV 网卡,但都高于其他纯虚拟化设备。

与网卡绑定的参数即是网络连接类型,包括 user、socket、bridge、tap 等,它们的区别主要在于网络的来源以及网络路径的处理,可参考 QEMU 手册查看详细参数。其中,user 网络可直接通过 QEMU 参数进行重定向(hostfwd、guestfwd)、TFTP 等应用层处理,在私有云中具有比较丰富的应用场景。

□ 声卡

在多数云平台的实现中,声卡往往是最容易被忽略的部分。QEMU 中可使用的声卡设备同样有模拟设备和主机透传设备两种。透传声卡设备的场景往往对声音质量、客户端调音、听音设备有较高要求,所以极少很少有私有云厂商应用于此。

模拟声卡选项(soundhw)的参数有声卡类型(sb16、es1370、ac97、adlib、gus、cs4231a、hda、pcspk、all)、设备 id(id)、PCI 地址(bus、addr),声卡类型中参数"all"即添加所有的模拟声卡设备至虚拟机中。QEMU 也可直接使用设备选项(device)添加声卡,如此添加的声卡设备具有更丰富的参数可以调节,比如在 Intel HD Audio 中指定额外的音频编码设备,形似"-device intel-hda,id = sound0,bus = pci. 0,addr = 0x4 -device hda-duplex,id = sound0-codec0,bus = sound0. 0,cad = 0"。

模拟声卡间的差别对于普通用来说难以体会到,我们多数情况下只需要选择操作系统支持的声卡设备就足够了。

当使用远程连接协议时,声音被重定向至对应通道通过网络传送至客户端,但由于声音信息在传统的软件定义中是属于可丢弃的,即声音信息丢包后不会被重传,这也就是原生远程连接协议很难用于对声音质量要求较高场景的主要原因之一。

3. 代理设备

一个完整的云桌面,除了体验良好的音视频连接外,还需要有统计、平台交互、客户端交互等,我们就需要添加额外的代理设备来保证这些功能特性。图 4-7 是 oVirt 中使用 spice 桌面协议的虚拟机的代理设备。

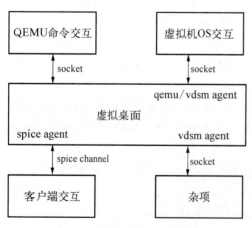

平台代理的实现按照代理连接的服务端可分为客户端代理和服务器代理两种,它们的目的都是作为"中介"使得外部(服务器、客户端)与虚拟机内部实现交互。目前我们在 KVM 平台中经常用到的代理有如下几种:

□ qemu-monitor-agent

qemu-monitor-agent 是一种服务器代理,它的作用是使服务器上的平台虚拟化服务可以与 QEMU 控制台进行交互,比如关机、重启、添加外设、读写快照、截图等不依赖虚拟机操作系统的操作。

其添加方法也比较简单,只需要在虚拟机

图 4-7 虚拟机代理设备种类

启动时添加一个 QEMU 控制台的相关字符设备,并创建 socket 以使其与虚拟化服务进程通信即可,形似"-chardev socket,id＝charmonitor,path＝/tmp/win7.monitor.sock,server,nowait -mon chardev＝charmonitor,id＝monitor,mode＝control"。当使用 socket 连接时我们需要结合 QMP(QEMU Machine Protocol)进行操作,详细内容我们将在接下来的小节中进行介绍。

　　□ qemu-guest-agent

qemu-guest-agent 也是一种服务器代理,其核心是 QAPI,一种在 QMP 基础上实现的协议,通过它我们可以进行虚拟化服务与虚拟机内部的交互,**它是我们扩展开发服务器代理的基础**,更多内容将在后面小节中进行介绍。

使用它我们需要在虚拟机中添加字符设备 qemu-guest-agent 并在服务器中创建对应的 socket,形似"-chardev socket,id＝charchannel1,path＝/tmp/win7.qemu.guest_agent,server,nowait -device virtserialport,bus＝virtio-serial0.0,nr＝2,chardev＝charchannel1,id＝channel1,name＝win7.qemu.guest_agent",然后在虚拟机操作系统中安装对应的 qemu-guest-agent 软件,从而使虚拟化服务与虚拟机能够进行文件级别的交互。

　　□ spice-guest-agent

spice-guest-agent 是一种客户端代理,是 spice 协议的关键组件之一,协议中的文件共享、分辨率自适应等特性都必须它来配合完成。

使用它我们需要在虚拟机中添加一个 virtio-serial 类型的字符设备 spicevmc,形似"-device virtio-serial-pci,id＝virtio-serial0,max_ports＝16,bus＝pci.0,addr＝0x5 -chardev spicevmc,name＝vdagent,id＝vdagent-device

virtserialport,nr＝1,bus＝virtio-serial0.0,chardev＝vdagent,name＝com.redhat.spice.0",以使虚拟机内 spice-vdagent 代理进程能与 QEMU 的 spice-server 和及客户端的 spice client 进行通信。

4. 其他设备

主机或客户端的串口、并口、USB、显卡等设备也可在 QEMU 虚拟机中进行使用,由于它们较为依赖应用场景,所以笔者将在实践部分对其进行详细介绍。

4.1.4　QEMU 控制台

QEMU 与其他模拟器一样,也提供控制台(-monitor)接入,我们可以通过它进行虚拟机的实时监控、更改虚拟设备、系统调试、音视频截取等。除了交互式的命令访问外,我们也可以使用 QMP(QEMU Monitor Protocol)——JSON 格式的文本命令与其进行交互,多数云平台的虚拟化服务利用它来扩展虚拟机监控功能。

1. 控制台基本命令

在此先以交互式命令访问为例介绍 QEMU 控制台的用途,然后再介绍一下 QMP 协议的基本用法。在交互式控制台中,我们可以使用 help 查询具体命令的用法,形如"help usb_add";也可以使用 info 查询对象状态,形如"info usb"。

```
# monitor 的交互方式为标准输入输出设备,这里即是终端
[lofyer@ localhost tmp]$ qemu-kvm -m 512 -hda centos.raw -monitor stdio
QEMU 2.5.0 monitor - type'help'for more information
(qemu) help
acl_add aclname match allow |deny [ index ] - - add a match rule to the access
control list
acl_policy aclname allow|deny -- set default access control list policy
acl_remove aclname match -- remove a match rule from the access control list
acl_reset aclname -- reset the access control list
acl_show aclname -- list rules in the access control list
balloon target -- request VM to change its memory allocation ( in MB)
...
# 查询命令用法
(qemu) help usb_add
usb_add device-- add USB device(e.g.'host:bus.addr'or
'host:vendor_id:product_id')
# 查询对象状态
(qemu) info usb
Device 0.0, Port 1, Speed 12 Mb/s, Product QEMU USB Tablet
```

接下来按照各命令的**操作对象**将其划分为如下几类。

□ 访问控制

对于使用了 VNC 协议并且客户端认证采用的是 x509 或 sasl 的虚拟机,我们可以对 VNC 客户端进行授权,比如"acl_add vnc. username alpha allow"即允许 VNC 用户名为 alpha 的客户端连接桌面,"acl_add vnc. username beta deny"即禁止 VNC 用户名为 beta 的客户端连接桌面。

□ 设备管理

通过 QEMU 控制台进行热插拔的有 CPU、内存、USB、驱动器等等几乎所有 QEMU 支持的模拟设备与透传设备,使用"info qtree"列举当前设备树。

我们通过平台对虚拟机进行的设备在线修改即是热插拔,它需要操作系统的支持,支持比较广泛的有 CPU(cpu-add)、内存(object_add)、PCI 设备(pci_add)、硬盘控制器(drive_add)、网卡(netdev_add)等;针对其他可热插拔的设备我们可以使用 device_add 命令进行添加,形如"device_add e1000,id=e1000_1";某些设备比如内存、随机数生成器等,我们需要使用 object_add 命令先定义其类型然后再添加,形如添加内存的"object_add memory-backend-ram,id=mem1,size=1G; device_add pc-dimm,id=dimm1,memdev=mem1";已经添加的设备可通过 change 命令对其参数进行修改,形如"change ide1-cd0 / ISO/ guest-tools. iso";移除设备可通过命令 eject 或者对应的删除命令,比如网卡的"netdev_del e1000_1"。另外,**在添加设备时赋予 id 或者 name 标签往往是一个好习惯**。

对于块设备,控制台提供了较丰富命令,比如更改容量(block_resize)、拷贝(block_stream、drive_backup、drive_mirror)、任务控制(block_job_pause、block_job_resume、block_job_set_speed、block_job_cancel、block_job_complete)。

□　网络控制

QEMU 中的网络参数比较丰富,从层次上可以分为设备和网络连接后端,其中网络连接后端有用户态(user)、套接字(socket)、桥接(TAP/ TUN)、VDE、QEMU VLAN(非802.1q)。其基本命令有网络连接增删(host_net_add、host_net_del)和网络重定向(hostfwd_add、hostfwd_del),它们的操作方法与 QEMU 网络选项类似,具体的原理与操作我们将在第6 张进行介绍。**其中,网络重定向在私有云中可用于 RDP、VNC 等服务在虚拟机内部的显示协议端口重定向,从而替代以往的静态地址端口映射。**

□　快照管理

快照在云平台中的应用非常广泛,比如数据备份、测试等。QEMU 快照管理分为两部分内容,一种是虚拟机运行状态的快照(savevm、loadvm、delvm),另一种是硬盘快照(snapshot_blkdev、snapshot_blockdev_internal、snapshot_del_blockdev_internal),它们都需要虚拟机块设备的支持。

□　在线迁移

这里的迁移指的是运行状态下虚拟机的在线迁移,其实现条件有两个,即共享硬盘和相同的模拟 CPU 特性。

迁移开始之前以及开始后,我们可以控制其过程参数并随时终止(migrate_cancel),其可直接控制的参数有缓存大小(migrate_set_cache_size)、迁移方法(migrate_set_capability)、迁移失败超时(migrate_set_downtime)、迁移最大速度(migrate_set_speed)、迁移后拷贝(migrate_start_postcopy)、全部参数(migrate_set_parameter)。迁移的目的服务器端只要启动一个选项相同 QEMU 进程,并设置好迁移服务端(形似"migrate_incoming tcp:0:4444")就可以开始在源服务器上执行迁移命令(形似"migrate -d tcp:192. 168. 0. 11:4444")进行迁移。

也可将虚拟机的状态迁移至文件中,然后从文件读取虚拟机状态并启动,这个过程又称为"假迁移",其基本操作如下。

```
# 保存状态,需要先暂停运行
(qemu) stop
(qemu) migrate_set_speed 4095m
(qemu) migrate "exec:gzip -c > STATEFILE.gz"

# 读取状态,此时需要通过命令行直接读取并启动
[lofyer@ localhost tmp] $ gzip -c -d STATEFILE.gz |qemu-kvm -incoming "exec: cat"
```

在 QEMU 2. 5 版本及其以后,可以利用 Linux 4. 3 内核中的 userfaultfd 机制来设置迁移参数"迁移后拷贝",其过程是先使虚拟机的基本运行状态(标记 userfaultfd 的内存块、CPU 状态等)拷贝至目的服务器中对应虚拟机,然后再将剩下的内存页迁移至目的服务器的虚拟机中,这样便节省了大型内存虚拟机的迁移时间。具体命令如下。

```
# 在目的服务器(IP: 192.168.0.11)虚拟机控制台中
(qemu)migrate_incoming tcp:0:4444
```

```
# 在源服务器虚拟机控制台中
(qemu) migrate_set_capability x-postcopy-ram on
(qemu) migrate -d tcp:192.168.0.11:4444
(qemu) migrate_start_postcopy
```

迁移参数也支持"exec"命令,这样就可以对迁移路径或者内容的压缩、加密、重定向等操作,更多的迁移参数目前可参考 QEMU 源码。

□ 在线调试

QEMU 是 Linux 内核开发的绝佳工具,比如它可以直接加上 kernel 和 initrd 选项,进入 QEMU 控制台后输入 gdbserver 后会在本地 1234 端口启动 gdb 监听。

控制台中可直接调试的命令有 x、xp、print、mce、log、logfile、sum、memsave、dump-guest-memory、stop、cont。其中 x、xp、print 可查看寄存器或者指定偏移量的内存内容,形似"xp /3i $ eip";log 与 logfile 一般需要与进程控制命令一起使用,比如"stop;log in_asm;start"即会记录虚拟机运行时的汇编指令(即要通过 TCG 翻译为主机指令的汇编指令,见章节开头);memsave、dump-guest-memory 即时将虚拟机的指定位置内存或者全部内存 dump 到文件中用于调试,一般在虚拟机死机时使用较多;stop、cont 即表示暂停、继续。

□ 电源管理

电源管理的命令有 system_powerdown、system_reset、system_wakeup,它们分别有两种模式,默认情况下是强制操作(断电、硬重启),另一种需要操作系统的 ACPI 支持,即会分别接受关机、重启、唤醒的请求。

□ 音视频录制

截图命令 screendump 会将当前 VGA 内容保存成 PPM 格式的图片文件;wavcapture 命令默认使用双声道、16 位、44 k 将虚拟机的音频设备输出保存成 WAV 格式音频文件,使用 stopcapture 停止录制。

2. QMP 介绍

QMP 是一种基于 JSON 格式的 QEMU 控制协议,它的主要功能是使平台能以易解析的语言与 QEMU 控制台进行交互,被广泛地使用在各种虚拟化服务代理中,详细格式可参考 **QEMU 源码目录中的 docs/qmp-spec. txt**。

使用 QMP 的方法也比较多,主要包括以下两类:

标准输入输出:"-qmp stdio","-chardev stdio, id = mon0-mon chardev = mon0, mode = control, pretty = on"。

套接字:"-qmp tcp:localhost:4444, server, nowait","-chardev socket, id = charmonitor, path =/ tmp/ monitor. sock, server, nowait -mon chardev = charmonitor, id = monitor, mode = control","-qmp unix:/tmp/qmp. sock, server"。

连接到 QMP 后,就需要以 JSON 文本进行交互了。首先发送"{ " execute " : " qmp_capabilities" }"进入控制台模式,然后再执行相应的命令(如下所示)。

```
[lofyer@ localhost ~]$ qemu-system-x86_64 -display none -qmp stdio
{"QMP":{"version":{"qemu":{"micro":0,"minor":5,"major":2},"package":" (qemu-2.5.
0-9.fc25)"},"capabilities":[]}}
#进入命令模式
{ "execute": "qmp_capabilities" }
{"return":{}}
#示例,列出所有可用命令
{ "execute": "query-commands" }
{"return":[{"name": "query-rocker-of-dpa-groups"},{"name":
"query-rocker-of-dpa-flows"},{"name": "query-rocker-ports"},{"name":
"query-rocker"},{"name": "block-set-write-threshold"},{"name":
"x-input-send-event"},...]}
#示例,查询当前虚拟机是否启用了 KVM
{ "execute":"query-kvm"}
{"return":{"enabled":true,"present":true}}
```

4.1.5 QAPI

QAPI 是 qemu-guest-agent 实现的核心,它在 QMP 的基础上进行拓展,通过虚拟机内的 qemu-guest-agent 进程和与 virtio 串口设备(默认为 virtio-serial,也可以使用 isa-serial 或者 UNIX 套接字)共同完成虚拟化服务代理与虚拟机内部的系统级别交互,如图 4-8。

1. 使用方法

QAPI 的使用方法也比较简单,首先需要在启动虚拟机时添加 qga 设备,形如 "-chardev socket, path =/ tmp/ qga. sock, server, nowait, id = qga0 -device virtio-serial - device virtserialport,chardev = qga0,name = org. qemu. guest_ agent. 0"。

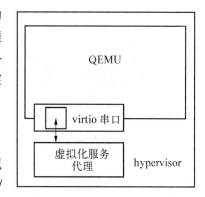

图 4-8　qemu-guest-agent 实现简图

然后,我们需要虚拟机操作系统内安装并启动 qemu-guest-agent 服务。服务启动后,通过虚拟化服务组件(比如 OpenStack 的 Nova、oVirt 的 vdsm、CloudStack 的 cloud-agent 等)就可以与虚拟机进行系统文件级别的通信了,包括读写虚拟机内的某个文件、执行命令等,目前社区版提供的所有命令及返回值均可在 **QEMU 源码目录中的 qga/ qapi-schema. json** 查看。

接下来我们在 CentOS 7 中启动一台 Windows 7 虚拟机,介绍 qga 的具体使用方法。

首先使用 VirtManager(将在后面章节具体介绍)创建虚拟机,并添加 qga 设备,暴露于服务器上的 UNIX 套接字路径为/var/lib/libvirt/qemu/channel/target/domain-win7/org. qemu. guest_agent. 0,添加对应的 virtio 驱动,如图 4-9 所示。

图 4 - 9　安装 virtio Serial 驱动

然后安装提前下载或者编译的 qemu-ga. msi,并启动服务(命令等同于"qemu-ga.
exe - p \\. \Global\org. qemu. ga. 0"。注意 qemu-ga 的默认服务参数中可能会有命令黑
名单),即可在虚拟机中看到如图 4 - 10 的状态(QEMU Guest Agent VSS Provider 服务可用
于某些支持 Windows VSS 的应用程序进行备份操作)。

	Problem Reports an...	此服务为查看、发送和删除 "...		手动
	Program Compatibi...	此服务为程序兼容性助手(PCA)...	已启动	自动
	Protected Storage	为敏感数据(如密码)提供保护存...		手动
	QEMU Guest Agent	QEMU Guest Agent	已启动	自动
	QEMU Guest Agent ...	QEMU Guest Agent VSS Pro...		自动
	Quality Windows Au...	优质 Windows 音频视频体验(...		手动
	Remote Access Aut...	无论什么时候,当某个程序引...		手动
	Remote Access Con...	管理从这台计算机到 Internet ...		手动
	Remote Desktop C...	远程桌面配置服务(RDCS)负责...		手动

图 4 - 10　启动 QEMU Guest Agent 服务

下载地址与编译方法如下(需要在 Fedora 发行版中编译 Windows 版本的 qemu-ga,笔
者使用的版本为 Fedora 23)。

```
# 安装包地址 https://fedorapeople.org/groups/virt/virtio-win/direct-downloa
ds/latest-qemu-ga/
# 下载源码
[lofyer@ localhost ~] $ git clone https://github.com/qemu/qemu.git;cd qemu;git
submodule init;git submodule update
# 配置编译选项,包括 qemu-guest-agent 二进制文件与 Windows 安装包,如果编译 32 位可将 cross-
prefix 参数改为 i686-w64-mingw32-
[lofyer@ localhost ~] $ ./configure --enable-guest-agent
--enable-guest-agent-msi--cross-prefix=x86_64-w64-mingw32-
```

```
[lofyer@ localhost ~]$ make qemu-ga
[lofyer@ localhost ~]$ ls qemu-ga.exe qemu-ga-x86_64.msi
```

启动完成之后,可以在服务器上使用 socat 命令作为客户端与其进行交互。以在 C:\a.txt 中写入"hello world!"为例。

```
[lofyer@ localhost ~]$ sudo socat unix-connect:/var/lib/libvirt/qemu
/channel/target/domain-win7/org.qemu.guest_agent.0 readline
# 测试命令 guest-sync,直接返回输入
{"execute":"guest-sync", "arguments":{"id":1234}}
{"return": 1234}
# 打开文件,获取文件描述符(句柄)
{"execute":"guest-file-open", "arguments":{"path":"C:\a.txt","mode":"w+"}}
{"return": 1000}
# 写入内容
{"execute":"guest-file-write", "arguments":{"handle":1000,
"buf-b64":"aGVsbG8gd29ybGQhCg=="}}
{"return": {"count": 13, "eof": false}}
# 关闭文件描述符
{"execute":"guest-file-close", "arguments":{"handle":1000}}
{"return": {}}
```

使用 qemu-ga 时需要注意的问题

对于 Windows 虚拟机,qapi-schema.json 中列举的命令并非全部可用;如果使用了其他串口设备作为代理设备,注意修改/etc/sysconfig/qemu-ga(Linux)为对应的设备路径;当系统中的 qemu-ga 服务启动时,有时会出现客户端连接失败的情况,请注意相关权限、启动顺序设置,并做好相应的容错机制(libvirt 中已经提供)。

2. 扩展开发示例

QAPI 的扩展也比较简单,我们只需要修改 QEMU 源码中的三个文件即可,分别是 qga/qapi-schema.json、qga/commands-win32.c、qga/commands-posix.c。另外,习惯 Python 的读者现在也可以使用 **Python 实现的 qemu-guest-agent**(可访问 https://negotiator.readthedocs.org 获取详细信息)。

接下来向 qemu-ga 中添加 Windows 下的 touch 命令,用以作为开发示例。

修改 qga/qapi-schema.json,添加如下代码。

```
##
# @ win-touch:
#
# Create a file in the guest
#
```

```
# @ path: Full path to the file in the guest to create.
#
# Returns: 0 on success, -1 on failure.
#
# Since: 2.5
##
{ 'command': 'win-touch',
  'data': { 'path': 'str' },
      'returns': 'int' }
```

然后在 qga/commands-win32. c 中添加如下代码。

```
int64_t qmp_win_touch (const char *path, Error **errp)
{
    const char *mode;
    mode = "wb";
    HANDLE *fh;

    slog("win-touch called, filepath: %s", path);
    fh = fopen(path, mode);
    if (NULL == fh) {
        slog("error on open %s", path);
        error_setg(errp, QERR_QGA_COMMAND_FAILED, "fopen() failed");
        return -1;
    }
    fclose(fh);
    return 0;
}
```

添加完成后重新编译 qemu-ga. exe 拷贝至虚拟机中启动。

然后再使用 socat 连接,输入"{"execute":"guest-file-create","arguments":{"path":"c:\\test. txt"}}",得到返回值为 0,就可以在虚拟机中的 C:\ 看到刚刚创建 test. txt 文件了。

4.2 Libvirt

QEMU 只是虚拟化实现的模拟器之一,而其他平台比如 VMWare、VirtualBox、Citrix 等使用的是其专有的模拟器。为了**在虚拟化服务代理中**使用统一的 API 调用 hypervisor,社区贡献了 libvirt 虚拟化 API 库,以管理诸如 QEMU/ KVM、Xen、VMWare、Microsoft Hyper-V、IBM PowerVM 等平台的 hypervisor(也可用于管理 LXC、OpenVZ 容器等)。与 libvirt 类似的也有 LibCloud、DeltaCloud 等开源库,但后者封装的是更高层次的管理平台 API,一般用于公私混合或者不同平台混合的云统一管理场景。本节将会从 libvirt 的基本架构、对象表示方法、virsh 控制台使用示例以及编程示例入手,让读者尽可能从使用方法上掌握 libvirt。

4.2.1 基本概念与用例

1. 概念介绍

Libvirt 主要是由 C 语言编写,也提供 Python、Java 等语言的扩展,目前支持的 hypervisor 与容器有 QEMU/ KVM、Xen、VirtualBox、VMWare（ESXi、GSX、Workstation、Player）、IBM PowerVM、Bhyve、Virtuozzo、LXC、OpenVZ、用户态 Linux 等,本书成文时它对 Docker 尚不提供官方支持。

Libvirt 对计算模型有自己的描述方法,如图 4 - 11 所示。

□ 节点(Node):服务器。

□ 驱动(Driver):服务器上的虚拟化或者容器服务软件抽象层。

□ 域(Domain):通过驱动提供支持而运行于服务器上的实例,可以是一台虚拟机或者容器化的子文件系统。

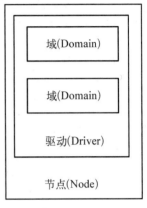

图 4 - 11 **libvirt** 的计算模型定义

> ┌ 相关链接 ┄┄┄┄┄┄┄┄┄┄┄┄┄┄┄┄┄┄┄┄┄┄┄┄┄┄┄┄┄
>
> ### 关于 **libvirt** 驱动与 **hypervisor** 的特别声明
>
> Libvirt 的驱动包括 hypervisor 和容器两种,但由于现阶段的私有云容器服务实现中很少有用到 libvirt 进行域管理的,所以本书为了描述上的统一,除非特别说明,否则"**libvirt 驱动**"在含义上**等同于"hypervisor"**。

□ 有了这些关键字以后,我们可以将 libvirt 功能定义为"可远程并安全地管理节点和域的中间层 API"。在驱动本身的支持下,libvirt 可以提供的域管理功能包括置备、创建、修改、监视、迁移、终止等,也可对节点的 CPU、网络、存储等资源进行管理。

□ 我们可将 libvirt 的特性归结成以下几点:

□ libvirt 提供的 API 均可被本地节点调用,或者通过加密方式被远程调用;

□ 大多数 API 对于主流操作系统和支持的 hypervisor 都是通用的,小部分 API 需特定环境支持。

□ 针对域的管理,其 API 会提供必需的管理操作。

□ API 不提供高层次的虚拟化管理策略(比如负载均衡、集群管理),但是可通过 API 组合实现这些策略。

□ 尽管各种 hypervisor 的 API 会经常变化,但 libvirt 会将其进行抽象,从而提供稳定的 API。

  □ libvirt 也会提供节点资源的管理与监控。

  至此我们已经了解到 libvirt 是一个运行于 hypervisor 服务器、提供 API 的服务进程,那么从架构的角度来说,我们就有两种局部管理路径可供选择,分别是虚拟化服务代理调用远程 libvirt 实例以及虚拟化服务代理直接调用本地 libvirt 实例,如图 4 – 12 所示。管理路径 1 中的虚拟化服务代理与管理节点通信,它直接调用本地 libvirt 实例,管理路径 2(2')的管理节点分别连接虚拟化服务代理和 libvirt 实例,协调两者共同提供集群服务。一般情况下管理路径 1 的使用较多,因为它相对 2(2')来说能够适当减少管理节点的负担,从而使架构显得较为清晰、整洁。

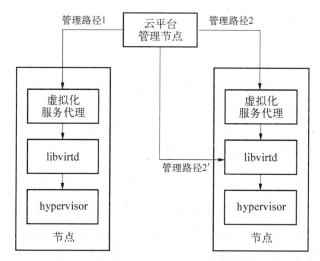

图 4 – 12 管理节点与计算节点的管理模型

2. 使用示例

  主流的 Linux 发型版中都有 libvirt 套件,包括服务端、驱动插件(hypervisor 插件、容器插件、资源管理插件)以及各种语言的扩展库。我们以 CentOS 7 为例,介绍 libvirt 的详细配置与注意事项。

  我们首先在系统中安装 libvirt 服务端与客户端,查看其目录结构与经常用到的配置。

```
# 安装服务包,包括主服务以及 QEMU 插件
[lofyer@ localhost ~] $ sudo yum install -y libvirt-daemon libvirt-daemon-kvm
libvirt-daemon-driver-qemu libvirt-client
# 使能服务
[lofyer@ localhost ~] $ sudo systemctl enable libvirtd
[lofyer@ localhost ~] $ sudo systemctl start libvirtd
```

查看主服务端 libvirt-daemon 的包内容。

```
[lofyer@ localhost ~]$ repoquery -l libvirt-daemon
/etc/libvirt
/etc/libvirt/libvirtd.conf #服务配置文件
/etc/libvirt/virtlockd.conf #virtlock 集群锁配置文件
/etc/logrotate.d/libvirtd #日志滚动配置
/etc/sysconfig/libvirtd #libvirt 启动服务参数
/etc/sysconfig/virtlockd #virtlock 启动服务参数
/usr/lib/sysctl.d/60-libvirtd.conf
/usr/lib/systemd/system/libvirtd.service
/usr/lib/systemd/system/libvirtd.socket
/usr/lib/systemd/system/virtlockd.service
/usr/lib/systemd/system/virtlockd.socket
/usr/lib64/libvirt/lock-driver
/usr/lib64/libvirt/lock-driver/lockd.so
/usr/libexec/libvirt_iohelper
/usr/sbin/libvirtd #libvirt 服务二进制文件
/usr/sbin/virtlockd #virtlock 服务二进制文件
/usr/share/augeas/lenses/libvirt_lockd.aug #augaes 配置脚本
/usr/share/augeas/lenses/libvirtd.aug
/usr/share/augeas/lenses/tests/test_libvirt_lockd.aug
/usr/share/augeas/lenses/tests/test_libvirtd.aug
/usr/share/augeas/lenses/tests/test_virtlockd.aug
/usr/share/augeas/lenses/virtlockd.aug
/usr/share/doc/libvirt-daemon-1.2.17
/usr/share/doc/libvirt-daemon-1.2.17/libvirt-acl.rules
/usr/share/doc/libvirt-daemon-1.2.17/libvirtd.upstart
/usr/share/libvirt
/usr/share/man/man8/libvirtd.8.gz #使用手册
/usr/share/man/man8/virtlockd.8.gz
/usr/share/polkit-1/actions/org.libvirt.api.policy
/usr/share/polkit-1/actions/org.libvirt.unix.policy
/usr/share/polkit-1/rules.d/50-libvirt.rules
/var/cache/libvirt
/var/lib/libvirt/boot #放置虚拟机启动设备文件,比如 pxe 镜像、linux 内核、光盘等
/var/lib/libvirt/filesystems #放置容器的子文件系统(镜像)
/var/lib/libvirt/images #放置虚拟机硬盘
/var/log/libvirt
/var/run/libvirt
```

查看客户端 libvirt-client 的包内容,篇幅原因隐藏了部分内容。

```
[lofyer@ localhost ~]$ repoquery -l libvirt-client
/etc/libvirt/libvirt.conf #客户端配置,内容较简单,包括别名和黑名单
```

```
/etc/sasl2/libvirt.conf # sasl 认证配置
/etc/sysconfig/libvirt-guests # libvirt-guest 服务(简单的开关机调度实现)实现
/usr/bin/virsh # virsh 控制台二进制文件
/usr/bin/virt-host-validate # validate 后缀的工具用于验证对象是否合法或者语法正确
/usr/bin/virt-pki-validate
/usr/bin/virt-xml-validate
/usr/lib/libvirt-admin.so.0
...
/usr/share/libvirt/schemas # 对象表示的结构定义,将在下一节中详细说明
...
/usr/share/libvirt/schemas/storagevol.rng
/usr/share/locale/ar/LC_MESSAGES/libvirt.mo # 国际化翻译文件
...
/usr/share/locale/zu/LC_MESSAGES/libvirt.mo
/usr/share/man/man1/virsh.1.gz
...
```

在安装了 hypervisor 插件 libvirt-daemon-driver-qemu 及其依赖的资源管理插件(包括节点、网络、存储等)后,我们才可以在 libvirt 中进行域的管理,详细配置文件如下所示。

```
[lofyer@ localhost ~] $ ls - R /etc/libvirt
/etc/libvirt/:
libvirt.conf
libvirtd.conf
lxc.conf # lxc 容器插件配置文件
nwfilter/ # 网络过滤器
qemu/ # 放置实例与网络的域定义
qemu.conf # QEMU 模拟器配置
qemu-lockd.conf # 锁机制配置文件,可选择 sanlock 或 virtlock
                需要同时配置 virtlockd.conf 或 sanlockd.conf
storage/ # 放置存储的预定于
virtlockd.conf # virtlockd 服务配置文件

/etc/libvirt/nwfilter: # 网络过滤器,客户端网络异常时可考虑以下文件的配置是否正确
allow-arp.xml
allow-dhcp-server.xml
allow-dhcp.xml
allow-incoming-ipv4.xml
allow-ipv4.xml
clean-traffic.xml
no-arp-ip-spoofing.xml
no-arp-mac-spoofing.xml
no-arp-spoofing.xml
no-ip-multicast.xml
```

```
no-ip-spoofing.xml
no-mac-broadcast.xml
no-mac-spoofing.xml
no-other-12-traffic.xml
no-other-rarp-traffic.xml
qemu-announce-self-rarp.xml
qemu-announce-self.xml

/etc/libvirt/qemu:
networks/
vml.xml

/etc/libvirt/qemu/networks: #存放网络定义域
autostart/
ovs-net.xml

/etc/libvirt/qemu/networks/autostart:
ovs-net.xml

/etc/libvirt/storage: #存放存储定义域
autostart/
default.xml

/etc/libvirt/storage/autostart:
default.xml
```

　　服务相关的配置文件主要有 libvirtd. conf、qemu. conf 和 qemu-lockd. conf,接下来我们将对其进行详细介绍。

　　libvirtd. conf 的选项可分为服务监听、服务连接调度、UNIX 套接字属性、认证、授权、证书、日志、审计、主机 UUID、KeepAlive 设置,主要作用如表 4 - 1。

表 4 - 1　libvirtd. conf 设置

选　　项	功　能　说　明
服务监听	配置 libvirtd 服务监听的基本信息,比如 tcp(16509)、tls(16514),tls 需要证书的相关设置
服务连接调度	配置 libvirtd 服务的连接调度,包括同时允许的最大客户端连接数、处理请求的线程数等
UNIX 套接字属性	配置 libvirtd 服务暴露出的 UNIX 套接字属性,包括读写权限、所属用户(组)、路径等
认证	配置访问 libvirt 服务(tcp、tls、UNIX 套接字三种方式)的客户端认证来源,包括 none、sasl、polkit,并且可配置某种访问方式的只读认证

选　　项	功　能　说　明
证书	配置 x509 证书的 CA 证书、服务器证书、私钥等 tls 与 sasl 连接需要文件的路径
授权	认证相关的细颗粒设置,比如强制信任证书、来源用户域、sasl 白名单等
日志	配置日志级别(错误、警告、通知、调试)、日志过滤、日志输出格式等
审计	配置审计服务(audit)的审计级别与日志记录
主机 UUID	覆盖设置本机 libvirt 服务的 UUID,全 0 的话此选项不生效
KeepAlive	配置 KeepAlive 服务,用于保持 libvirt 客户端与服务端的连接

　　qemu. conf 的选项可分为远程协议、安全驱动、cgroup 控制、内存 dump、QEMU 进程属性、锁机制后端、KeepAlive、迁移、NVRAM 等,如表 4-2。这些参数目的多是控制 QEMU 进程的行为,有的会直接体现到 QEMU 的启动参数中。

表 4-2　qemu. conf 设置

选　　项	功　能　说　明
远程协议	配置 QEMU spice/vnc 协议的连接选项,包括监听端口、tls 等
安全驱动	选择系统的安全驱动后端,包括 SELinux 和 APPArmor
cgroup	配置 cgroup 控制器的相关选项,主要用于 QoS 设置或者设备透传
内存选项	配置虚拟机内存的相关选项,包括内存 dump 参数、Hugepage 等
QEMU 进程属性	配置 QEMU 进程的基本信息,包括进程所属用户(组)、动态权限、线程数目限制等,其中动态权限设置往往会带来难以意料的错误,往往将其设置为 0
锁机制后端	选择使用 virtlock 或者是 sanlock
KeepAlive	配置 QEMU 的 KeepAlive 服务。QEMU 的 KeepAlive 作用区别于 libvirt 的,前者检查 libvirt 与 QEMU 的连接,而后者检查 libvirt 客户端与 libvirt 服务端的连接
在线迁移端口	覆盖在线迁移时使用的端口范围设置
NVRAM	对于使用 UEFI 的虚拟机可以设置此选项以加载 UEFI 固件

　　qemu-lockd. conf 是使用 virtlockd 后端时的配置文件(sanlock 对应 qemu-sanlock. conf),主要内容包括两部分,即锁控制方式(自动、手动)和锁类型(基于共享文件、基于逻辑卷管理、基于 SCSI 卷)。其中,锁控制方式中两者必须且只能选择一个;一般情况下在同一个集群中选择同一种锁类型,这样也会避免异种锁同步延迟的现象。

4.2.2　对象描述方法

　　Libvirt 用 XML 格式描述各种对象,包括节点、域、网络、网络过滤器、存储、存储加密方

112 · · · · · ·

式、节点配置、域配置、加密、快照、存储等。同时，它也使用不同的 URI 对各种 hypervisor
进行区分。

1. URI 格式

目前 libvirt 支持的各种 driver URI 格式及其访问路径如表 4－3 所示，其中用户实例和
系统实例分别表示无系统特权和有系统特权的 libvirt 实例，用户实例也根据具体用户（比
如 root）和后端的实现具有系统特权。

表 4－3　libvirt 后端 URI 列表

Libvirt Driver	URI 格式（访问路径）	
QEMU/KVM	qemu:///session qemu+unix:///session qemu:///system qemu+unix:///system qemu://example.com/system qemu+tcp://example.com/system qemu+ssh://root@example.com/system	（本地到用户实例） （本地套接字到用户实例） （本地到系统实例） （本地套接字到系统实例） （远程 tls 到系统实例） （远程 sasl 到系统实例） （远程 ssh 到系统实例）
Xen	xen:/// xen+unix:/// xen://example.com/ xen+tcp://example.com/ xen+ssh://root@example.com/	（本地系统实例） （本地套接字实例） （远程 tls 到系统实例） （远程 sasl 到系统实例） （远程 ssh 到系统实例）
VMWare ESX/GSX	vpx://example-vcenter.com/dc1/srv1 esx://example-esx.com gsx://example-gsx.com esx://example-esx.com/?transport=http esx://example-esx.com/?no_verify=1	（远程 https 到 VPX） （远程 https 到 ESX） （远程 https 到 GSX） （远程 HTTP 到 ESX） （远程 https 到 ESX，不验证证书）
VMWare Workstation/ Player/Fusion	vmwareplayer:///session vmwarefusion:///session vmwarews:///session vmwarews+tcp://user@example.com/session vmwarews+ssh://user@example.com/session	（本地到 Player 系统实例） （本地到 Fusion 系统实例） （本地到 Workstation 系统实例） （远程 sasl 到用户实例） （远程 ssh 到用户实例）
IBM PowerVM	phyp://user@hmc/syst phyp://user@ivm/system	（远程到 HMC 系统实例） （远程到 IVM 系统实例）
VirtualBox	vbox:///session vbox+unix:///session vbox+tcp://user@example.com/session vbox+ssh://user@example.com/session	（本地到用户实例） （本地到用户实例） （远程到 sasl 到用户实例） （远程 ssh 到用户实例）
Microsoft Hyper-V	hyperv://example-hyperv.com hyperv://example-hyperv.com/?transport= HTTP	（远程 https 到系统实例） （远程 http 到系统实例）

Libvirt Driver	URI 格式（访问路径）	
Virtuozzo	vz：///system	（本地到系统实例）
	vz+unix：///system	（本地套接字到系统实例）
	vz：//example.com/system	（远程 tls 到系统实例）
	vz+tcp：//example.com/system	（远程 sasl 到系统实例）
	vz+ssh：//root@example.com/system	（远程 ssh 到系统实例）
Bhyve	bhyve：///system	（本地到系统实例）
	bhyve+unix：///system	（本地套接字到系统实例）
	bhyve+ssh：//root@example.com/system	（远程 ssh 到系统实例）
LXC	lxc：///（本地到系统实例）	
UML	uml：///session	（本地到用户实例）
	uml+unix：///session	（本地套接字到用户实例）
	uml：///system	（本地到系统实例）
	uml+unix：///system	（本地套接字到系统实例）
	uml：//example.com/system	（远程 tls 到系统实例）
	uml+tcp：//example.com/system	（远程 sasl 到系统实例）
	uml+ssh：//root@example.com/system	（远程 ssh 到系统实例）
OpenVZ	openvz：///system	（本地到系统实例）
	openvz+unix：///system	（本地套接字到系统实例）
	openvz：//example.com/system	（远程 tls 到系统实例）
	openvz+tcp：//example.com/system	（远程 sasl 到系统实例）
	openvz+ssh：//root@example.com/system	（远程 ssh 到系统实例）

2. XML 描述

Libvirt 为了使用尽可能统一的方法调用各种 hypervisor，它使用了 XML 语言对各个对象进行描述。以 hypervisor 中的域来说，不同 hypervisor 对它的描述在文件内容上绝大部分是相似的，差异仅在于对域类型和某些 hypervisor 独占设备。我们在此以 libvirt 官方文档（https://libvirt.org/format.html）为例，介绍常用对象的描述方法。

□　域

Libvirt 对于域的描述很大程度上扩展了 QEMU 的能力，比如我们可以在 XML 文件中定义更深层次的 CPU 微调选项，也可以在域启动时让 libvirt 自动在节点上配置好 TAP/TUN 设备。XML 的描述规则遵循/usr/share/shema 中的相关定义，我们可以使用 virt-xml-validate 命令验证文件是否符合规则。

一个典型的域描述文件如下所示。

```
<domain type='kvm'>
<name>vm1</name>
<uuid>4c73050b-8c3f-4ccb-91cb-7d031230a854</uuid>
<memory unit='KiB'>1048576</memory>
```

```
<currentMemory unit ='KiB'>1048576</currentMemory>
<vcpu placement ='static'>1</vcpu>
<os>
<type arch ='x86_64'machine ='pc-i440fx-rhel7.0.0'>hvm</type>
<boot dev ='cdrom'/>
</os>
<features>
<acpi/>
<apic/>
<pae/>
</features>
<cpu mode ='custom'match ='exact'>
<model fallback ='allow'>SandyBridge</model>
</cpu>
<clock offset ='utc'>
<timer name ='rtc'tickpolicy ='catchup'/>
<timer name ='pit'tickpolicy ='delay'/>
<timer name ='hpet'present ='no'/>
</clock>
<on_poweroff>destroy</on_poweroff>
<on_reboot>restart</on_reboot>
<on_crash>restart</on_crash>
<pm>
<suspend-to-mem enabled ='no'/>
<suspend-to-disk enabled ='no'/>
</pm>
<devices>
<emulator>/usr/libexec/qemu-kvm</emulator>
<disk type ='file'device ='cdrom'>
<driver name ='qemu'type ='raw'/>
<source file ='/root/CentOS-6.5-x86_64-LiveCD.iso'/>
<target dev ='hda'bus ='ide'/>
<readonly/>
<address type ='drive'controller ='0'bus ='0'target ='0'unit ='0'/>
</disk>
<controller type ='usb'index ='0'model ='ich9-ehci1'>
<address type ='pci'domain ='0x0000'bus ='0x00'slot ='0x05'function ='0x7'/>
</controller>
<controller type ='usb'index ='0'model ='ich9-uhci1'>
<master startport ='0'/>
<address type ='pci'domain ='0x0000'bus ='0x00'slot ='0x05'function ='0x0'multifunction ='
on'/>
</controller>
<controller type ='usb'index ='0'model ='ich9-uhci2'>
```

```
<master startport ='2'/>
<address type ='pci'domain ='0x0000'bus ='0x00'slot ='0x05'function ='0x1'/>
</controller>
<controller type ='usb'index ='0'model ='ich9-uhci3'>
<master startport ='4'/>
<address type ='pci'domain ='0x0000'bus ='0x00'slot ='0x05'function ='0x2'/>
</controller>
<controller type ='pci'index ='0'model ='pci-root'/>
<controller type ='ide'index ='0'>
<address type ='pci'domain ='0x0000'bus ='0x00'slot ='0x01'function ='0x1'/>
</controller>
<controller type ='virtio-serial'index ='0'>
<address type ='pci'domain ='0x0000'bus ='0x00'slot ='0x06'function ='0x0'/>
</controller>
<interface type ='network'>
<mac address ='52:54:00:7b:41:5c'/>
<source network ='ovs-net'/>
<model type ='rtl8139'/>
<address type ='pci'domain ='0x0000'bus ='0x00'slot ='0x03'function ='0x0'/>
</interface>
<serial type ='pty'>
<target port ='0'/>
</serial>
<console type ='pty'>
<target type ='serial'port ='0'/>
</console>
<channel type ='spicevmc'>
<target type ='virtio'name ='com.redhat.spice.0'/>
<address type ='virtio-serial'controller ='0'bus ='0'port ='1'/>
</channel>
<input type ='mouse'bus ='ps2'/>
<input type ='keyboard'bus ='ps2'/>
<graphics type ='spice'autoport ='yes'/>
<sound model ='ich6'>
<address type ='pci'domain ='0x0000'bus ='0x00'slot ='0x04'function ='0x0'/>
</sound>
<video>
<model type ='qxl'ram ='65536'vram ='65536'vgamem ='16384'heads ='1'/>
<address type ='pci'domain ='0x0000'bus ='0x00'slot ='0x02'function ='0x0'/>
</video>
<redirdev bus ='usb'type ='spicevmc'>
</redirdev>
<redirdev bus ='usb'type ='spicevmc'>
</redirdev>
```

```
<memballoon model ='virtio'>
<address type ='pci'domain ='0x0000'bus ='0x00'slot ='0x07'function ='0x0'/>
</memballoon>
</devices>
<qemu:commandline>
<qemu:arg value ='-boot'/>
<qemu:arg value ='menu =on'/>
</qemu:commandline>
</domain>
```

对于手动编写的 XML 文件我们可以忽略设备的总线位置，交由 QEMU 自动选择，前提是机器模型支持。接下来将其转化为命令行。

```
/usr /libexec /qemu-kvm -name vm1 -S - boot menu =on -machine
pc-i440fx-rhel7.0.0,accel =kvm,usb =off -cpu SandyBridge -m 1024 \
-realtime mlock =off -smp 1,sockets =1,cores =1,threads =1 \
-uuid 4c73050b-8c3f-4ccb-91cb-7d031230a854 -no-user-config -nodefaults \
-chardev socket,id =charmonitor,path = \
/var /lib /libvirt /qemu /domain-vm1 /monitor.sock,server,nowait \
-mon chardev =charmonitor,id =monitor,mode =control \
-rtc base =utc,driftfix =slew -global kvm-pit.lost_tick_policy =discard
-no-hpet -no-shutdown -global PIIX4_PM.disable_s3 =1 \
-global PIIX4_PM.disable_s4 =1 \
-boot strict =on -device ich9-usb-ehci1,id =usb,bus =pci.0,addr =0x5.0x7 \
-device ich9-usb-uhci1,masterbus =usb.0,firstport =0,bus =pci.0, \
multifunction =on,addr =0x5 \
-device ich9-usb-uhci2,masterbus =usb.0,firstport =2,bus =pci.0,addr =0x5.0x1 \
-device ich9-usb-uhci3,masterbus =usb.0,firstport =4,bus =pci.0,addr =0x5.0x2 \
-device virtio-serial-pci,id =virtio-serial0,bus =pci.0,addr =0x6 \
-drive file = /root /CentOS-6.5-x86_64-LiveCD.iso,if =none,id =drive-ide0-0-0, \
readonly =on,format =raw \
-device ide-cd,bus =ide.0,unit =0,drive =drive-ide0-0-0,id =ide0-0-0, \
bootindex =1 \
-netdev tap,fd =23,id =hostnet0 \
-device rtl8139,netdev =hostnet0,id =net0,mac =52:54:00:7b:41:5c,bus =pci.0, \
addr =0x3 \
-chardev pty,id =charserial0 \
-device isa-serial,chardev =charserial0,id =serial0 \
-chardev spicevmc,id =charchannel0,name =vdagent \
-device virtserialport,bus =virtio-serial0.0,nr =1,chardev =charchannel0, \
id =channel0,name =com.redhat.spice.0 \
-spice port =5900,addr =127.0.0.1,disable-ticketing,seamless-migration =on
-vga qxl -global qxl-vga.ram_size =67108864 -global qxl-vga.vram_size =67108864
```

```
-global qxl-vga.vgamem_mb=16 \
-device intel-hda,id=sound0,bus=pci.0,addr=0x4 \
-device hda-duplex,id=sound0-codec0,bus=sound0.0,cad=0 \
-chardev spicevmc,id=charredir0,name=usbredir \
-device usb-redir,chardev=charredir0,id=redir0 \
-chardev spicevmc,id=charredir1,name=usbredir \
-device usb-redir,chardev=charredir1,id=redir1 \
-device virtio-balloon-pci,id=balloon0,bus=pci.0,addr=0x7 \
-msg timestamp=on
```

可以看出,转化成 QEMU 的命令行并没有完全体现出其 XML 描述,比如<on_poweroff>、<on_reboot>、<on_crash>等字段,这些字段的功能一般需要配合 libvirt 的相关设置才能实现。另外,合理地使用<qemu:commandline>字段也会有助于我们的调试。

将虚拟机启动后,我们再次查看其 XML 描述,会发现多出 SELinux 的运行时配置。

```
<seclabel type='dynamic'model='selinux'relabel='yes'>
<label>system_u:system_r:svirt_t:s0:c282,c717</label>
<imagelabel>system_u:object_r:svirt_image_t:s0:c282,c717</imagelabel>
</seclabel>
```

在现有的私有云平台实现中,域一般是临时性的(可在云平台的计算节点中使用"virsh list --all"查看)。平台在创建虚拟机时根据数据库中的设备字段临时定义一个域,某些平台可能会将域描述 XML 其固定保存到文件中,但对文件的直接修改并不能保存。使用临时域的好处是减少域定义来源,也可减弱域与节点的绑定关系(临时域关闭后即删除,与之对应的永久域则继续作为文件存在于节点中)。

□ 虚拟网络

Libvirt 可提供的网络类型极为丰富,此处将介绍虚拟网络描述的字段意义,常用网络类型的实现细节我们将在第 6 章进行详细说明。定义后的 XML 描述文件存在于计算节点或者网络节点的/etc/libvirt/qemu/networks/目录中,以下为使用 OpenvSwtich 网络的 libvirt 虚拟网络 XML 描述示例。

```
<network>
<name>ovs-net</name>
<uuid>33911c96-524c-4016-860c-b3bde2c1848b</uuid>
<forward mode='bridge'/>
<bridge name='ovs-br0'/>
<virtualport type='openvswitch'/>
</network>
```

□ 元数据

包括网络名(name)、UUID(uuid)、IPv6(ipv6)、信任来宾过滤(trustGuestRxFilters)。其中,name 用于域定义的连接网络区分,uuid 可在定义后自动生成,ipv6 即是开启此虚拟网络的 IPv6 支持,trustGuestRxFilters 用于虚拟机内部修改 MAC 地址时节点是否继续允许其访问网络,此项由于安全原因默认关闭。

□　网络连接

此端描述即是虚拟网络的后端实现,包括桥接(bridge)、DNS 域(domain)、转发(forward)。其中 forward 即是表明此网络可与物理局域网连接,它有多种转发模式(nat、route、bridge、private、vepa、passthrough、hostdev),未定义 forward 则表示此网络属于隔离网络(isolated)。

□　地址定义

地址定义仅仅适用于隔离网络(即未定义 forward),它可以定义包含 DHCP、TFTP、DNS 等多个网络特征。它的实现依靠功能非常丰富的轻量级 DHCP 服务 dnsmasq,我们可以在很多云平台中发现它的身影。

□　网络过滤器

由于很多情况下管理员不能从虚拟机内部定义网络过滤规则(防火墙规则),那么在节点层面进行虚拟网络的限制就很有必要了。Libvirt 的网络过滤器可适用于大部分虚拟网络,它主要由具有优先级的过滤规则链组成。规则链包括 stp、mac、vlan(802.1q)、ipv4、ipv6、arp、rarp,它们全部连接到 root 链上,并且之间可以互相链接(比如 ipv4 规则链可以插入在 mac 规则链中),同一层级的规则链默认优先级 stp 最高,rarp 最低。

Libvirt 默认的规则链可在 /etc/libvirt/nwfilter/ 目录中找到,以 allow-arp 规则示例。

```
<filter name='allow-arp'chain='arp'>
<rule direction='inout'action='accept'/>
</filter>
```

此条规则可允许(action='accept')所有 arp 协议流量(chain='arp')流入和流出(rule direction='inout')虚拟机。

□　存储

Libvirt 中的存储定义包括存储池(storage pool)、存储卷(storage volume)和存储加密(storage encryption),存储卷位于存储池中,我们可以将两者关系可以类比为目录与文件,或者逻辑卷组(VG)与逻辑卷(LV)。

尽管 libvirt 提供了详细且标准的存储定义,但由缺乏容错机制而很少在开源云平台中直接被用作**顶层存储**,往往仅被用于存储后端,比如 OpenStack 使用 Glance、Cinder 分别实现镜像存储和块存储,oVirt 仅仅使用了 libvirt 的 dir 类型存储来定义其本地存储域。**存储池**的后端类型有 dir、fs、nfs、disk、iscsi、logical、scsi、mpath、rbd、sheepdog、gluster、zfs 等,XML 描述内容包括元数据、存储来源、映射目标等。

□　元数据

包括名称(name)、UUID(uuid)、存储容量(capacity)、已用空间(allocation)、剩余空间(available),其中后三个关于空间用度的字段交由系统计算,我们不能预定义(填 0 即可)。

□ 存储来源

存储来源部分包含的字段较多,且需要根据存储池类型来使用,其 XML 元素包括设备(device,适用类型为 fs、logical、disk、iscsi、zfs)、目录(dir,适用类型为 dir、nfs、gluster)、SCSI 适配器(adapter,适用类型为 scsi)、主机(host,适用类型为 nfs、iscsi、rbd、sheepdog、gluster)、认证(auth,适用类型为 iscsi、rbd)、来源格式(format,用于区分存储基本类型,适用类型为 fs、nfs、disk、logical)、外部存储名(name、vendor、product,引入外部存储池作为后端时需要定义此字段,适用于 logical、rbd、sheepdog、gluster)。

□ 映射目标

映射目标的字段包括路径(path)、权限(permissions)、时间戳(timestamps)、加密(encryption)。不同的存储来源映射到节点的路径有所不同,比如 disk 类型的到本地的映射路径需要是/dev/中的块设备,nfs 类型的则是一个普通目录。加密即是当在映射目标中创建存储卷时,libvirt 根据加密类型(default、qcow)对存储卷进行加密。

如下是以 dir 类型存储为来源的存储池描述,由于 dir 类型存储属于本地文件系统,而非共享文件系统,所以只需要在映射目标路径中填写本地路径即可。

```
<pool type='dir'>
<name>default</name>
<uuid>c9595b6a-071e-4946-b415-403457c7885b</uuid>
<capacity unit='bytes'>18746441728</capacity>
<allocation unit='bytes'>4038901760</allocation>
<available unit='bytes'>14707539968</available>
<source>
</source>
<target>
<path>/var/lib/libvirt/images</path>
<permissions>
<mode>0755</mode>
<owner>-1</owner>
<group>-1</group>
</permissions>
<encryption format='default'>
</encryption>
</target>
</pool>
```

存储卷的描述包括元数据、卷目标和基底存储(backing store)[①],它的描述内容为虚拟机硬盘。

---

① 本书将 backing store 文件翻译为基底存储,有些文献中也译作后备存储、源存储、模板存储等。鉴于 backing store 在计算机技术中的常用解释为类似大容量永久存储(磁盘、磁带等),在虚拟硬盘语境中它代表增量硬盘的源文件,且 backing 具有底板、支撑的意思,同时为了避免与虚拟机模板混淆,所以在此笔者将其翻译为基底存储。

□ 元数据

包括名称(name)、标识(key)、已分配空间(allocation)、卷容量(capacity)、来源存储池(source)、存储路径(target)。

□ 卷目标

卷目标即是可访问的虚拟机硬盘(文件、快存储),其字段有路径(path)、格式(format)、权限(permissions)、兼容性(compat)、禁用写时复制(nocow)、特性(features)。其中,路径可以是一个虚拟硬盘文件(raw、qcow2 等)或者一个映射到本地的块设备(/dev/mapper/XXX_1、/dev/disk/by-path/XXX 等);禁用写时复制仅仅适用存放于 btffs 文件系统中的 qcow2 格式镜像,可改善新建的虚拟硬盘性能,需要 QEMU 2.1 版本及以上;feature 字段中目前只有懒惰引用数计量(lazy_refcount)可选,功能即是延迟更新 qcow2 格式镜像中簇的引用计数等信息(元数据),以释放部分 I/O 占用提高新镜像的性能。

□ 基底存储

基础存储磁盘的信息,包括路径(path)、格式(format)、权限(permissions)。目前只有 qcow2 格式的硬盘支持不同格式的虚拟硬盘文件作为基底存储,其他比如 raw、vmdk 都需要相同格式。

一个典型的虚拟机磁盘文件 XML 描述如下。

```
<volume type ='file'>
<name>vm-1-disk.qcow2</name>
<key>/var/lib/libvirt/images/vm-1-disk.qcow2</key>
<source>
</source>
<capacity unit ='bytes'>8589934592</capacity>
<allocation unit ='bytes'>1908736</allocation>
<target>
<path>/var/lib/libvirt/images/vm-1-disk.qcow2</path>
<format type ='qcow2'/>
<permissions>
<mode>0600</mode>
<owner>0</owner>
<group>0</group>
<label>system_u:object_r:virt_image_t:s0</label>
</permissions>
<timestamps>
<atime>1459777683.256504811</atime>
<mtime>1459777683.109500587</mtime>
<ctime>1459777683.110500616</ctime>
</timestamps>
<compat>1.1</compat>
<features>
```

```
<lazy_refcounts/>
</features>
</target>
</volume>
```

□ 节点设备

节点设备的 XML 描述主要用于可热插拔的模拟设备与透传设备的添加,包括 PCI (PCI-E)、USB、SCSI、存储设备等。对于透传设备,可使用 virsh 命令快速查看具体设备的 XML 描述,如下所示。

```
# 列举
virsh # nodedev-list --tree
computer
...
  +- pci_0000_00_11_0
  |   |
  |   +- pci_0000_02_00_0
  |   |   |
  .|   |   +- usb_usb2
  |   |       |
  |   |       +- usb_2_0_1_0
  |   |       +- usb_2_1
  |   |       |   |
  |   |       |   +- usb_2_1_1_0
...
# 查看
virsh # nodedev-dump usb_2_1_1_0
<device>
<name>usb_2_1_1_0</name>
<path>/sys/devices/pci0000:00/0000:00:11.0/0000:02:00.0/usb2/2-1/2-1:1.0</path>
<parent>usb_2_1</parent>
<driver>
<name>usbhid</name>
</driver>
<capability type='usb'>
<number>0</number>
<class>3</class>
<subclass>1</subclass>
<protocol>2</protocol>
</capability>
</device>
```

□ 快照

QEMU 中的快照有三种类型,分别是硬盘快照(disk snapshot)、内存快照(memory

state）以及将前两者结合一起的系统存档点（system checkpoint）。其中，硬盘快照一般在域的关机状态下进行拍摄，否则会造成系统不一致（开机状态下拍摄硬盘快照相当于异常断电，已经打开的虚拟机系统文件处于未释放状态，从它启动的域需要进行文件系统检查修复操作）；内存快照同样如此，假如内存快照的拍摄至恢复期间，硬盘内容并没有被外部修改，则系统可以恢复正常运行，否则就会产生数据丢失。目前在私有云平台中，统一的备份策略往往针对**硬盘快照和系统存档点**，极少对内存快照进行备份。

　　Libvirt 的快照 XML 描述字段有快照名称（name）、快照描述（description）、内存快照（memory）、硬盘快照（disks）、创建时间（creationTime）、父快照（parent）、域（domain）。其中的内存快照字段的参数有三种，分别是 no（仅拍摄硬盘快照）、internal（内存快照保存至虚拟硬盘）和 external（内存快照保存至 file 指定的文件）；硬盘快照字段可以添加多个硬盘的快照详细信息，以 disk 字段进行区分。

　　如下是一个系统存档点的 XML 描述。

```
<domainsnapshot>
<name>system-checkpoint-1</name>
<state>running</state>
<creationTime>1459828498</creationTime>
<memory snapshot ='internal'/>
<disks>
<disk name ='hda' snapshot ='internal'/>
<disk name ='hdb' snapshot ='no'/>
</disks>
<domain type ='kvm'>
<name>win7</name>
...
</domain>
</domainsnapshot>
```

　　我们可以通过 qemu-img 命令查看其快照信息，如下所示。

```
[root@ localhost ~]# qemu-img snapshot -l /var/lib/libvirt/images/win7.qcow2
Snapshot list:
ID       TAG                 VM SIZE           DATE      VM CLOCK
1        system-checkpoint-1    2.4G 2016-04-05 11:54:58  121:36:31.129
```

4.2.3　Virsh 控制台

　　控制 libvirt 实例的最直接方法是通过 virsh 连接其控制台，通过它提供的交互式终端我们可以调用 libvirt 的绝大部分 API，从而直观地控制域、节点等对象，缩短了学习 libvirt 的周期。

　　Virsh 的命令分为 12 组，对象涵盖域、虚拟网络、存储、节点等，可以在控制台中输入

"help"查询具体命令的用法,如下所示。

```
[root@ localhost ~]# virsh
# 连接 libvirt 实例
virsh # connect qemu+ssh://root@ 192.168.2.190/system
# 查看全部命令与用途
virsh # help
Grouped commands:

Domain Management (help keyword'domain'):
    attach-device                attach device from an XML file
attach-disk                      attach disk device
...
# 查看域创建命令用法
virsh # help create
  NAME
    create - create a domain from an XML file

  SYNOPSIS
    create <file> [--console] [--paused] [--autodestroy] [--pass-fds <string>]
    [--validate]

  DESCRIPTION
    Create a domain.

  OPTIONS
    [--file] <string> file containing an XML domain description
    --console                attach to console after creation
    --paused                 leave the guest paused after creation
    --autodestroy            automatically destroy the guest when virsh disconnects
    --pass-fds <string>      pass file descriptors N,M,... to the guest
    --validate               validate the XML against the schema
```

其命令繁多,由于篇幅原因笔者不能一一列举,仅就几个常用命令为例加以介绍。

□ 对象 XML 控制

使用 virsh 控制台的好处之一就是可以随时查看、修改对象的 XML 描述,这些对象包括域、域保存状态(save -image)、节点网络接口(iface)、网络过滤器(nwfilter)、虚拟网络(net)、节点设备(nodedev)、加密方式(secret)、快照(snapshot)、存储池(pool)、存储卷(vol),可进行的操作主要有定义(define)、删除(destroy)、修改(edit)、查看 XML(dumpxml)、列举(list)、概况(info)等。除域外,其他对象的命令形式统一为"对象名-define/edit/dumpxml/..."。

□ 域生命周期控制

域生命周期控制命令包括 start、shutdown、reset、reboot、suspend、resume、create、destroy。其中与高级电源管理有关的命令(shutdown、reboot)可以选择通过 QEMU Guest Agent 等方

式进行控制。

```
[root@ localhost ~]# virsh reboot - - mode agent win7
[root@ localhost ~]# virsh reboot - -mode acpi win7
```

□ attach-device/detach-device

根据 XML 描述文件添加设备到域中,设备可以是模拟设备或者是透传设备,以添加主机 U 盘为例。

```
[root@ localhost ~]# cat u-disk.xml
<hostdev mode ='subsystem'type ='usb'>
<source>
<vendor id ='0x0930'/>
<product id ='0x6545'/>
</source>
</hostdev>
[root@ localhost ~]# virsh attach-device win7 usb.xml
Device attached successfully
```

使用设备透传时需要注意一点,通过 attach-device 透传的设备在进行 detach-device 之前,它都属于这个域。这点差别有时会在使用主机 USB 设备时造成一些事故,比如已经 attach 到域的 USB 设备不能再通过 spice 的 USB 通道重定向到域中,反之亦然,笔者在实践部分会就 **USB 重定向的分类与原理**进行详细说明。

□ qemu-monitor-command/qemu-agent-command

对于添加了 QEMU 控制台、QEMU Guest Agent 以及对应代理设备的域,我们可直接在 libvirt 控制台中使用这两条命令与其进行交互,如下所示。

```
# QEMU 控制台命令
virsh # qemu-monitor-command win7'{"execute":"query-kvm"}'
{"return":{"enabled":true,"present":true},"id":"libvirt-23"}
# QEMU Guest Agent 命令
virsh # qemu-agent-command
win7'{"execute":"guest-sync","arguments":{"id":1}}'
{"return":1234}
# 通过 QEMU Guest Agent 修改用户密码
virsh # set-user-password fedora22 root 123456
Password set successfully for root in fedora22
```

□ 事件监视

通过预定义的事件标识(EVENT)我们可以随时得知域的最新状态,监视命令有 event、qemu-monitor-event、net-event。以域事件监视命令 event 为例,进行域重启操作时查看通知事件(可通过"event-list"命令查看全部可通知事件)。

```
virsh # event --all --loop fedora23-2
event'agent-lifecycle'for domain fedora23-2: state:'disconnected'reason:'channel event'
event'reboot'for domain fedora23-2
event'reboot'for domain fedora23-2
event'agent-lifecycle'for domain fedora23-2: state:'connected'reason:'channel event'
```

4.2.4　编程示例

　　Libvirt 的客户端编程支持很多种语言,包括 C、Python、Java、Perl、Ruby、Php、CSharp、Erlang 等。接下来笔者仅以 C、Python、Java 下的 libvirt 客户端编程予以简单介绍,并提供相关文档资料链接供开发者查询。

1. C

　　Libvirt 原生提供对 C 语言支持,所以其 C 的文档颇为丰富,可以参考的文档有官方 API(https://libvirt. org/ html/)、开发指导(http://libvirt. org/ docs/ libvirt-appdev-guide/)、源码文档(https://github. com/libvirt/ libvirt)等。

　　以迁移虚拟机为例。

```c
# include <stdio.h>
# include <stdlib.h>
# include <libvirt/libvirt.h>
# include <libvirt/virterror.h>

static intusage(char *prgn, int ret)
{
    printf("Usage: % s <src uri><dst uri><domain name>\n", prgn);
    return ret;
}

int main(int argc, char *argv[]){
    //迁移源节点与目的节点,以及要迁移的域
    char *src_uri, *dst_uri, *domname;
    int ret = 0;
    virConnectPtr conn = NULL;
    virDomainPtr dom = NULL;

    if (argc < 4) {
        ret = usage(argv[0], 1);
        goto out;
    }

    src_uri = argv[1];
```

```c
    dst_uri = argv[2];
    domname = argv[3];
    //连接源节点 libvirt 实例
    printf("Attempting to connect to the source hypervisor...\n");
conn = virConnectOpenAuth(src_uri, virConnectAuthPtrDefault, 0);
    if (! conn) {
        ret = 1;
        fprintf(stderr, "No connection to the source hypervisor: %s.\n",
                virGetLastErrorMessage());
        goto out;
    }
    //获取域
    printf("Attempting to retrieve domain %s...\n", domname);
    dom = virDomainLookupByName(conn, domname);
    if (! dom) {
        fprintf(stderr, "Failed to find domain %s.\n", domname);
        goto cleanup;
    }
    //指定迁移参数为 VIR_MIGRATE_PEER2PEER,即管道方式迁移
    printf("Attempting to migrate %s to %s...\n", domname, dst_uri);
    if ((ret = virDomainMigrateToURI(dom, dst_uri,
                        VIR_MIGRATE_PEER2PEER,
                        NULL, 0)) != 0) {
        fprintf(stderr, "Failed to migrate domain %s.\n", domname);
        goto cleanup;
    }

    printf("Migration finished with success.\n");
    //释放域空间,并断开与源节点的连接
cleanup:
    if (dom != NULL)
        virDomainFree(dom);
    if (conn != NULL)
        virConnectClose(conn);

out:
    return ret;
}
```

2. Python

Python 中的 libvirt 编程相对 C 来说可能更容易被使用 OpenStack 平台的读者接受,我们同样可以参看官方 API 文档、开发指导(http://libvirt.org/docs/libvirt-appdev-guide-python/)及源码文档(https://github.com/libvirt/libvirt-python)等。

以保存域内存为例。

```python
# -*- coding: utf-8 -*-
#! /usr/bin/env python
# domstart - make sure a given domU is running, if not start it

import libvirt
import sys
import os
import libxml2

def usage():
    print('Usage: % s DIR'% sys.argv[0])
    print('    Save all currently running domU\s into DIR')
    print('    DIR must exist and be writable by this process')

if len(sys.argv) ! = 2:
    usage()
    sys.exit(2)

dir = sys.argv[1]

conn = libvirt.open(None)
if conn is None:
    print('Failed to open connection to the hypervisor')
    sys.exit(1)

doms = conn.listDomainsID()
for id in doms:
    if id == 0:
        continue
    dom = conn.lookupByID(id)
    print("Saving % s[% d] ... " % (dom.name(), id))
    path = os.path.join(dir, dom.name())
    ret = dom.save(path)
    if ret == 0:
        print("done")
    else:
        print("error % d" % ret)
```

3. Java

Java 下的 libvirt 客户端编程文档相对较少,但基本流程与 C 相似,可参考官方文档以及源码文档(https://github.com/libvirt/libvirt-java)。

以查看域信息为例。

```
import org.libvirt.*;
public class minitest {
    public static void main(String[] args) {
        Connect conn = null;
        try {
            conn = new Connect("test:///default", true);
        } catch (LibvirtException e) {
            System.out.println("exception caught:"+e);
            System.out.println(e.getError());
        }
        try {
Domain testDomain = conn.domainLookupByName("test");
System.out.println("Domain:" + testDomain.getName() + " id " +
                        testDomain.getID() + " running " +
                        testDomain.getOSType());
        } catch (LibvirtException e) {
            System.out.println("exception caught:"+e);
            System.out.println(e.getError());
        }
    }
}
```

4.3　快速入门

　　QEMU 与 libvirt 的组合是实现开源私有云的核心技术之一,对它们的掌握程度决定了我们对虚拟化服务的理解。笔者接触开源 x86 虚拟化的时间较晚,但恰好赶上了各种云平台如雨后春笋般涌现的阶段。在众多管理平台中,笔者认为 VirtManager(http://virt-manager.org)是学习或者开发 QEMU 与 libvirt 的最佳入门软件,我们可以在主流 Linux 发行版中通过包管理器直接安装使用它。

　　VirtManager 本身一款图形化的虚拟机管理工具,支持 QEMU、Xen、LXC 三种 hypervisor,拥有简洁但完善的对象(尤其是设备)管理界面,同时对 spice/vnc/serial 控制台协议提供良好的支持。开源社区中也有它的 Web 版本 WebVirtMgr,不过功能稍弱。

4.3.1　搭建 VirtManager

　　笔者接下来以 2 台节点(主机名分别为 node1.example.com、node2.example.com,管理 IP 分别为 192.168.0.140、192.168.0.141),每台基本配置为单路 4 核、双网口(内核名称分别为 eno16777736、eno33554984)、4G 内存,安装 Fedora 23 作为节点系统,同时使用 NFS 共享存储作为两个节点的存储池,从而进行简单的虚拟化环境搭建。

1. 安装必要包

需要在两台节点上安装的包有 virt-manager、libvirt-daemon、libvirt-deamon-driver-qemu 等。在启动 VirtManager 以后,增加新的 libvirt 实例连接时 VirtManager 会询问是否安装必要包。

```
# 为方便起见此处安装了 libvirt 的所有相关包,openssh-askpass 包可允许 ssh 方式连接
[root@ localhost ~]# dnf install -y virt-manager libvirt * openssh-askpass
```

2. 系统准备

以下操作在两台节点上都需要执行,主要包括打开必要服务、设置防火墙、修改网络为桥接、修改 hosts 文件等操作。

```
# 设置 SELinux,替换防火墙 firewalld 为 iptables-service,使 sshd、libvirtd、iptables 自动启动
[root@ localhost ~]# sed - i's/enforcing/permissive/'/etc/selinux/config
[root@ localhost ~]# setenforce permissive
[root@ localhost ~]# dnf install -y iptables-services
[root@ localhost ~]# iptables -F
[root@ localhost ~]# systemctl enable sshd libvirtd iptables
[root@ localhost ~]# systemctl disable firewalld
# 将第一个网口加入网桥,第二个预留
[root@ localhost ~]# systemctl disable NetworkManager
[root@ localhost ~]# systemctl enable network
[root@ localhost ~]# cat >/etc/sysconfig/network-scripts/ifcfg-eno16777736<< EOF
DEVICE=eno16777736
ONBOOT=yes
BRIDGE=br0
NM_CONTROLLED=no
EOF
# node1 的 IP 为 192.168.0.140,node2 的为 192.168.0.141,此处注意修改
[root@ localhost ~]# cat >/etc/sysconfig/network-scripts/ifcfg-br0 << EOF
DEVICE=br0
TYPE=Bridge
BOOTPROTO=static
IPADDR=192.168.0.140
NETMASK=255.255.255.0
GATEWAY=192.168.0.1
DNS1=192.168.0.1
ONBOOT=yes
DELAY=0
NM_CONTROLLED=no
[root@ localhost ~]# systemctl stop NetworkManager
[root@ localhost ~]# systemctl restart network
```

```
# 修改 hosts 文件,此处注意修改
[root@ localhost ~]# cat>>/etc/hosts << EOF
192.168.0.140 node1.example.com node1
192.168.0.141 node2.example.com node2
[root@ localhost ~]# hostname node1.example.com
```

3. 设置 NFS 共享存储

```
[root@ node1 ~]#mkdir /nfs/images - p; chmod 777 - R /nfs/
[root@ node1 ~]#echo 'nfs/images' > /etc/exports
[root@ node1 ~]# systemctl enable nfs-server
[root@ node1 ~]# systemctl start nfs-server
```

4. 打开 VirtManager 并连接两台节点的 libvirt 实例

打开 VirtManager 后,它会自动请求权限连接到本地的 libvirt 实例,然后我们点击"File->Add Connection"添加到 node 2 的连接,如图 4 – 13 所示。为方便连接,我们可以使用启用 ssh- key 登录,避免多次输入密码,在 node1 中执行命令形如"ssh-keygen;ssh-copy-id root@ node2"。

5. 添加共享存储

连接完成以后,在两个 libvirt 实例中添加存储池,对连接分别点击右键,选择"Details",选择"Storage",删除默认存储池"default",并添加名称为"nfs_share"的 netfs 类型存储,如图 4 – 14 与图 4 – 15 所示。

图 4 – 13　添加 ssh 连接到 node 2 的 libvirt

图 4 – 14　添加 NFS 共享存储 1 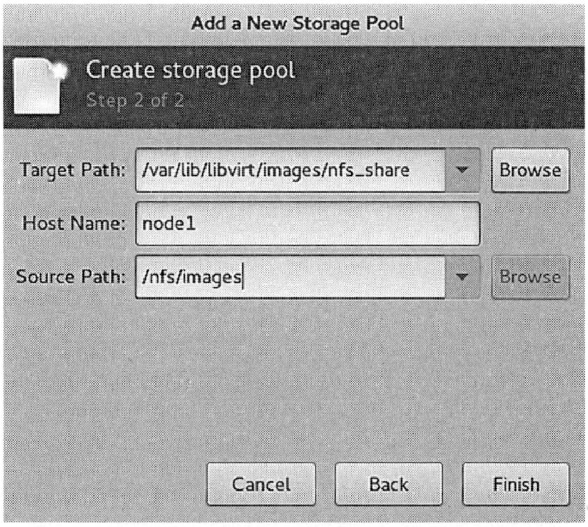　　　　图 4 – 15　添加 NFS 共享存储 2

如此一来,我们完成了使用 NFS 共享存储的基本 libvirt 双节点环境的搭建。

4.3.2　学习建议

VirtManager 对我们而言,它的工具意义大于它的生产意义,所以笔者总结出一些较为基础的知识点以供读者参考。

□　操作域

VirtManager 中**创建**虚拟机有四种方式,分别是光盘安装、网络安装、网络引导(PXE)、导入硬盘。创建后,需要从管理界面断开 CDROM 连接。热插拔设备可以在运行时进行**修改**并实时反映到虚拟机中,另外一些则需要关闭再打开虚拟机才生效。**删除**操作会提示一并删除虚拟硬盘和光盘等,请小心勾选。

□　迁移域

根据上一节搭建的 VirtManager 环境是可以进行域的在线迁移的,直接在界面中点击"Migrate"即可。在迁移之前,我们可以根据 libvirt 的配置更改迁移选项,比如迁移方式(direct、tunnelled)等。

□　spice 功能测试

在本书成文时,spice 协议支持在线迁移(控制台不会因域迁移而中断)、主宾目录共享(Webdav)、USB 重定向等功能(参考 http://www.spice-space.org/page/Planned Features)。在 VirtManager 中我们可能需要重新添加 spice 显示设备以使其在所有端口监听。

□　主机设备透传

通过 VirtManager 我们可以很方便地添加节点设备到域中,比如显卡、网卡、USB 等。注意 PCI 或者 PCI-E 设备的透传需要节点启用 IOMMU 支持。

第5章 容器技术基础

Docker 公司的前身是 dotCloud,后来更名为 Docker。公司旗下的同名容器工具 docker 其诞生之时就吸引了一大批公司,Redhat 在 2013 年就宣布其 OpenShift 平台将使用 Docker 作为容器基础,微软也于 2014 年底宣布其新的 Windows 服务器将支持 Docker。Docker 继承了 LXC 的优点(早期它仅仅是包装了 LXC),在使用方式上与 Git 类似,并且提供了 Docker Hub 这种优秀的应用市场。所以它在广大开发者中深受欢迎并且成为现阶段 PaaS 平台实现工具的首选。

本章将首先介绍容器与 PaaS 平台的一些历史,然后从工具角度出发讲解 Docker 的基本使用和周边软件。Docker 虽然继承了 LXC 的诸多优点,但由于容器技术本身的限制仍然存在些许安全隐患,这点我们也会在后文中予以介绍。关于 Docker 的书籍较多,比如《Docker 进阶与实战》《Docker 源码分析》等,所以笔者在此尽量减少篇幅。

5.1 容器简介

5.1.1 技术历史

"容器(container)"最早于 2000 年的 FreeBSD Jails 与同年的 Linux VServer 中成型,但是其概念却来源于 1979 年的 UNIX v7 中的进程隔离运行工具 chroot。期间经历了 Oracle Solaris Zones(2004)、OpenVZ(2004)、Google 进程容器(2006,Linux Control Group 原型)、AIX Workload Partitions(2007),直到 2008 年的 LXC 的出现,容器技术才被国内 IT 人员所重视,并广泛应用于各大 IDC 的 Linux 主机中提供轻量级主机服务。其后的 Cloud Foundry Warden(2011)、LMCTFY(2013)、Docker(2013)、Rocket(2014)都一定程度上清晰了容器技术的发展方向。其中 Docker 以类似 Git 的操作方式而被广大开发者青睐,而后又诞生了一系列基于 Docker 的 PaaS 平台。

早在 Amazon Web Service 启动之前,Mosso 作为一个面向工程的 PaaS 平台,就已经出现在大众的视野中。那时有用户想使用一键部署的应用环境,但是又不受共享主机的诸多限制,于是来自 Rackspace 的两个开发者便合作开发了 Mosso。Mosso 在初期提供了无须任何系统管理知识用户便能轻易创建的 PHP 或. Net Web 应用环境,它为以后的 PaaS 平台奠定了基础。到了 2008 年,Heroku 和 EngineYard 进入 PaaS 市场。它们面向技术基础较为扎实的 Ruby 开发者提供了 Ruby on Rails 的应用环境,并且附带了更实用的应用管理功能。在 2010 年,微软向开发者提供了以. Net/Windows 为基础的 PaaS 平台,虽然有些难以入门但仍然在业界获得较多用户的认可(微软 Azure 于 2015 年底开始提供多语言多应用的测试性 PaaS 平台)。2011 年,dotCloud、OpenShift、PHP Fog 也进入公众视线,且前两者以提供多语言环境作为特色。同年,VMWare 发布 Cloud Foundry,第一款用户能搭建到自己环境中的 PaaS 平台。Cloud Foundry 虽然功能非常强大,但同样是因为这点,导致直到今天仍然难以使用它来部署大规模的 PaaS 平台。2012 年,之前推出 PHP Fog 的公司在 Cloud Foundry 基础上构建了第一款开源的多语言 PaaS 平台 App Fog,并且它与 OpenStack 的融合也使得企业能够轻易在 IaaS 基础上构建自己的 PaaS 平台。

国内的 PaaS 平台在 2009 年开始崭露头角,并且某些厂商的产品在标准化程度上与国际水平相当,这也促使越来越多人对 PaaS 平台开始了解学习。

5.1.2　技术实现

早期的容器技术主要由 chroot 实现,其资源控制与安全性并不能有效地保障。后来 Linux Kernel 中先后加入了 MOUNT namespace、UTS namespace、PID namespace 等六类 namespace 加强了资源隔离,又引入了 Control Group(cgroup)这一重要的系统控制模块,才使得其后的各个容器实现被广泛应用。接下来笔者将就现代容器技术的关键两个点,即 namespace 和 cgroup 分别予以代码示例,以期读者能够在容器使用过程中遇到问题能快速定位和解决。

1. Namespace

Namespace 是一种资源抽象封装(一般译作"命名空间"),它保证其内部的实例使用被隔离的、相对独立的资源,被广泛应用于各种容器实现中。使用 namespace 的 API 时,我们只需要关系 3 个系统调用(clone( )、setns( )、unshare( )),以及/proc 子文件系统中的部分内容即可。目前在 Linux 中有 6 类 namespace,可在 clone 时使用不同的参数在子进程中分别创建,创建后可以在/proc/PID/ns/中查看。目前可用的资源如表 5 - 1。

表 5 - 1　Namespace 资源概览

Namespace	clone 标识及简要说明
Mount	CLONE_NEWNS,它是一组进程的挂载点抽象。它可以使位于同一 mount namespace 的进程之间共享(继承)挂载点,也可以使新进程拥有独立的文件系统挂载点视图,在容器技术中多用于新容器的创建与外部卷的挂载
UTS	CLONE_NEWUTS,它隔离了新进程中的两个标识,即主机名和域名。它使得我们可以在容器镜像中设置独立的主机名、域名,以让容器中根据这两个标识工作的程序顺利运行

续　表

Namespace	clone 标识及简要说明
IPC	CLONE_NEWIPC,它使得新进程的子进程拥有相对独立的进程间通信资源,包括共享内存(shmem)、信号灯(semaphore)和消息队列,可使用命令 ipcs 查看
PID	CLONE_NEWPID,它允许新进程拥有独立的进程 ID 空间。这样就使得容器中存在进程 ID 为 1 的 init 进程,以便进行系统初始化和孤儿进程的接管。PID namespace 具有集成特性,即一个进程的子进程可以被此进程的父进程看到,且可由父进程发送 sigkill、sigterm 等控制信号
Network	CLONE_NEWNET,它是将网络相关的资源隔离起来,一般我们可以通过 ip 命令对其进行操作。它使得不同容器中使用相同端口号(比如 80)提供服务成为可能,从而为将容器作为轻量级虚拟化奠定基础
User	CLONE_NEWUSER,它使得新进程的运行用户(组)可以与父进程不同,并且它可以让从非特权用户创建的进程拥有与父进程隔离的 root 用户(组)权限,同样被应用于各容器实现中

接下来笔者将模拟容器的基本实现,它拥有完整的根文件系统(来自 Ubuntu Core 项目)和隔离网络,源码及解析如下[1]。

```
# 创建 Ubuntu 根文件系统目录,并将从 Ubuntu Core 项目官网下载的镜像解压至其中。
[root@ localhost ~]# mkdir Ubuntu_rootfs_x86_64
[root@ localhost ~]# tar xf Ubuntu-core-14.04.4-core-amd64.tar.gz -C Ubuntu_rootfs_
x86_64/
# 创建要挂载的外部目录,它将被挂载到容器的/mnt 目录。
[root@ localhost ~]# mkdir /tmp/data_dir
[root@ localhost ~]# cat container_demo.c
# define _GNU_SOURCE
# include <sys/wait.h>
# include <sys/mount.h>
# include <stdio.h>
# include <unistd.h>
# include <stdlib.h>
# include <sched.h>
# include <limits.h>
# include <errno.h>
# include <fcntl.h>
# include <string.h>

/* 子进程栈空间为 1MB */
# define STACK_SIZE (1024 * 1024)
/* 宏定义,显示错误信息并返回错误代码 */
```

---

① Namespace in Action, HTTP://lwn. net/ Articles/531114/.

```
#define errExit(msg) do { perror(msg); exit(EXIT_FAILURE); } while (0)

static char child_stack[STACK_SIZE];
/* 子进程(容器)的运行命令为/bin/bash */
char * const child_args[] = { "/bin/bash", NULL};

/* 此函数将用于在进程中更新指定uid或者gid,格式形如"内部id 外部id 长度"。
其中,外部id是当前进程的用户(组)id,在具有相关权限的前提下它可以指定外部id为系统中的任意用户
(组);内部id与外部id相对应,内部用户(组)的进程即是外部用户(组)的进程。
*/
static void update_user_map(char *mapping, char *map_file)
{
    int fd, j;
    size_t map_len;        /* Length of 'mapping' */

    /* Replace commas in mapping string with newlines */

    map_len = strlen(mapping);
    for (j = 0; j < map_len; j++)
        if (mapping[j] == ',')
            mapping[j] = '\n';

    fd = open(map_file, O_RDWR);
if (fd == -1)
{
        fprintf(stderr, "open %s: %s\n", map_file, strerror(errno));
        exit(EXIT_FAILURE);
    }

if (write(fd, mapping, map_len) != map_len)
{
        fprintf(stderr, "write %s: %s\n", map_file, strerror(errno));
        exit(EXIT_FAILURE);
    }

    close(fd);
}
/* 子进程主函数,也就是容器进程 */
int child_main(void* arg)
{
    printf("Container [%5d] - inside the child! \n", getpid());

    /* 设置主机名 */
    sethostname("container_demo",20);
```

```
    /* 重新挂载 proc、tmpfs 等文件系统,这样便可使用诸如 ps、top 命令查看进程 */
    if (mount("proc", "Ubuntu_rootfs_x86_64/proc", "proc", 0, NULL)!=0)
        errExit("proc");
    if (mount("none", "Ubuntu_rootfs_x86_64/tmp", "tmpfs", 0, NULL)!=0) {
        errExit("tmp");
    if (mount("tmpfs", "Ubuntu_rootfs_x86_64/run", "tmpfs", 0, NULL)!=0) {
        errExit("run");
    /* 将主机的 hosts 文件绑定至容器的 hosts 中 */
    if (mount("/etc/hosts", "Ubuntu_rootfs_x86_64/etc/hosts", "none", MS_BIND, NULL)!=0)
    errExit("conf");
    /* 将主机的 /tmp/data_dir 目录挂载至容器的 /mnt 目录 */
    if (mount("/tmp/data_dir", "Ubuntu_rootfs_x86_64/mnt", "none", MS_BIND, NULL)!=0)
        errExit("mnt");

    /* 更改执行目录到将作为容器根文件系统的目录 ./Ubuntu_rootfs_x86_64 */
    if (chdir("./Ubuntu_rootfs_x86_64")!=0 || chroot("./")!=0)
        errExit("chdir/chroot");
    /* 执行根目录中的 /bin/bash 以进入 shell */
    execv(child_args[0], child_args);
    errExit("exec");
}


int main(int argc, char **argv)
{
    /* 我们的程序是由 root 用户运行,同时它也是容器中的 root 用户 */
    char *gid_map = "0 0 1";
    char *uid_map = "0 0 1";
    char map_path[PATH_MAX];

    printf("Parent [%5d] - start a child! \n", getpid());
    /* 创建子进程,即是容器进程 */
int child_pid = clone(child_main, child_stack+STACK_SIZE,
        CLONE_NEWNET | CLONE_NEWUSER | CLONE_NEWUTS | CLONE_NEWIPC
        | CLONE_NEWPID | CLONE_NEWNS | SIGCHLD, NULL);

    /*更新子进程用户 id*/
    snprintf(map_path, PATH_MAX, "/proc/%ld/uid_map", (long) child_pid);
    update_user_map(uid_map, map_path);

    /*更新子进程用户组 id*/
    snprintf(map_path, PATH_MAX, "/proc/%ld/gid_map", (long) child_pid);
    update_user_map(gid_map, map_path);

    waitpid(child_pid, NULL, 0);
```

```
    printf("Parent - child stopped! \n");
    return 0;
}
```

然后在主机中编译并运行,可以进入容器的 shell。

```
[root@ localhost ~]# gcc container_demo.c - o container_demo
[root@ localhost ~]# ./a.out
Parent [15818] - start a child!
Container [    1] - inside the child!
root@ container_demo:/#
```

接下来设置一对互联的虚拟接口,veth0 位于主机的 root net namespace,veth1 位于子进程(容器)的 root net namespace。以下代码也可写入上文代码,但为了方便我们将在 shell 中完成操作。

```
# 在主机中找到容器 bash 进程的 PID。
[root@ localhost ~]# ps aux |grep /bin/bash
root     15820 0.0 0.0 18200 3188 pts/4    S+ 12:56 0:00 /bin/bash
[root@ localhost ~]# ip link add veth0 type veth peer name veth1
[root@ localhost ~]# ip link set veth1 netns 15820
[root@ localhost ~]# ifconfig veth0 10.0.0.2/24 up
```

然后在容器中启用接口,尝试 ping。

```
root@ container_demo:/# ifconfig lo up
root@ container_demo:/# ifconfig veth1 10.0.0.1/24 up
root@ container_demo:/# ping 10.0.0.2 -c 1
PING 10.0.0.2 (10.0.0.2) 56(84) bytes of data.
64 bytes from 10.0.0.2: icmp_seq=1 ttl=64 time=0.047 ms

--- 10.0.0.2 ping statistics ---
2 packets transmitted, 2 received, 0% packet loss, time 999ms
rtt min/avg/max/mdev = 0.047/0.059/0.072/0.014 ms
```

2. Control Group

使用 namespace 将资源隔离后,我们仍需要对这些资源在容器中的用度进行控制。Linux 内核在 2.6.24 版本中引入了 Google 工程师 Paul Menage 和 Rohit Seth 的容器隔离技术 process container,后被命名为 control group(cgroup)。它与虚拟化也紧密相关,尤其是在使用 libvirt 限制虚拟机 CPU、内存、硬盘 I/O 时。

笔者以限制 CPU 用度为例,讲解 cgroup 的简单使用方法,关于 cgroup 的详细内容可以参考《Control Group series by Neil Brown》(https://lwn.net/Articles/604609/)以及 Linux

内核文档(https://www.kernel.org/doc/Documentation/cgroup-v1/)。

　　首先我们编写一个循环,它会将 CPU 的单核利用率升至 100%。

```
[root@ localhost ~]# cat loop_test.c - o loop_test
int main(int argc, char * *argv)
{
    int i = 0;
    while(1) i++;
}
```

　　然后编译运行,我们在另一个终端中使用 top 命令可观察到 loop_test 进程的单核 CPU 利用率为 100%。接下来我们利用 cfs 进程调度算法的 quota 与 period 参数将其设置成 10%,即将 cfs_period_us 设置为 1 000 000, cfs_quota_us 设置为 100 000,单位为 μs。

```
[root@ localhost ~]# gcc loop_test.c -o loop_test
[root@ localhost ~]# ./loop_test &
[1] 16239
# 在 cgroup 中创建进程目录,一般是按照进程组创建,且创建出的目录下会自动添加对应的资源控制
入口
[root@ localhost ~]# mkdir /sys/fs/cgroup/cpu/test_loop/
[root@ localhost ~]# ls /sys/fs/cgroup/cpu/test_loop/
cgroup.clone_children cpuacct.stat cpuacct.usage_percpu
cpu.cfs_quota_us cpu.stat tasks cgroup.procs cpuacct.usage cpu.cfs_period_us cpu.
shares notify_on_release
# 将 loop_test 添加到要限制的进程列表中
[root@ localhost ~]# echo 16239 >> /sys/fs/cgroup/cpu/loop_test/task
[root@ localhost ~]# echo 1000000 >
/sys/fs/cgroup/cpu/loop_test/cpu.cfs_period_us
[root@ localhost ~]# echo 100000 >
/sys/fs/cgroup/cpu/loop_test/cpu.cfs_quota_us
```

　　此时便可观察到 loop_test 的 CPU 利用率降到 10%。

5.2　Docker

5.2.1　基本架构

　　Docker 的基本组件有客户端、守护进程、registry 等,如图 5-1 所示。

　　守护进程 docker daemon 默认使用 runC 容器后端,其前身是 libcontainer,它也可使用传统的 LXC 作为后端。Runc 分别利用 Linux 内核的 cgroup 和 namespace 等特性实现资源管理和隔离,也支持 SELinux 和 APPArmor 以实现轻量级的安全措施。

　　Docker 客户端与其守护进程是同一二进制文件,唯一的区别是其启动选项不同(命令

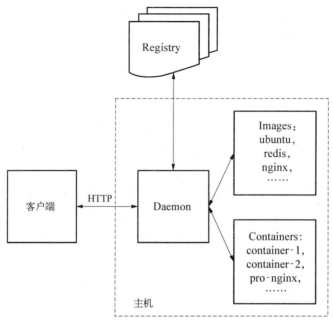

图 5 - 1　Docker 基本架构

形如"docker daemon 或者 docker -d"即可启动服务进程,只在 Linux 中有效)。它使用 HTTP 协议,通过服务进程暴露在主机上的 UNIX 套件字或者端口来处理用户命令。

　　Registry 用以存储和分发 Docker 镜像,默认的 registry 是官方 Docker Hub,其中含有成千上万种应用的公共镜像,用户登录后可以存储镜像到自己的独有空间。另外,docker 也支持用户在主机上自建 registry,这点非常有利于我们组建自己的 PaaS 平台。

5.2.2　主要元素

　　Docker 提供的命令也非常多,笔者在此以镜像的完整生命周期为顺序来介绍其基本使用。

1. 安装与运行

□ 安装

　　Docker 的主程序叫做 Docker Engine,由于其实现是基于 Linux 系统,所以它在不同的操作系统中也对应有不同的安装方法。

　　首先 Docker 可以运行在绝大多数平台的 Linux 发行版中,可以通过 Redhat 系列(RHEL、CentOS、Fedora 等)、Ubuntu、Gentoo、Arch 等系统的包管理器直接安装。比如在 Ubuntu 14.04 中直接运行"apt-get install docker. io"即可。通过包管理器安装的 docker 版本并不保证是最新的,我们也可以通过以下命令安装最新版本。

```
# 最新稳定版
root@ localhost:~#curl -sSL https://get.docker.com/ | sh
```

Docker 对系统并没有太多要求,但比较重要的是我们需要确定 Linux 内核版本在 3.10 以上。另外,Redhat 系列的系统一定也开启了 SELinux,对于普通用户而言我们需要将 SELinux 设置为"permissive",否则会遇到很多 Permission Denied 的错误;对于要启用 SELinux 的"enforcing"的用户,可以参考 https://www.mankier.com/8/docker_selinux 进行相关设置。

由于 docker 是一个会请求系统特权的程序,默认情况下普通用户需要使用 sudo 或者以 root 用户运行它,还有一种做法是将当前普通用户添加至"docker"用户组中,命令形似 "usermod -aG docker",操作后可能需要再次登录当前用户。

若在 Windows 或 OSX 系统中使用 docker,我们仍然需要借助于虚拟化(本书成文时微软已经在 Windows Server 2016 以及 Win 10 中支持了 native docker daemon),即在系统中启动虚拟机,通过本地 docker 客户端连接至虚拟机中的 daemon。

我们可以手动搭建运行 docker daemon 的虚拟机,然后在 Windows、OS X 或者虚拟机中运行 docker client。在此笔者推荐使用 Docker Toolbox(https://www.docker.com/toolbox),它内置了 docker daemon 需要的最小运行环境虚拟机(boot2docker)以及各种官方工具(Compose、Engine、Machine、Kitematic 等)。

使用 Docker Toolbox 时,我们需要注意虚拟机的 IP 设置,因为容器实例是运行于虚拟机 boot2docker 中,这点对后面要讲的端口映射很重要。

□ 基本使用

使用 Docker 前我们首先要确定 docker daemon 已经运行,可在主机中使用命令 "service docker status"查看(启动之前可在主机目录中修改 daemon 配置,Debian/Ubuntu 一般为/etc/default/docker,使用 systemd 的系统为/etc/sysconfig/docker)。确定以后,在控制台中输入"docker run Ubuntu echo hello world"(本书使用的系统为 Ubuntu 14.04 Desktop,其他系统中 Docker 行为根据版本可能有些许差异)。

```
root@ localhost:~# docker run -- rm Ubuntu echo hello world
Unable to find image'Ubuntu:latest'locally
latest: Pulling from Ubuntu
9e92c41a7ed8: Pull complete
8973f6e7693f: Pull complete
2f2796dbe78d: Pull complete
41cc538fb83a: Pull complete
Digest:
sha256:f6e8757419147ba099af8cec4db365b3603472bd6182722b16fdae932c0bf3bf
Status: Downloaded newer image for Ubuntu:latest
hello world
```

这个过程中,Docker 会首先尝试从本地寻找镜像,未果即从默认的 Docker Hub 里下载到本地(由于未指定版本,默认下载 Ubuntu 的 latest),然后执行命令"echo hello world",运行结果输出到我们的标准输出终端。由于我们指定了"--rm",容器在退出后会被自动删除。需要读者注意的是,Docker 提供的命令行操作(API 中也是如此)同 git 一样,我们不需要输入完整的镜像或者容器 id 即可对其进行相应操作。

我们也可以使用交互式选项,"-i"和"-t"会指定使用交互式的会话输入并且将输出其绑定至 tty,如下所示。

```
root@ localhost:~# docker run -it Ubuntu /bin/bash
# 查看 bash 的 PID 为 1(主机系统中 init 进程 PID 为 1),这是容器依赖 NAMESPACE 进行隔离的结果
之一
root@ 2805433fae73:/# echo $ $
1
root@ 2805433fae73:/# ls
bin boot dev etc home lib lib64 media mnt opt proc root run sbin srv sys tmp usr var
```

Docker 镜像的属性有 repository、tag、image id 等,repository 可理解为此镜像的主分支,tag 可理解为此镜像的分支版本,如下所示。

```
root@ localhost:~# docker images
REPOSITORY        TAG           IMAGE ID          CREATED          SIZE
Ubuntu            latest        cadc596fb420      4 days ago       187.9 MB
redis             latest        fe1e6ba09763      5 weeks ago      177.5 MB
```

Docker 容器的属性有 container id、image、command、ports、names 等,其中 image 即表示此容器的源镜像,commands 是容器中此时运行的命令,ports 是命令的于主机上的监听端口,names 表示此容器的随机别名,如下所示。

```
root@ localhost:~# docker ps
CONTAINER ID            IMAGE            COMMAND               CREATED
STATUS                  PORTS            NAMES
3909bf057300            Ubuntu           "/bin/bash"           3 seconds ago
Up 2 seconds                             berserk_tesla983b359d6e7e
```

□ 常用命令

Docker 的命令格式形如"docker command［options...］object［args...］",查询具体的命令用法只要在命令后添加"--help"选项即可,具体的命令用法参考 https://docs.docker.com/engine/reference/commandline/。针对不同的操作对象,docker 的命令可以分为以下几类:

• 镜像

对镜像的操作有:构建(build)、列举(images)、从容器存档导入(import)、历史变化(history)、查看详细信息(inspect)、保存至文件(save)、从文件导入(load)、删除(rmi)、(运行 run)、打标签(tag)。

其中入门读者容易混淆的可能是 import 与 load 命令的差别,前者的导入对象是容器存档命令(export)产生的存档文件,其操作对象为容器实例,而后者的操作对象仅限于镜像,即对此镜像进行打包与导入;build 命令将根据 Dockerfile 创建新的镜像,我们将在接下来的小

节中进行详细说明;history 则用于查看镜像历史变化;tag 标签对于自建 registry 非常有用。

- 容器

对容器操作有:连接终端(attach)、创建(create)、拷贝文件(cp)、查看变化(diff)、提交(commit)、执行新命令(exec)、容器存档(export)、查看详细信息(inspect)、终止(kill)、查看输出日志(logs)、查看端口映射(port)、查看运行容器(ps)、重命名(rename)、重启(restart)、删除(rm)、启动(start)、停止(stop)、实时资源用度(stats)、查看运行进程(top)、暂停(pause)、继续(unpause)、更新资源限制(update)、等待退出(wait)。

create 命令将根据参数生产一个容器实例,然后通过 start 启动;exec 与 run 的差别在于前者将在已经运行的实例中运行命令,后者将会创建一个新的实例去运行命令;如果提交时指定的 repository 和 tag 已经存在,Docker 会自动将之镜像的 repository 和 tag 设置为 none;stop 与 pause 的区别在于前者会终止实例,服务状态同时终结,而后者会将这个实例进入挂起状态,服务状态被保存,可通过 unpause 命令继续运行。

- Registry

关于 registry 的操作有:登录(login)、注销(logout)、搜索(search)、获取(pull)、上传(push)。其中 login 与 logout 的账户默认是 Docker Hub 的账户,pull 与 search 将会搜索 Docker Hub 中的全部开放镜像,push 默认向用户的 Docker Hub 专属空间中上传镜像。

- 网络

网络命令(network)的子命令有连接(connect)、断开(disconnect)、创建(create)、删除(rm)、列举(ls)、查看相信信息(inspect),它们主要是对网络服务和具体接口进行操作。

- 存储

存储卷命令(volume)的子命令有创建(create)、删除(rm)、列举(ls)、查看详细信息(inspect),我们同样将在下面章节中结合各种存储后端进行介绍。

- 其他

Daemon 服务事件(event)、查看版本(version)。event 命令可查看的事件种类有镜像、容器、存储、网络的状态变化,并且可指定时间段与输出内容;版本则会显示 Docker 客户端与服务端的版本号以及构建信息等。

2. 存储模型

Docker 的存储主要包括两部分内容,一是数据卷,用于容器实例与主机交互数据,二是存储卷,用于保存容器实例的镜像文件。我们首先看一下存储卷、数据卷、镜像、容器的存储表示与其之间的关系,然后分别对数据卷(data volume)的操作和存储驱动(storage driver)的选择进行说明。

□ 存储基础

- 存储分层

Docker 中每一个镜像都是由一系列只读的不同文件系统层组成,它们叠加在一起表示一个完整的根文件系统镜像,图 5 - 2 是 Ubuntu 15.04 镜像的不同文件系统层。这里需要注意的是,我们从 Docker Hub 获取的镜像,其层数并不是固定的,而是随着镜像系统更新(提交)次数而递增。

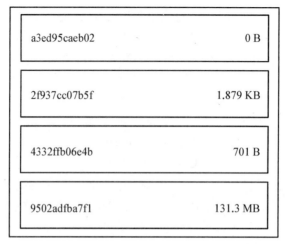

Ubuntu 15.04 Image

图 5-2 Ubuntu 15.04 的 Docker 镜像文件系统层

　　这些文件系统层由存储卷封装以提供统一的文件视图。用户创建新的容器实例时，会在这些只读镜像层(image layers)上添加一层 Thin Provision 的容器层(container layer)，如图 5-3 所示。所有对容器的读写操作都会体现在容器层，比如新建、修改、删除文件。

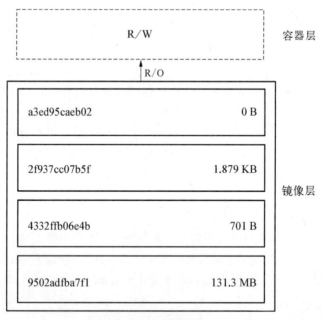

Ubuntu 15.04 Image

图 5-3 Ubuntu 15.04 的 Docker 镜像层与容器层

　　可以看到，镜像的每一层都有一段标识，在较旧的版本中它们是随机 ID，而在 1.10 版本以后它们则是每一层的内容哈希，这点变化是出于 registry 合法性校验的安全考虑。至于容器层仍然是随机 ID。

相关链接

关于 docker 升级

　　Docker 1.10 版本于 2016 年初刚刚发布并且改变了镜像的标识算法,而很多企业在这之前就已经部署了大量 docker 实例并且已经放入生产环境。虽然更新 Docker 版本以后镜像的升级是静默自动完成,但期间 daemon 会消耗大量 CPU 资源进行校验而影响容器性能。为此,docker 提供了工具以方便用户在空闲时升级镜像,参考 https://github.com/docker/v1.10-migrator/releases。

　　如果以"docker upgrade"为关键字进行搜索的话,会发现类似的问题普遍存在。我们很难保证版本的平滑升级,所以建议读者根据业务需求选择是否升级。

　　容器与镜像两种存储模型的最大区别是前者是在镜像基础上的可写层,如果容器被删除,即表示镜像之上与这个容器相关联的可写层被删除,但是镜像不会发生变化。正因为这点特性,镜像才可以被多个容器共用,容器的可写层之间相互隔离,如图 5-4 所示。

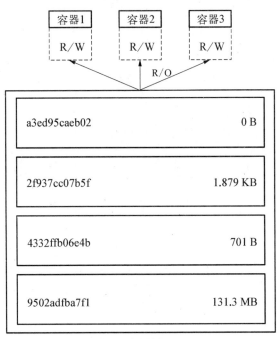

图 5-4　多个容器共用镜像

● 写时复制(Copy-On-Write)

　　存储驱动负责管理容器的可写层与镜像只读层,具体的实现根据驱动的不同而有所差异。Docker 的存储模型中除了引入堆栈式的分层存储外,它还使用了另一个常用存储策略——写时复制(Copy-On-Write)。

　　为了方便读者理解写时复制技术,笔者使用如下过程进行介绍。有小红和小强两位同学,在不同的班级由不同的数学教师教课,但是他们两人只有一本习题册。教师布置了一些课后作业,比如小红的教师布置的是习题册第 10、11 页的所有题目,小强老师布置的是第 8、10 页的所有题目。由于习题册只有一本,小红和小强不能将答案写到习题册上,所以小红将习题册的第 10、11 页抄写了一份再填写答案,小强也从习题册上抄写了第 8、10 两页填写答案。这样一来,习题册既没有被涂改,两人的作业也被各自完成。我们将小红和小强视为系统进程,不同班级不同教师可视为不同的进程寻址空间,习题册视为两进程之间的共享数据,抄写题目即是"复制"、填写答案即是"写",这个过程就类似写时复制技术的实现了。

Docker 通过写时复制技术可以节约镜像的空间占用,又可以一定程度上提高容器实例性能。在 Linux 系统中,docker 镜像通常被保存在/var/lib/docker/中,具体位置根据使用的存储驱动不同而不同。比如下面以 Device Mapper 作为存储驱动,获取 Ubuntu 镜像并查看系统目录内容。

```
root@ localhost:~# docker pull Ubuntu:15.04
15.04: Pulling from library/Ubuntu
9502adfba7f1: Pull complete
4332ffb06e4b: Pull complete
2f937cc07b5f: Pull complete
a3ed95caeb02: Pull complete
Digest:
sha256:2fb27e433b3ecccea2a14e794875b086711f5d49953ef173d8a03e8707f1510f
Status: Downloaded newer image for Ubuntu:15.04
# 以下输出结果已经过顺序调整,使用 tee 命令复制输出到
root@ localhost:~# tree /var/lib/docker/ |tee one_img.txt
/var/lib/docker/
├── containers
├── devicemapper
│   ├── devicemapper
│   │   ├── data
│   │   └── metadata
│   ├── metadata
│   │   ├── 05ac025a33...
│   │   ├── 1f06f87556...
│   │   ├── 5402c8d40a...
│   │   ├── f7dd9edbdd...
│   │   ├── base
│   │   ├── deviceset-metadata
│   │   └── transaction-metadata
│   └── mnt
│       ├── 05ac025a3...
│       ├── 1f06f8755...
│       ├── 5402c8d40...
│       └── f7dd9edbd...
```

```
├──── image
│   └──── devicemapper
│       ├──── distribution
│       │   ├──── diffid-by-digest
│       │   │   └──── sha256
│       │   │       ├──── 2f937cc07...
│       │   │       ├──── 4332ffb06...
│       │   │       ├──── 9502adfba...
│       │   │       └──── a3ed95cae...
│       │   └──── v2metadata-by-diffid
│       │       └──── sha256
│       │           ├──── 3cbe18655...
│       │           ├──── 5f70bf18a...
│       │           ├──── 84cc3d400...
│       │           └──── ed58a6b8d...
│       ├──── imagedb
│       │   ├──── content
│       │   │   └──── sha256
│       │   │       └──── d1b55fd0...
│       │   └──── metadata
│       │       └──── sha256
│       ├──── layerdb
│       │   ├──── sha256
│       │   │   ├──── 306c922c3...
│       │   │   │   ├──── cache-id
│       │   │   │   ├──── diff
│       │   │   │   ├──── parent
│       │   │   │   ├──── size
│       │   │   │   └──── tar-split.json.gz
│       │   │   ├──── 3cbe18655...
...
│       │   │   ├──── a7fb483ae...
...
│       │   │   └──── ee7062fc0...
...
│       │   └──── tmp
│       └──── repositories.json
├──── network
│   └──── files
│       ├──── 2b6b8809b....sock
│       └──── local-kv.db
├──── tmp
├──── trust
└──── volumes
```

我们再根据这个镜像创建一个新的镜像，查看目录变化。

```
# 运行容器
root@ localhost:~/tmp# docker run Ubuntu:15.04 echo "hello world" > hello.txt
# 查看运行状态
root@ localhost:~/tmp# docker ps -a
CONTAINER ID          IMAGE              COMMAND              CREATED
STATUS                PORTS              NAMES
be3fe15dcfd3          Ubuntu:15.04       "echo'hello world'" 20 seconds ago
Exited (0) 5 seconds ago                 mad_leakey
# 提交修改,保存至新镜像 Ubuntu:test
root@ localhost:~/tmp# docker commit -m "run once" be3fe15dcfd3 Ubuntu:test
sha256:73e462a1f3c2b3622018348106928e2bd3b36652a2246e94b557fe532900b6d6
# 查看镜像
root@ localhost:~/tmp# docker images -a
REPOSITORY        TAG           IMAGE ID          CREATED           SIZE
Ubuntu            test          73e462a1f3c2      5 seconds ago     131.3 MB
Ubuntu            15.04         d1b55fd07600      10 weeks ago      131.3 MB
# 为了只查看镜像的变化,需要删除已经退出的容器实例
root@ localhost:~/tmp# docker rm be3fe15dcfd3
be3fe15dcfd3
# 查看目录结构
root@ localhost:~# tree /var/lib/docker/ | tee dup_img.txt
...
# 查看目录变化
root@ localhost:~# diff -c one_img.txt dup_img.txt
*** one_img.txt        2016-04-12 23:10:09.847290856 +0800
--- dup_img.txt        2016-04-12 23:13:25.481614223 +0800
***************
*** 35,44 ****
--- 35,48 ----
  |    |    ├──── content
  |    |    |    └──── sha256
+ |        |    |        ├────73e462a1f...
  |    |    |            └──── d1b55fd07...
  |    |    └──── metadata
  |    |         └──── sha256
+ |    |                   └──── 73e462a1f...
+ |    |                         └──── parent
  |    ├──── layerdb
+ |    |    ├──── mounts
  |    |    ├──── sha256
  |    |    |    ├──── 306c922c3...
# 查看新镜像的"父"镜像
cat root@ localhost:~# cat /var/lib/docker/image/devicemapper/imagedb/
metadata/sha256/73e462a1f3c2b3622018348106928e2bd3b36652a2246e94b557fe532900b6d6/parent
```

```
sha256:d1b55fd07600b2e26d667434f414beee12b0771dfd4a2c7b5ed6f2fc9e683b43
# 查看新镜像历史变化
root@ localhost:~# docker history Ubuntu:test
IMAGE           CREATED           CREATED BY
SIZE            COMMENT
1f83fc014d29  50 seconds ago echo hello world
0 B              run once
d1b55fd07600  10 weeks ago    /bin/sh -c #(nop) CMD ["/bin/bash"]
0 B
<missing>      10 weeks ago    /bin/sh -c sed -i
's/#\s*\(deb.*universe\) $ /1.879 kB
<missing>      10 weeks ago    /bin/sh -c echo '#! /bin/sh'>
/usr/sbin/polic 701 B
<missing>      10 weeks ago    /bin/sh -c #(nop) ADD
file:3f4708cf445dc1b537 131.3 MB
```

通过对比我们即可发现,新建的镜像 Ubuntu:test 仅在 imagedb 与 metadata 中多了两条记录,并且新镜像(73e4)的"父"镜像指向之前的 Ubuntu:15.04(d1b5),如图 5-5 所示。

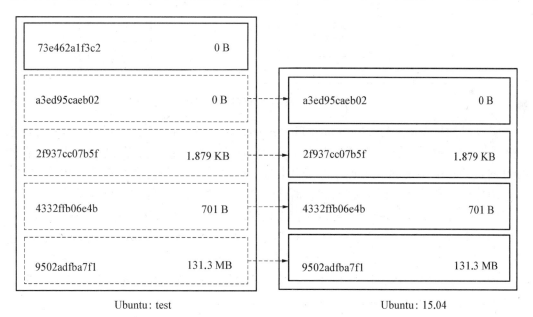

Ubuntu: test   Ubuntu: 15.04

图 5-5　镜像文件系统层共享

这种镜像共享技术让 docker 的镜像存储空间得以节约,接下来我们看一下写时复制策略是如何让容器更加高效的。

从前文我们已经得知所有的容器都被格子保存在一个 ThinProvisioning 的容器层中,其依赖的镜像层属于不可改变的只读内容,因而多个容器实例可以共享一个镜像。当容器中的文件被改变时,Docker 就用利用存储驱动的特性进行写时复制操作。对于 AUFS 和 OverlayFS 来说,写时复制的过程与前文的举例相似,而对于 Btrfs、ZFS 以及其他的存储驱动,写时复制的实现细节则略有不同。

□ 数据卷与存储驱动

容器实例新建或者修改的文件越多,其可写层占用的空间也就越大,如果要写入大量文件的话最好将其写入至数据卷中。另外,写时复制发生时也会降低主机系统性能。接下来,我们便针对数据卷和存储驱动分别进行介绍。

• 数据卷

为了解决容器存储大量内容的问题,Docker 引入了数据卷,基本存储架构如图 5-6 所示。除了使用最基本的数据卷外,我们也可以将数据卷通过特定的容器暴露出来为其他容器所用。

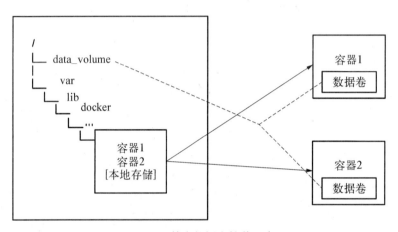

图 5-6 基本数据卷挂载示意

默认的数据卷形式是 UFS(Union File System)格式的文件,它具有以下特性:容器创建时数据卷则被立即加载,如果容器中含有指定存放至数据卷的文件,这些文件就会在初始化时被 docker daemon 从原始镜像拷贝至数据卷中;数据卷可以在容器之间共享、复用;数据卷的内容变化是即时生效的,即容器之间可以实时看到文件的变化;数据卷不会反映到容器更新操作中(commit),即容器保存为镜像时不会保留数据卷信息,从保存的镜像启动容器不会自动挂载之前的数据卷;数据卷相对独立,不会随着容器的删除而被删除,它也不会回收容器被删除后留下的"垃圾"文件。

数据卷也可以是其他形式,比如客户端目录、客户端文件。我们先以默认的 UFS 数据卷为例。

```
root@ localhost:~# docker run -it /volume Ubuntu:15.04 touch /volume/test.txt

# 以下命令需在另一个终端中执行
root@ localhost:~# docker ps -a
CONTAINER ID        IMAGE            COMMAND            CREATED
STATUS              PORTS            NAMES
e67f017e305e        Ubuntu:15.04     "touch /volume/test.t" 10 seconds ago
Exited (0) 9 seconds ago                serene_stonebraker
```

```
root@ localhost:~#docker inspect - f {{.Mounts}} 5b326d232d03
[{27372e7ff2db51642908bdc031d87130794557eb818cc9149758604559292e16
/var/lib/docker/volumes/27372e7ff2db51642908bdc031d87130794557eb818cc9149758604559292e16/_
data /volume local true }]
```

可以看到,容器 5b326d232d03 挂载了数据卷 4afe078e5 到内部的/volume。如果此时向主机上的数据卷路径中写入内容,容器中也会立即发现它,如下所示。

```
root@ localhost:~#touch /var/lib/docker/volumes/4afe078e5.../_data/test_file
# 回到容器终端
root@ 5b326d232d03:/# ls /volume
test_file
```

如果另一个容器想复用这个容器的卷,只需要添加"--volumes-from 容器名"即可,如下所示。

```
root@ localhost:~ # docker run -it --volumes-from 5b326d232d03 Ubuntu:15.04 /
bin/bash

root@ 86af769dbd4f:/# ls /volume/
test_file
```

根据数据卷的复用特性,我们可以选择特定的容器作为**数据卷容器**,以给其他机器统一提供私有或者共享数据卷。

接下来我们使用客户端目录作为数据卷,这里目录可以是 Linux、Windows、OS X 的路径,比如"/opt/docker-vol"、"C:\Users\demo\docker-vol"、"/Users/demo/docker-vol"。另外,在 SELinux 标志的帮助下,我们可以在挂载的数据卷后添加"-Z"或者"-z"以表示此卷是容器所独占或是一个共享卷,默认为共享卷。挂载客户端目录的相关操作如下所示。

```
root@ localhost:~#mkdir /tmp/vol1/
root@ localhost:~#docker run -it -v /tmp/vol1/:/volume_from_host_dir
Ubuntu:15.04 /bin/bash

root@ fdf04c5a682f:/# touch /volume_from_host_dir/test_file
root@ fdf04c5a682f:/# exit

root@ localhost:~# ls /tmp/vol1/
test_file
```

挂载客户端文件的方法如下所示。

```
root@ localhost:~#docker run -it -v /tmp/vol1/test_file:/file_from_client
Ubuntu:15.04 /bin/bash
```

```
root@ b78446f879bd:/#ls /file_from_client -lh
-rw-r--r-- 1 root root 0 Apr 13 15:34 /file_from_client
```

以上就是关于数据卷的大部分操作了,需要读者注意的是,由数据卷可以在多个容器之间共享,那么我们就要小心同时读写文件带来的数据不一致现象,因为 docker 对容器之间的共享数据卷并不提供锁机制。

- 存储驱动

在 Docker 中,存储驱动用于给容器和镜像文件提供卷管理功能,目前它支持的文件系统包括 OverlayFS、AUFS、Btrfs、Device Mapper、VFS(非内核中的 VFS)、ZFS。

Docker 的存储驱动是属于"插件式"实现,驱动根据各自的文件系统特性管理 Docker 镜像或者容器文件,以更灵活地适应不同的系统环境。可以通过命令"docker info"查看当前 docker daemon 的存储驱动。

```
[root@ localhost ~]# docker info
Containers: 8
Running: 0
Paused: 0
Stopped: 8
Images: 6
Server Version: 1.10.3
Storage Driver: devicemapper
Pool Name: docker-8:3-540125-pool
Pool Blocksize: 65.54 kB
Base Device Size: 10.74 GB
Backing Filesystem: xfs
Data file: /dev/loop0
Metadata file: /dev/loop1
Data Space Used: 1.207 GB
...
```

可以看出,当前的存储驱动为 devicemapper,它的底层文件系统是由 devicemapper 创建的块设备,并且已被格式化为 xfs。如果我们关闭 docker 服务,然后指定不同的存储驱动,就会有如下现象。

```
[root@ localhost ~]# docker daemon --storage-driver OverlayFS &
INFO[0000] Graph migration to content-addressability took 0.00 seconds
INFO[0000] Firewalld running: false
INFO[0000] Default bridge (docker0) is assigned with an IP address 172.17.0.0/16.
Daemon option --bip can be used to set a preferred IP address
INFO[0000] Loading containers: start.
.ERRO[0000] Failed to load container mount
01b759e639e6196ee112518744d98c640fbfa7d80a5624 7661204c5b3cc8175b: mount does not
exist
```

```
...
INFO[0000] Loading containers: done.
INFO[0000] Daemon has completed initialization
INFO[0000] Docker daemon                              commit=20f81dd
execdriver=native-0.2 graphdriver=OverlayFS version=1.10.3
INFO[0000] API listen on /var/run/docker.sock

[root@ localhost ~]# docker info
Containers: 0
Running: 0
Paused: 0
Stopped: 0
Images: 0
Server Version: 1.10.3
Storage Driver: OverlayFS
Backing Filesystem: extfs
Execution Driver: native-0.2
Logging Driver: json-file
```

　　存储驱动从 Device Mapper 更换至 OverlayFS 以后,之前的容器与镜像不再被识别,并且也暴露出了实际存储文件系统为 extfs(笔者实验环境为 Ext4)。

　　如果我们尝试在这个 extfs 上使用 Btrfs 作为存储驱动的 docker daemon,就会报错,必须在与之对应的 Btrfs 文件系统上启动才会成功。

```
[root@ localhost ~]# docker daemon --storage-driver btrfs
FATA[0000] Error starting daemon: error initializing graphdriver:
prerequisites for driver not satisfied (wrong filesystem?)

# 更改 docker 的存储根目录到挂载了 Btrfs 文件系统的/docker 目录
[root@ localhost ~]# docker daemon --storage-driver btrfs -g /docker/
INFO[0000] Graph migration to content-addressability took 0.00 seconds
INFO[0000] Firewalld running: false
INFO[0000] Default bridge (docker0) is assigned with an IP address 172.17.0.0/16.
Daemon option --bip can be used to set a preferred IP address
INFO[0000] Loading containers: start.

INFO[0000] Loading containers: done.
INFO[0000] Daemon has completed initialization
INFO[0000] Docker daemon                              commit=20f81dd
execdriver=native-0.2 graphdriver=btrfs version=1.10.3
INFO[0000] API listen on /var/run/docker.sock
```

　　通过以上实验我们可以了解到两点,一是某些存储后端必须使用与之一致的文件系统才可启动,比如 btrfs 和 zfs;另一点即是由于更换了存储驱动,之前存储驱动所管理的容器和镜像不一定能继续使用,所以有必要在正式使用 Docker 之前选择当前环境下性能最优的存储驱动和文件系统组合。

本书以稳定性、经验和文件系统特性的角度对其进行选择:

● 稳定性

稳定性是我们首先要考虑的要素。Docker 在不同的发行版中都有不同的默认设置,这些设置往往是他们认为稳定性最佳的。在没有长期测试之前,建议使用其推荐配置。另外,Docker 公司也推出了一系列的商业服务,其中就包括存储后端与文件系统组合的选择。

● 用户经验

如果读者对某种文件系统比较熟悉,可以优先选择与之对应的存储驱动,具体可参考表 5 - 2。

● 文件系统特性

表 5 - 2　文件系统特性

文件系统	特　　点
AUFS	作为 docker 支持的首个存储驱动,它的使用人数最多、测试最为完全。除了分层技术,它最大的优势是对多个容器之间提供共享内存页,即如果两个容器的镜像是同一个,那么它们之间就共用一组内存页。但是它的缺点也比较突出,第一,它不在 Linux 内核主分支内(虽然在 Debian/ Ubuntu 发行版中它已经存在很长时间了),第二,它基于文件的特性导致某个文件即使发生一点点改变,整个文件都会被拷贝至容器的读写层中。与之相比,Btrfs 和 Device Mapper 是基于块设备的,在读写大文件时更有效率
OverlayFS	与 AUFS 非常相似,并且在 Linux 3.18 中就被融合进主分支。目前 Docker 正将其作为首选驱动后端
Btrfs	它支持写时复制、容错、超大文件存储、子卷等先进特性,但与此同时它也是相对不稳定的,所以推荐在确定需要它的特性时才进行使用,比如容器经常读写大文件
ZFS	最早由 Sun 公司开发,拥有与 Btrfs 类似的诸多特性,但是性能和稳定性更佳。由于许可证问题,它并没有被融合进 Linux 主分支,所以推荐对其有实际经验的读者使用
Device Mapper	在 Redhat 系统操作系统中默认安装,是软 RAID、设备加密、设备快照等技术的基础。Docker 使用它创建基于块设备的 Thin Provision 目标来实现写时复制策略,然后在这个目标中创建一个默认大小 100 GB 的稀疏文件。由于容器的存储层是稀疏文件,这就导致容器的内容占用空间不能超过边界值,需要时刻注意实例运行状况

3. 用户网络

Docker 的网络命令虽然简单(create、connect、ls、rm、disconnect、inspect),但是近来它以 libnetwork 作为主要网络提供商,可选的网络类型更加丰富了,并且本身也支持第三方插件。

Docker 的默认用户网络有 bridge、OverlayFS 两种类型,前者用于单机环境,后者用于多机组网。本节内容将以现有网络为基础,讲解 docker 网络基本操作,然后针对多机组网方法予以简单介绍。

□　基本操作

Bridge 是 docker 中的最基本网络类型, 它的参数可分别在 docker daemon 启动时和创建时设置。接下来笔者以默认参数创建 bridge 网络为例。

```
# 如果不指定 subnet 等参数将自动设置, 内核必须打开 net.ipv4.ip_forward
[root@ localhost ~]# docker network create -d bridge --subnet = 172.16.0.0/16 --ip-
range = 172.16.1.0/24 --gateway = 172.16.1.254 test_net
b8bb0058822dbde54a222e46ffaad33f33ec1e133dbca4fe4049ff4cc27c9536

[root@ localhost ~]# docker network inspect test_net
[
    {
        "Name": "test_net",
        "Id":
"b8bb0058822dbde54a222e46ffaad33f33ec1e133dbca4fe4049ff4cc27c9536",
        "Scope": "local",
        "Driver": "bridge",
        "EnableIPv6": false,
        "IPAM": {
            "Driver": "default",
            "Options": {},
            "Config": [
                {
                    "Subnet": "172.16.0.0/16",
                    "IPRange": "172.16.1.0/24",
                    "Gateway": "172.16.1.254"
                }
            ]
        },
        "Internal": false,
        "Containers": {},
        "Options": {},
        "Labels": {}
    }
]
```

然后在 docker 客户端使用 "--net" 选项即可使用此网络。

```
[root@ localhost ~]# docker run --rm -it --net test_net Ubuntu:15.04
root@ 1fefc2cf0b1b:/# ifconfig
eth0    Link encap:Ethernet HWaddr 02:42:ac:10:01:00
        inet addr:172.16.1.0 Bcast:0.0.0.0 Mask:255.255.0.0
        inet6 addr: fe80::42:acff:fe10:100/64 Scope:Link
        UP BROADCAST RUNNING MULTICAST MTU:1500 Metric:1
```

```
RX packets:8307 errors:0 dropped:0 overruns:0 frame:0
TX packets:6027 errors:0 dropped:0 overruns:0 carrier:0
collisions:0 txqueuelen:0
RX bytes:23049821 (23.0 MB) TX bytes:402314 (402.3 KB)


lo        Link encap:Local Loopback
          inet addr:127.0.0.1 Mask:255.0.0.0
          inet6 addr: ::1/128 Scope:Host
          UP LOOPBACK RUNNING MTU:65536 Metric:1
          RX packets:18 errors:0 dropped:0 overruns:0 frame:0
          TX packets:18 errors:0 dropped:0 overruns:0 carrier:0
          collisions:0 txqueuelen:1
          RX bytes:1416 (1.4 KB) TX bytes:1416 (1.4 KB)
```

如果要在网络中添加局域网主机名解析,可以在 docker 的运行命令添加参数形似"- -net-alias 主机名"以设置此容器的主机名,也可以添加"--link container2:c2"设置映射容器的主机名。

对容器添加网络可以使用"network connect"命令,如下所示。

```
# 在容器 1fefc2cf0b1b 中添加新网络 bridge
[root@ localhost ~]# docker network connect bridge 1fefc2cf0b1b
# 然后在容器中查看
root@ 1fefc2cf0b1b:/# ifconfig
eth0      Link encap:Ethernet HWaddr 02:42:ac:10:01:00
          inet addr:172.16.1.0 Bcast:0.0.0.0 Mask:255.255.0.0
          inet6 addr: fe80::42:acff:fe10:100/64 Scope:Link
          UP BROADCAST RUNNING MULTICAST MTU:1500 Metric:1
          RX packets:8854 errors:0 dropped:0 overruns:0 frame:0
          TX packets:6398 errors:0 dropped:0 overruns:0 carrier:0
          collisions:0 txqueuelen:0
          RX bytes:24287590 (24.2 MB) TX bytes:428387 (428.3 KB)


eth1      Link encap:Ethernet HWaddr 02:42:ac:11:00:02
          inet addr:172.17.0.2 Bcast:0.0.0.0 Mask:255.255.0.0
          inet6 addr: fe80::42:acff:fe11:2/64 Scope:Link
          UP BROADCAST RUNNING MULTICAST MTU:1500 Metric:1
          RX packets:33 errors:0 dropped:0 overruns:0 frame:0
          TX packets:6 errors:0 dropped:0 overruns:0 carrier:0
          collisions:0 txqueuelen:0
          RX bytes:4605 (4.6 KB) TX bytes:508 (508.0 B)


lo        Link encap:Local Loopback
          inet addr:127.0.0.1 Mask:255.0.0.0
          inet6 addr: ::1/128 Scope:Host
          UP LOOPBACK RUNNING MTU:65536 Metric:1
```

```
RX packets:46 errors:0 dropped:0 overruns:0 frame:0
TX packets:46 errors:0 dropped:0 overruns:0 carrier:0
collisions:0 txqueuelen:1
RX bytes:3982 (3.9 KB) TX bytes:3982 (3.9 KB)
```

使用"network disconnect"断开网络。

```
[root@ localhost ~]# docker network disconnect bridge 1fefc2cf0b1b
root@ 1fefc2cf0b1b:/# ifconfig
eth0    Link encap:Ethernet HWaddr 02:42:ac:10:01:00
        inet addr:172.16.1.0 Bcast:0.0.0.0 Mask:255.255.0.0
        inet6 addr: fe80::42:acff:fe10:100/64 Scope:Link
        UP BROADCAST RUNNING MULTICAST MTU:1500 Metric:1
        RX packets:8854 errors:0 dropped:0 overruns:0 frame:0
        TX packets:6398 errors:0 dropped:0 overruns:0 carrier:0
        collisions:0 txqueuelen:0
        RX bytes:24287590 (24.2 MB) TX bytes:428387 (428.3 KB)

lo      Link encap:Local Loopback
        inet addr:127.0.0.1 Mask:255.0.0.0
        inet6 addr: ::1/128 Scope:Host
        UP LOOPBACK RUNNING MTU:65536 Metric:1
        RX packets:46 errors:0 dropped:0 overruns:0 frame:0
        TX packets:46 errors:0 dropped:0 overruns:0 carrier:0
        collisions:0 txqueuelen:1
        RX bytes:3982 (3.9 KB) TX bytes:3982 (3.9 KB)
```

删除网络时需要所有容器已经与当前网络断开连接。

```
# 如果仍有连接
[root@ localhost ~]# docker network rm test_net
Error response from daemon: network test_net has active endpoints
[root@ localhost ~]# docker network rm test_net
```

□ 多机组网

Docker 多机组网是用通道技术实现,比如官方提供的 OverlayFS 以及第三方的 weave、OpenvSwitch（GRE/ Geneve/ VXLAN/ ...）、pipeworks、flannel（rudder）等 网络插件（Kubernetes、Mesos 的集群管理方案中可使用其单独实现的网络驱动或者是已有的网络插件）。笔者接下来将以第三方插件 weave 示例如何进行多机组网。

Weave 将会在主机中分别创建网桥,每个容器通过"weave run"提供的 IP 地址和掩码连接到网络,也就是连接到 weave 容器提供的 weave router。Weave router 使用 pcap 工具拦截所有通过它的流量,然后建立自己的端到端路由表进行转发。

在主机 192.168.0.30 中下载并建立 weave router。

```
# 下载 weave
[root@ localhost ~]# wget https://github.com/zettio/weave/releases/download/
latest_release/weave -O /usr/local/bin/weave
[root@ localhost ~]# chmod +x /usr/local/bin/weave
# 启动 weave router
[root@ localhost ~]# weave launch
Unable to find image 'weaveworks/weaveexec:1.4.6' locally
1.4.6: Pulling from weaveworks/weaveexec
...
Digest:
sha256:d848032f3879d5df29b9f079420c57342dbfedf0bef99fcd07b91dc7042f87c5
Status: Downloaded newer image for weaveworks/weaveexec:1.4.6
Unable to find image 'weaveworks/weave:1.4.6' locally
1.4.6: Pulling from weaveworks/weave
...
Digest:
sha256:5b248bb1e159acdc4df57d1a29c53a36f848cf82ca5b5327cffe9d5caf6d3284
Status: Downloaded newer image for weaveworks/weave:1.4.6
Unable to find image 'weaveworks/plugin:1.4.6' locally
1.4.6: Pulling from weaveworks/plugin
...
Digest:
sha256:c46c830e33c04cadebcd09d4c89faf5a0f1ccb46b4d8cfc4d72900e401869c7a
Status: Downloaded newer image for weaveworks/plugin:1.4.6
```

启动后,使用如下命令创建 IP 为 10.10.10.1 的容器,然后连接到容器终端。

```
[root@ localhost ~]# weave run 10.10.10.1/24 -it Ubuntu:15.04 /bin/bash
58dcfbb4d4c0645366defd127ff58e2adcb7f105ad6ee455faa4e844d4e1f018
[root@ localhost ~]# docker attach 58dcfbb4d4c0
root@ 58dcfbb4d4c0:/# ifconfig
eth0    Link encap:Ethernet HWaddr 02:42:ac:11:00:02
        inet addr:172.17.0.2 Bcast:0.0.0.0 Mask:255.255.0.0
        inet6 addr: fe80::42:acff:fe11:2/64 Scope:Link
        UP BROADCAST RUNNING MULTICAST MTU:1500 Metric:1
        RX packets:16 errors:0 dropped:0 overruns:0 frame:0
        TX packets:8 errors:0 dropped:0 overruns:0 carrier:0
        collisions:0 txqueuelen:0
        RX bytes:2090 (2.0 KB) TX bytes:648 (648.0 B)

ethwe   Link encap:Ethernet HWaddr 82:e6:e4:9e:36:0c
        inet addr:10.10.10.1 Bcast:0.0.0.0 Mask:255.255.255.0
        inet6 addr: fe80::80e6:e4ff:fe9e:360c/64 Scope:Link
        UP BROADCAST RUNNING MULTICAST MTU:1410 Metric:1
```

```
          RX packets:16 errors:0 dropped:0 overruns:0 frame:0
          TX packets:9 errors:0 dropped:0 overruns:0 carrier:0
          collisions:0 txqueuelen:1000
          RX bytes:2090 (2.0 KB) TX bytes:690 (690.0 B)

lo        Link encap:Local Loopback
          inet addr:127.0.0.1 Mask:255.0.0.0
          inet6 addr: ::1/128 Scope:Host
          UP LOOPBACK RUNNING MTU:65536 Metric:1
          RX packets:0 errors:0 dropped:0 overruns:0 frame:0
          TX packets:0 errors:0 dropped:0 overruns:0 carrier:0
          collisions:0 txqueuelen:1
          RX bytes:0 (0.0 B) TX bytes:0 (0.0 B)
```

可以看出多了一个 ethwe 的网络连接。此时在另一个节点 192.168.0.31 中同样下载 weave 到可执行目录中，执行命令形似"weave connect 192.168.0.30"连接到 weave router，然后启动 IP 为 10.10.10.2 的容器。

```
[root@ localhost ~]# weave run 10.10.10.2/24 -it Ubuntu:15.04 /bin/bash
18029f5d7c674844f7e3096caa4ba33a247c7849f720177d31035395a6ba9068
```

然后这两个容器便可以互访了。

```
root@ 58dcfbb4d4c0:/# ping 10.10.10.2
PING 10.10.10.2 (10.10.10.2) 56(84) bytes of data.
64 bytes from 10.10.10.2: icmp_seq=1 ttl=64 time=2.09 ms
64 bytes from 10.10.10.2: icmp_seq=2 ttl=64 time=0.669 ms
℃
--- 10.10.10.2 ping statistics ---
2 packets transmitted, 2 received, 0% packet loss, time 1001ms
rtt min/avg/max/mdev = 0.669/1.383/2.098/0.715 ms
```

4. Dockerfile

Dockerfile 是包含了一系列自动创建镜像命令的脚本，我们可以使用"docker build"命令创建镜像，它是编排服务 Compose 的基础之一，某种意义上相当于 Makefile。对 Linux 发行版较为熟悉的读者也可以使用 debootstrap 或者 yum/mkimage 命令构建自己的根文件系统，然后将其打包成 Docker 镜像，具体步骤可参考 https://docs.docker.com/engine/userguide/eng-image/baseimages。

Dockerfile 主要是由各种命令与环境变量组成，由于篇幅所限笔者只列出各命令的使用注意事项如表 5-3，详细格式参考 https://docs.docker.com/engine/reference/builder。

表 5 - 3 Dockerfile 字段与含义

字　段	含　义
MAINTAINER	指定镜像作者
FROM	指定镜像来源,参数格式为"镜像［:标签］｜［@镜像哈希］",如果镜像在本地不存在则会从 registry 中获取
RUN	镜像构建命令,默认的 shell 执行解释器为/bin/sh,具有 $ HOME、$ PWD 等环境变量。如果它与 ENTRYPOINT 共同使用,则需要与后者保持一致,即使用 JSON 格式编写
CMD	与 RUN 类似,但默认环境变量为空,并且一个 Dockerfile 中只能存在一个 CMD,存在多个的话只有最后一个被执行
LABEL	用于标记镜像的额外自定义属性,比如 version、description 等,可在使用命令"docker inspect"的输出中查看
EXPOSE	容器运行时可开放的服务端口,一般在"docker run"命令中使用-P 或者-p 参数可以指定
ENV	设置"docker run --env"时容器内的环境变量,可用"RUN MyCat＝Xiaobei cmd…"指定单行命令的环境变量。它与 ARG 命令的不同点事前者用于容器运行,后者用于构建镜像
ADD、COPY	从指定目录下载或者拷贝文件至镜像中,支持通配符。需要注意的是使用 ADD 从远程获取文件时,默认保存权限为 600;拷贝文件的目的目录一定要以"/"结尾;构建时如果来源为文件(docker build - < somefile),此时由于缺乏构建上下文会导致 ADD、COPY 命令失败;可以在构建目录中添加". dockerignore"以忽略部分文件
ENTRYPOINT	指定从此镜像启动容器后执行的命令,为 JSON 格式
VOLUME	镜像中额外创建的目录,VOLUME 命令之前的目录改变都会生效,其后的则不会被保存
USER	从镜像启动的容器运行用户名
ARG	Dockerfile 的参数选项,可以在构建时指定,形如"docker build --build-arg user＝what_user Dockerfile"。Docker 也提供了一些预定义参数,比如 http_proxy、ftp_proxy 等构建镜像时的网络代理
WORKDIR	指定 RUN、CMD、ENTRYPOINT、COPY、ADD 命令的工作路径
ONBUILD	构建镜像时的钩子命令,在 FROM 命令后执行。它一般用于镜像内容需要即时生成的场景,比如"ONBUILD ADD/usr/share/app/src /app/src"、"ONBUILD RUN /usr/bin/python-build --dir /app/src"。
STOPSIGNAL	从此镜像生成的容器接受的停止信号,比如 9、15 或者 SIGKILL、SIGTERM 等

　　一般我们在编写 Dockerfile 时,会尽量减少最终镜像的存储大小。常用的做法有包括添加清理临时文件命令、在主机中编译应用程序再拷贝至镜像、重用镜像,以及更加激进的存储层压缩(docker export container_id ｜ docker import - sample:flat)等。

5. Registry

Registry 用于保存和分发镜像,它也是我们使用 Docker 构建私有云时的一个重要功能特性。Docker Registry 有很多的实现方法,比较常用的是使用 registry 容器,读者也可以使用"pip install docker-registry"安装 docker-registry,然后使用 gunicorn 构建自己的 registry 服务。接下来笔者以 registry 容器为例介绍如何组建自己的 registry 服务。

首先运行 registry 容器,并将服务端口 5000 暴露至主机 192.168.0.30 的 5000 端口,如下所示。

```
[root@ localhost ~]# docker run -d -p 5000:5000 registry:2
7436b42e16646f12bb67353c32451815447303903f760e187085d0920bed0411
```

接下来,将本地镜像打标签后 push 到 registry 容器中。

```
[root@ localhost ~]# docker tag Ubuntu:15.04 192.168.0.30:5000/Ubuntu:15.04
[root@ localhost ~]# docker push 192.168.0.30:5000/Ubuntu:15.04
The push refers to a repository [192.168.0.30:5000/Ubuntu]
140359a2be65: Pushed
5f70bf18a086: Pushed
ed58a6b8d8d6: Pushed
84cc3d400b0d: Pushed
3cbe18655eb6: Pushed
15.04: digest:
sha256:        c276616ea26e036d67111a94b0bc812e1c16412bb68d032800edbf848b5b4d32
size: 1339
```

这样便完成了最简单的本地 registry 操作了。

需要注意的是,上述过程中忽略了 docker 的证书验证,因为笔者已提前在 docker daemon 的启动参数中添加了"--insecure-registry 192.168.0.30",否则会提示拒绝连接的错误。

如果读者需要使用自建证书或者公共可信证书,可以参考如下过程。

```
# 如果没有 DNS 服务器的话需要修改 hosts 文件,其他 Docker 客户端主机也如此。
[root@ localhost ~]# echo 192.168.0.30 docker.example.com docker > /etc/hosts
[root@ localhost ~]# hostname docker.example.com

# 创建证书目录。
[root@ localhost ~]# cd my_cert/
# 创建自签名证书,除了 Common Name 填入主机名外,其他的都可以使用默认参数(留空)。
# 生成的 domain.crt 需要与其他客户端共享,并且拷贝至客户端的对应 registry 证书目录中,形似"/
etc/docker/certs.d/docker.example.com:5000",而 domain.key 用于 registry 容器的 HTTP 服
务,需要用户保管。如果使用的是公信证书,则不需要这一步。
[root@ localhost ~]# openssl req -newkey rsa:4096 -nodes -sha256 -keyout my_cert/
domain.key -x509 -days 3650 -out my_cert/domain.crt
```

```
Generating a 4096 bit RSA private key
.......................................................++
...............................++
writing new private key to'my_cert/domain.key'
-----
You are about to be asked to enter information that will be incorporated
into your certificate request.
What you are about to enter is what is called a Distinguished Name or a DN.
There are quite a few fields but you can leave some blank
For some fields there will be a default value,
If you enter'', the field will be left blank.
-----
Country Name (2 letter code) [XX]:
State or Province Name (full name) []:
Locality Name (eg, city) [Default City]:
Organization Name (eg, company) [Default Company Ltd]:
Organizational Unit Name (eg, section) []:
Common Name (eg, your name or your server's hostname) []:docker.example.com
Email Address []:
```

运行 docker registry 的主机和客户端都需要 ca.crt。

```
[root@ localhost ~]# mkdir -p /etc/docker/certs.d/docker.example.com:5000
```

可以使用 scp 之类的工具将 domain.crt 拷贝至客户端。

```
[root@ localhost ~]# cp my_cert/domain.crt
/etc/docker/certs.d/docker.example.com\:5000/ca.crt
```

运行主机,并通过数据卷将证书传递至容器 registry 中,指定证书参数,并使用"--restart=yes"保证容器重启后设置依然有效。

```
[root@ localhost ~]# docker run -d -p 5000:5000 -v $(pwd)/my_cert:/certs -e REGISTRY
_HTTP_TLS_CERTIFICATE=/certs/domain.crt -e REGISTRY_HTTP_TLS_KEY=
/certs/domain.key --restart=always --name registry registry:2
c1b5470cc254215e19d99af4da0ce8341214d040ca234e1b07d5e02f45926ef2
```

将 Ubuntu:15.04 标记为自建 registry 的镜像并上传。

```
[root@ localhost ~]# docker tag Ubuntu:15.04 docker.example.com:5000/Ubuntu
:15.04
[root@ localhost ~]# docker push docker.example.com:5000/Ubuntu:15.04
The push refers to a repository [docker.example.com:5000/Ubuntu]
140359a2be65: Pushed
5f70bf18a086: Pushed
ed58a6b8d8d6: Pushed
84cc3d400b0d: Pushed
3cbe18655eb6: Pushed
15.04: digest:
sha256:c276616ea26e036d67111a94b0bc812e1c16412bb68d032800edbf848b5b4d32 size: 1339
```

读者可能已经察觉到,这样的 registry 容器被 kill 掉以后便丢失了所有的镜像,因而我们便需要一个相对长期存储当做 registry 的镜像目录。

Registry 容器的镜像存储路径默认为/var/lib/registry/ ,我们可以使用数据卷将客户端或者主机目录挂载至其路径下,比如"docker run -d -p -v /docker_registry:/var/lib/registry -restart=always -name registry registry:2"即将本地的/docker_registry 目录用作 registry 镜像存储。

如果我们需要用户登录 registry 才能使用,可以使用 htpasswd 作为用户认证。

```
# 添加用户与密码
[root@ localhost ~]# mkdir auth
[root@ localhost ~]# docker run --rm --entrypoint htpasswd registry:2 -Bbn testuser
password >> auth/htpasswd
# 启动 registry 容器,附加环境变量与存储镜像的数据卷
[root@ localhost ~]# docker run -d -p 5000:5000 --restart=always \
-v $(pwd)/auth:/auth \
-e "REGISTRY_AUTH=htpasswd" \
-e "REGISTRY_AUTH_HTPASSWD_REALM=Registry Authentication" \
-e REGISTRY_AUTH_HTPASSWD_PATH=/auth/htpasswd \
-v $(pwd)/my_cert:/certs \
-e REGISTRY_HTTP_TLS_CERTIFICATE=/certs/domain.crt \
-e REGISTRY_HTTP_TLS_KEY=/certs/domain.key \
-v /docker_registry:/var/lib/registry \
--name registry registry:2
# 登录
[root@ localhost ~]# docker login docker.example.com:5000
Username: testuser
Password:
Login Succeeded
```

既然它是一个基于 HTTP 协议的实现,那么就很容易地进行各种负载均衡的措施,可参考第 10 章相关内容。

6. Docker API

Docker daemon 提供的 API 是 Docker 客户端与其进行通信的基础,其整体设计倾向于 REST 风格,其服务监听形式以 TCP 端口和 UNIX 套接字为主。Docker API 的访问使用 JSON 格式,这一点非常有利于它与其他应用的集成,关于 JSON 的详细参数可参考 https://docs.docker.com/engine/reference/api/docker_remote_api/ 。

Docker API 的适用对象不仅在容器与镜像的整个生命周期,还包括数据卷、网络以及 docker daemon 服务进程本身(比如检查主机、监视事件)。

以运行镜像为 Ubuntu:15.04 的容器为例,我们需要将其分解为"创建镜像-运行镜像"两个步骤,如下所示。

```
# 创建容器,POST
[root@ localhost ~ ] # curl --unix-socket /var/run/docker.sock -X POST http:/
containers/create -H'Content-Type: application/json'-d'{ "Image":"Ubuntu:15.04"}'
# 返回容器 ID
{"Id":"eab95e481c94c958806cb5f5813b9410d9f81fe02b8ff156d6c18193299e3e1b","Warnings":
null}
[root@ localhost ~]# docker ps -a
CONTAINER ID         IMAGE            COMMAND              CREATED
STATUS               PORTS            NAMES
eab95e481c94         Ubuntu:15.04     "/bin/bash"          4 seconds ago
Created                               reverent_mahavira
lonely_noyce

# 运行容器
[root@ localhost ~]# curl --unix-socket /var/run/docker.sock -X POST
http:/containers/eab95e481c94c958806cb5f5813b9410d9f81fe02b8ff156d6c18193299e3e1b/start
# 顺利运行并退出
[root@ localhost ~]# docker ps -a
CONTAINER ID         IMAGE            COMMAND              CREATED
STATUS               PORTS            NAMES
eab95e481c94         Ubuntu:15.04     "/bin/bash"          About a minute
ago Exited (0) 3 seconds ago                              reverent_mahavira
```

　　除了直接使用 REST API 操作 Docker 外,我们也可以使用封装了各种 API 的 docker-py,详细用法请参考 http://docker-py. readthedocs. org/ ,以下操作是删除我们上文创建的容器示例。

```
[root@ localhost ~]# pip install docker-py
[root@ localhost ~]# ipython
Python 2.7.10 (default, Sep 8 2015, 17:20:17)
Type "copyright", "credits" or "license" for more information.
IPython 4.1.2 -- An enhanced Interactive Python.
?           -> Introduction and overview of IPython's features.
% quickref -> Quick reference.
help        -> Python's own help system.
object?     -> Details about 'object', use 'object??' for extra details

In [1]: from docker import Client
In [2]: docker_client = Client(base_url='unix://var/run/docker.sock')
In [3]: docker_client.containers(quiet=True,all=True)
Out[3]:
[{'Id':
u'eab95e481c94c958806cb5f5813b9410d9f81fe02b8ff156d6c18193299e3e1b'}]
In [4]: docker_client.remove_container("eab95e481c94")
```

5.2.3　周边工具

Docker 公司官方与社区也提供了诸多工具来提升了 docker 的易用性、可移植性、可扩展性等,方便用户使用的同时,也稳固了自己的生态圈,目前这些工具的关系如图 5-7 所示。由于篇幅所限,本节仅对主流工具作简单介绍,其他工具诸如 docker 的 Web 管理、第三方插件等请读者查阅官方和相关社区网站。

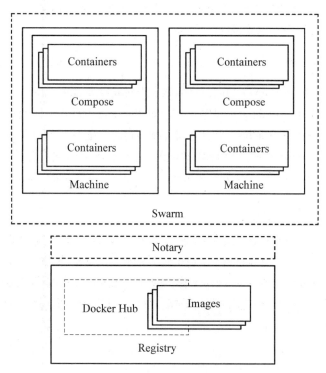

图 5-7　Docker 工具简要关系图

1. Docker Machine

Docker Machine 的设计初衷是为了方便 Docker 的部署流程,将不同操作系统的 docker daemon 安装差异简化到参数可随时变更的虚拟机中。它需要主机提供虚拟化服务(默认为 VirtualBox)以支撑其 boot2docker 虚拟机,或者 AWS、Digital Ocean 的预配置虚拟机实例,然后本地 Docker 客户端连接到虚拟机的服务端口(默认为 https://VM_IP:2376)通信为用户提供服务。**Docker Machine 与 Docker Engine 的区别是前者仅仅是为了提供 docker daemon 服务端虚拟机,后者是提供了客户端与服务端一体化的程序。**除了单机服务,它也提供了 Docker Swarm 的相关命令,以方便用户组建 docker 集群。

2. Kitematic

Kitematic 是一种 Native UI 的 docker 管理器,它提供了简单容器、镜像管理入口,支持在界面中直接控制容器的生命周期与服务配置(端口、数据卷等)。笔者在成文时,它尚处于 alpha 版本,功能、稳定性仍待加强。

3. Docker Compose

Docker Compose 是按照预定脚本组合容器提供服务的自动编排程序,某种意义上讲它和 Maven、Ant 等项目管理软件颇为类似。对于依赖较多的复杂应用,我们首先将所需镜像按照 Dockerfile 进行构建,然后在 YAML 或者 JSON 格式的脚本文件(比如 docker-compose. yml)中定义镜像的构建(docker build)参数、依赖容器等,最后通过 docker-compose 命令同时启动多个容器提供应用服务。

4. Docker Toolbox

Docker Toolbox 是将 Docker Engine、Docker Machine、Docker Compose、Kitematic、Git(可选)、VirtualBox 打包在一起的应用程序,以方便 Windows、OS X 用户使用 docker。它会安装 VirtualBox 作为 Docker Machine 的虚拟化后端,同时会安装设置了相应环境变量的终端 Docker Terminal(Windows 平台下会使用 MingW 最小系统中的预编译程序以扩展 cmd. exe 命令行环境,比如 bash、vi 等),从而在非 Linux 平台中提供完整的 Docker 运行环境。

5. Docker Swarm

Docker Swarm 是 Docker 公司提供的原生集群工具,原生即意味着它可以利用 Docker API 的最新特性,从而可以与 Docker Compose、Docker Machine 等工具进行贴合非常紧密的组合。它可以将 Etcd/ Consul/ ZooKeeper 作为服务发现后端,并结合自身丰富的调度策略帮助用户实现应用的 SLA(比如高可用、负载均衡)。本书成文时,Docker Swarm 的功能已经与 Kubernetes 相当。

5.3 安全隐患与对应措施

Docker 的安全隐患主要集中在三个方面,分别是内核、服务进程和镜像。

□ 内核空间隔离与控制不完善

如何有效地禁止容器访问主机或者其他容器的系统文件在生产环境中非常重要,而这点主要与内核 namespace、cgroup 成熟度以及 docker 本身实现有关。

namespace 至早在 2008 年就开始在生产环境中使用,并被各种容器实现集成,比如 OpenVZ、LXC 等;cgroup 也在 2006 年就被推广,在各种企业环境应用中也被广泛使用。但这并不代表它们已经是完善的了,尤其在 OpenSSL 爆出 HeartBleed 漏洞之后,企业在开源软件的使用上更加谨慎。

Docker 作为用户空间程序,其实现主要依靠前两者,这也就将安全问题一定程度上转移至内核实现和用户使用了。比如,namespace 中并没有隔离全部子文件系统,主机的中断、总线、内核模块子文件系统包括/ sys、/ proc/ {sys,irq, sysrq-trigger, bus} 等仍暴露于容器中,这样就留下了潜在的安全威胁。在 cgroup 隔离问题上,需要用户具有一定的经验对容器的资源使用进行仔细划分,否则也极易影响其他容器进程中应用的健康。

□　Docker daemon 进程(Docker 主机)服务易被攻击或恶意使用

目前运行 docker daemon 进程需要 root 权限,由于它同时提供 REST API 给用户,这就需要服务端在接收客户端请求时需要仔细检查传入的参数。Docker 的早期版本(0.5.2 之前),它的服务进程在 127.0.0.1 的 TCP 端口监听(目前 Windows 中的 Docker 服务端仍然在 tcp://IP:port 上监听),这一定程度上引入了第三方攻击的风险。其后的版本默认使用了 UNIX 套接字提供服务,则能够有效阻止此类攻击。

为了减少此类风险,我们一般对 docker daemon 提供的 API 进行封装,比如将客户端请求先交由代理程序处理,再转发至在本地 UNIX 套接字监听的 Docker daemon 服务端,同时在代理程序中实现请求的排队、审核等“缓冲”策略。**这样的实现已经被虚拟化服务证实是有效可行的,在容器服务中具有一定参考意义。**

□　Docker Registry 镜像缺乏可信验证

由于 Docker Hub 是一个公有镜像库,所以当我们从其中下载镜像时要留心某些“恶意”镜像。Docker 很早便意识到了这点,所以他们提供了 Docker Notary 和 Docker Trusted Registry(DTR)分别用于镜像签名、发布、存储过程中的安全保证。当然,此类安全问题在私有云环境中有时难以避免,读者可以在实际使用时建立适当的镜像管理制度予以防范和溯源,尽量减少“恶意”镜像的存在。

第 6 章　私有云网络基础

凡是书中提到网络，读者可能立即回忆起 OSI 网络模型然后和一系列的"常识"内容。本章尽量减少网络基础知识的结束，尽可能地向读者展示常用虚拟网络的组建，以能将其快速用于工作或学习中。

本章将首先列举出常用网络关键字，方便知识回忆。然后介绍虚拟化经典组网以及 SDN 的重要工具——OpenFlow 控制协议、OpenvSwitch 虚拟交换，以及经典开源控制器 FloodLight。

还有一些比较实用的网络技术比如 Multipath TCP（多路径 TCP 连接）、DPDK（Intel 开发的数据网络包处理库）等，它们在私有云中也有一定应用场景，但由于篇幅所限笔者将不作过多介绍，读者可以参考其官网的相关案例进行学习。

另外，关于网络基础知识的介绍笔者推荐 W. Richard Stevens 的《TCP/IP Illustrated Vol. 1》，以及 Andrew S. Tanenbaum 的《Computer Networks（5th Edition）》，后者对现在大多数计算机网络都有生动且详尽的解释。

6.1　网络模型关键字

本章主要用到的网络模型关键字有 Bridge、IP Forward、GRE、Route、NAT、TAP、TUN、VEPA、VLAN、VXLAN，它们是构建私有云基础网络的重要元素。

1. NAT

对于 NAT（Network Address Translation，网络地址转译）网络，我们或许并不陌生。一般家庭路由器接入网络提供商（ISP）时，路由器会获得一个公网 IP（现在二级宽带提供商会提供他们的服务内网 IP），局域网电脑接入路由器后获得家庭内网 IP，用户即是通过 NAT 来访问互联网的。

NAT 的原理即是在客户端发出的 IP 封包到达 NAT 网关后，其中的源 IP 地址会被替换为网关 IP（这个过程叫做 SNAT，源 IP 和端口会被记录）再继续发送至外部服务器，当服务器

返回 IP 封包到 NAT 网关后,其中的目的地址变更为客户端 IP(这个过程叫 DNAT,它会利用
SNAT 记录的 IP 与端口信息)再传递回客户端,外部地址一般不能直接访问 NAT 后端的地址
(需要在 NAT 网关打开端口映射),其基本过程如图 6－1 所示。如果图中的请求是从外网客户
端发起,内网服务器作响应,经过 DNAT 和 SNAT 之后返回,就是我们常说的端口映射了。

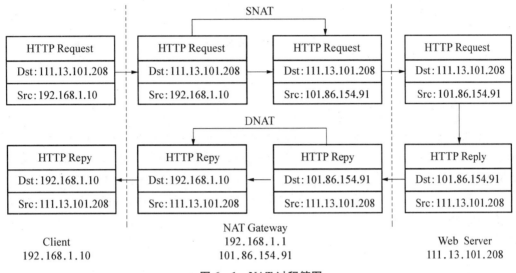

图 6－1　NAT 过程简图

2. IP Forwarding

IP Fowarding 是路由技术的基础,提供网络服务的主机中通常都需要启用此功能。IP
包被传递后需要配合防火墙的 NAT 规则到达路由,然后根据路由表决定转发路径,其作用
位置如图 6－2 所示。

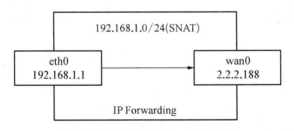

图 6－2　IP Forwarding 作用位置

3. Bridge

Bridge 一般译作网桥,属于 OSI 模型的数据链路层(与之易混淆的 hub 属于物理层)。
它将多个原本隔离的网络的数据链路连接起来形成一个聚合网络,与路由有所不同的是
桥中的所有网络都是互相连通而非隔离的,其基本结构如图 6－3 所示。

它的实现主要有四种形式,包括 simple bridging、multiport bridging、learning or
transparent bridging 和 source route bridging,但基本思路都是 MAC 学习与报文转发,一般我

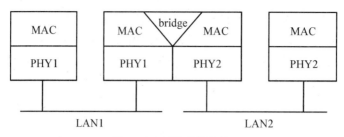

图 6-3　桥接基本结构

们可以将其视为二层交换(switch)。

4. GRE

GRE(Generic Routing Encapsulation,通用路由封装)是由 Cisco 主导开发的一种管道技术标准(RFC 2784),它能够封装网络层的任意协议并将之在网络层进行点对点传输,基本结构如图 6-4 所示。虽然它的功能是封装网络层协议,但是其封装与解封工作主要是在两端进行,所以它更接近传输层。目前其典型应用有 NVGRE(Network Virtualization using GRE)、PPTP VPN、IPSec GRE 等。

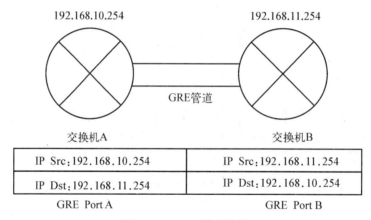

图 6-4　GRE 基本结构

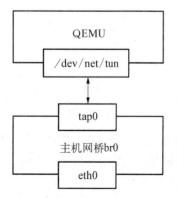

图 6-5　QEMU 的 TAP/TUN
桥接示意图

5. TAP/TUN

TAP/TUN 是由内核实现的虚拟网络设备,它们在 QEMU、OpenVPN 等应用程序中经常成对使用。在 QEMU 的实现中,设备 tap0 作为主机网桥 br0 的桥接口,QEMU 进程会打开主机的/dev/net/tun 设备获得 tap0 的描述符,然后数据包通过此链路进行传输,如图 6-5 所示。

其中,TUN 是 TUNnel(管道)的缩写,它一般是一个用于传递数据包的字符设备;而虚拟 TAP 设备的物理原型(早期用于网络流量的监控,现基本已被淘汰)至少有三个口(进口、出口、监控口),其进口和出口均在工作在混杂(promiscuous)模式的网卡上且具有二层交换功能,所以我们可以将其理解为微型网桥(或者二层交换)。

6. VLAN

VLAN 简言之是将同一局域网从逻辑上划分为多个相互隔离的子网,从而增加局域网的利用率并提高安全性。比如可以将本地局域网按照功能划分为生产环境、网管区域、非军事区、来宾网络等,或者如第二章所述将私有云网络划分为存储网络、显示网络、管理网络、用户网络等。

目前 VLAN 实现标准有 IEEE 802.1q、802.1ad、802.1aj、802.1aq、802.1ar、802.1ak 等。通常所说的 VLAN 可以分别依据网口(物理层)、MAC 地址(数据链路层)、IP 地址(网络层)标记数据帧来进行子网划分(最多 4094 个),其操作二层数据包的格式如图 6-6 所示。

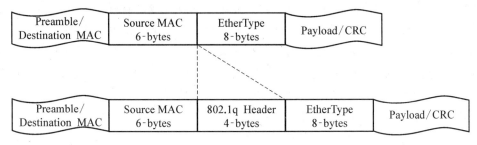

图 6-6　VLAN 数据包格式示意图

7. Q-in-Q

由于标准的 802.1q 可划分的 VLAN 数目有限,并不能满足网络密集型用户的网络需求,就出现了很多 802.1q 的扩展标准,常见的有 RFC 7348(VXLAN)、802.1qbg(VEPA)等。它们都利用了类似 Q-in-Q(802.1ad,即 Stacked VLAN,通常译作 VLAN 堆叠或者 VLAN 嵌套)的技术,在原 802.1q 标签中添加了一段报文头以提供更细的 VLAN 划分,数据包格式如图 6-7 所示。

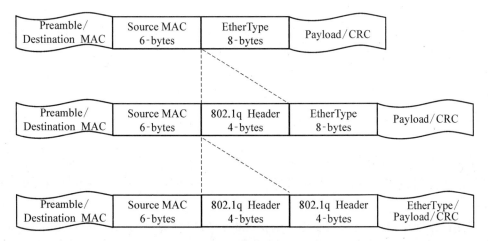

图 6-7　Q-in-Q 数据包格式示意图

8. EVB

EVB（Edge Virtual Bridging，边缘虚拟网桥）是 IEEE 802.1qbg 标准，它定义了 hypervisor 环境中虚拟交换环境与物理链路层之间的交互规则，用以弥补传统物理网络交换拓扑（Top of Rack 与 End of Row）的不足，比如布线复杂、管理分散等。EVB 有 VEPA、VN-Tag 等实现标准，其典型开源实现 OpenvSwitch 将在稍后小节中介绍。

EVB 标准的原型为 VEPA（Virtual Ethernet Port Aggregation，虚拟网络端口汇聚），它有标准和多通道两种工作模式，核心实现为重写的生成树协议（STP）和 Q-in-Q。标准模式的工作流程是将虚拟机的网络数据帧全部通过 VEB（Virtual Ethernet Bridge，虚拟网桥）发送至外部交换，然后借助外部交换传递至目的 MAC 地址主机。如果目的主机与虚拟机在同一 VEB，则由外部交换直接返回至目的主机，此时外部硬件或者软件交换机需要支持此特性以防止返回的数据包被 STP 策略忽略。多通道模式即在前者的基础上添加了标签机制（tagged VLAN），以在 VEB 中达到网络隔离的目的。由于 VEPA 的实现是将虚拟机的数据帧直接传递至外部交换，所以这也会带来一定的带宽损失和延迟问题，使用 SR-IOV 和 Direct Path I/O 等硬件辅助方案能有效解决此类问题，笔者将在本书的实践部分讲解 SR-IOV 的基本使用。Cisco、HP、IBM、Juniper 等公司都先后推出了 VEPA 的相关产品，极大地推动了基础设施中虚拟化网络的建设。

802.1qbh 又称为 VN-Tag，它由 Cisco 提出，现已被废除并由 802.1br（M-Tag）替代，其原理也大致相同。VN-Tag 在数据帧的路径两端和数据帧都打上标签，分别标记由虚拟机网络接口、虚拟交换接口组成的数据通道和数据传递方向。如果外部交换机能够识别 VN-Tag 则数据帧继续传递，从而将设备进行级联。目前符合 VN-Tag 协议标准的只有 Cisco 和 VMWare 的相关产品，其他公司尚未有成型产品推出。

6.2　经典虚拟化网络

较早的虚拟化网络实现以桥接、NAT、VLAN 为主（尤其在 VEPA 出现之前），几乎所有虚拟化软件都支持这三种基本形式的网络。接下来笔者将使用 libvirt/QEMU 组合对这三种网络的使用进行示例。

6.2.1　桥接网络

虚拟化中最常见的桥接网络是将主机的物理网口与虚拟机网口进行桥接，虚拟机网口的流量虽然通过物理网口进入外部网络但地位仍与物理网口相同，基本结构如图 6-8 所示。

使用桥接网络，我们首选需要创建网桥 br0，然后将物理网口 eno16777736（同图 6-8 中的物理网口 eth0）添加至 br0 中。

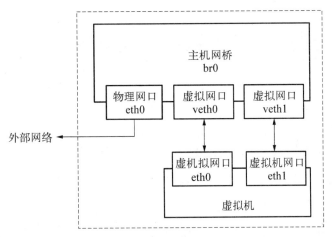

图 6-8 桥接网络示意图

```
# 将 eth0 作为 br0 的桥接接口.
[root@ node1 ~]# cat > /etc/sysconfig/network-scripts/ifcfg-eno16777736 <<EOF
DEVICE=eno16777736
ONBOOT=yes
BRIDGE=br0
NM_CONTROLLED=no
EOF

# 定义网桥 br0
[root@ node1 ~]# cat > /etc/sysconfig/network-scripts/ifcfg-br0 <<EOF
DEVICE=br0
TYPE=Bridge
BOOTPROTO=static
IPADDR=192.168.0.140
NETMASK=255.255.255.0
GATEWAY=192.168.0.1
DNS1=192.168.0.1
ONBOOT=yes
DELAY=0
NM_CONTROLLED=no
EOF

# 重启网络使设置生效
[root@ node1 ~]# service network restart

# 查看网桥信息
[root@ node1 ~]# brctl show
bridge name          bridge id              STP enabled        interfaces
br0                  8000.000c29c93e66      no                 eno16777736
```

在 libvirt 中定义一个桥接网络的配置。

```
# 在 libvirt 中定义此网络,名称为 host-bridge
[root@ node1 ~]# cat > bridge.xml <<EOF
<network>
        <name>host-bridge</name>
        <forward mode ='bridge'/>
        <bridge name ='br0' />
</network>
EOF
[root@ node1 ~]# virsh net-define bridge.xml
Network host-bridge defined from bridge.xml
# 启动此网络,并将其标记为随 libvirt 启动
[root@ node1 ~]# virsh net-start host-bridge
Network host-bridge started
[root@ node1 ~]# virsh net-autostart host-bridge
Network host-bridge marked as autostarted
```

然后在虚拟机的设备段定义中添加如下配置即可。

```
<interface type ='network'>
<source network ='host-bridge'/>
<model type ='rtl8139'/>
</interface>
```

启动虚拟机后,可以查看 br0 桥接的桥接状况。

```
[root@ node1 ~]# brctl show br0
bridge name          bridge id             STP enabled        interfaces
br0                  8000.000c29c93e66     no                 eno16777736
                                                              vnet0
```

其中 br0 上的 vnet0 接口是由 libvirt 自动创建与虚拟机 eth0 相连的虚拟 TAP 设备接口,我们也可通过 ip 命令手动创建,然后在 QEMU 命令中指定使用此接口,如下所示。

```
# 创建 TAP 设备接口,也可使用命令"tunctl - u root - t tap0"
[root@ node1 ~]# ip tuntap add tap0 mode tap
# 将 tap0 加入 br0 中
[root@ node1 ~]# brctl addif br0 tap0
[root@ node1 ~]# brctl show br0
bridge name          bridge id             STP enabled        interfaces
br0                  8000.000c29c93e66     no                 eno16777736
                                                              tap0
# 启动虚拟机测试
[root@ node1 ~]# qemu-system-x86_64 -net nic -net tap,ifname =tap0,script =no - hda
hda.qcow2
```

6.2.2 NAT 网络

NAT 网络普遍存在于我们身边,比如现代家庭网络、手机 3/4G 网络等,它是局域网组网的主要形式之一。在私有云的虚拟化和容器服务中,它也是最为基础的网络形式,在 libvirt/QEMU 组合中的默认结构如图 6-9。

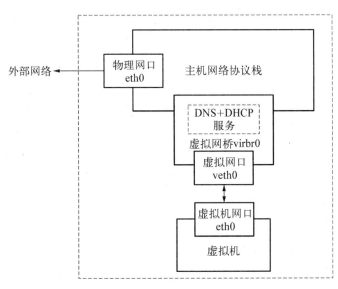

图 6-9 NAT 网络示意图

为了在 libvirt 中使用 NAT 网络,我们首先需要在 libvirt 中定义一个名为 default 的 NAT 网络的配置。

```
[root@ node1 ~]# cat > default-nat.xml <<EOF
<network>
<name>default-nat</name>
  <forward mode='nat'/>
  <bridge name='virbr0' stp='on' delay='0'/>
  <ip address='192.168.122.1' netmask='255.255.255.0'>
    <dhcp>
      <range start='192.168.122.2' end='192.168.122.254'/>
    </dhcp>
  </ip>
</network>
[root@ node1 ~]# virsh net-define default-nat.xml
[root@ node1 ~]# virsh net-start default-nat
[root@ node1 ~]# virsh net-autostart default-nat
```

定义并启动之后,libvirt 会创建虚拟网桥 virbr0、添加 NAT 规则并在虚拟网桥上启动 DHCP 服务。添加的 NAT 规则(SNAT 或者 MASQUERADE 皆可,主要区别是前者在 SNAT

期间内核将一直记录连接信息，网口关闭后连接虽然失效但信息仍然存在，当接口重启后连接继续生效；而后者的连接信息将随着网口的关闭而丢失，除非虚拟机再次发起连接）会将来自 virbr0 的流量传递至物理网口 eth0，DHCP 服务则由轻量级的 dnsmasq 提供，如下所示。

```
[root@ node1 ~]# brctl show virbr0
bridge name           bridge id             STP enabled           interfaces
virbr0                8000.52540026be99     yes                   virbr0-nic
# 查看防火墙 NAT 规则
[root@ node1 ~]# iptables -L
Chain INPUT (policy ACCEPT)
target      prot opt source            destination
ACCEPT      udp -- anywhere            anywhere              udp dpt:domain
ACCEPT      tcp -- anywhere            anywhere              tcp dpt:domain
ACCEPT      udp -- anywhere            anywhere              udp dpt:bootps
ACCEPT      tcp -- anywhere            anywhere              tcp dpt:bootps


Chain FORWARD (policy ACCEPT)
target      prot opt source            destination
ACCEPT      all -- anywhere            192.168.122.0/24      ctstate
RELATED,ESTABLISHED
ACCEPT      all -- 192.168.122.0/24    anywhere
ACCEPT      all -- anywhere            anywhere
REJECT      all -- anywhere            anywhere              reject-with
icmp-port-unreachable
REJECT      all -- anywhere            anywhere              reject-with
icmp-port-unreachable


Chain OUTPUT (policy ACCEPT)
target      prot opt source            destination
ACCEPT      udp -- anywhere            anywhere              udp dpt:bootpc
# 查看 dnsmasq 配置
[root@ node1 ~]# cat /var/lib/libvirt/dnsmasq/default-nat.conf
# WARNING: THIS IS AN AUTO-GENERATED FILE. CHANGES TO IT ARE LIKELY TO BE
# OVERWRITTEN AND LOST. Changes to this configuration should be made using:
#    virsh net-edit default
# or other application using the libvirt API.
#
# dnsmasq conf file created by libvirt
strict-order
pid-file=/var/run/libvirt/network/default-nat.pid
except-interface=lo
bind-dynamic
interface=virbr0
```

```
dhcp-range=192.168.122.2,192.168.122.254
dhcp-no-override
dhcp-lease-max=253
dhcp-hostsfile=/var/lib/libvirt/dnsmasq/default-nat.hostsfile
addn-hosts=/var/lib/libvirt/dnsmasq/default-nat.addnhosts
```

然后在虚拟机设备段中添加如下定义,即可通过 DHCP 获得地址并以 NAT 方式访问外部网络。

```
<interface type='network'>
<source network='default-nat'/>
<model type='rtl8139'/>
</interface>
```

> **相关链接**
>
> ### 几种 forward mode 的区别
>
> 目前 libvirt 网络定义中的 forward mode 有 8 种模式可选,分别是"passthrough""hostdev""vepa""private""bridge""nat""route""isolated",读者常用且可能容易混淆的是后三者。"nat"和"route"模式都需要防火墙规则定义流量路径,其区别是当虚拟机与外部通信时,前者的 IP 封包会进行 SNAT 和 DNAT 处理,后者则没有;"isolated"模式中的虚拟机只能互相访问。
>
> 资料来源:https://wiki.libvirt.org/page/Virtual Networking

6.2.3　VLAN 网络

QEMU 虚拟机的 802.1q VLAN 网络有两种模式,即 Access 模式与 Trunk 模式(这是通俗说法,实际是主机网口流量 untagged 与 tagged 的区别,与交换机的 Access、Trunk 定义有略微差异)。使用 Access 模式需要在主机中将指定的 tagged VLAN 接口(比如 eth0.123)加入对应网桥,虚拟机的数据包将在流入/流出网桥时被添加/剥离标签;Trunk 模式下的物理接口(比如 eth0)将直接加入至网桥,虚拟机在其网口上主动添加/剥离 VLAN 标签才能与外部通信。某些发行版内核可能不支持 QEMU 虚拟机的 Trunk 模式,一般需要借助 ebtables 工具将二层帧进入 broute 时将其进行路由处理(routing)而不是桥接处理(bridging)(命令形如"ebtables -t broute -A BROUTING -i enp3s0 -p 802_1Q -j DROP")。

接下来笔者用 libvirt/QEMU 进行示例,主机的物理网口 enp3s0 与交换机上的 Hybrid 接口相连,它属于 untagged VLAN 1 以及 tagged VLAN 10、11。

1. Access 模式

Access 模式在交换机中表示为只允许 untagged 流量通过的网口模式,在 libvirt 中它表示为与虚拟机网口相连的网桥是 Access 模式。此时我们需要在主机中创建三个网桥 br1、br10、br11,同时物理网口 enp3s0 及其 VLAN 子网口 enp3s0. 10、enp3s0. 11 分别加入到这三个网桥中,虚线部分的右侧网桥是 untagged 流量,然后流向左侧主机时被添加标签成为 tagged 流量,反之亦然,如图 6 - 10 所示。

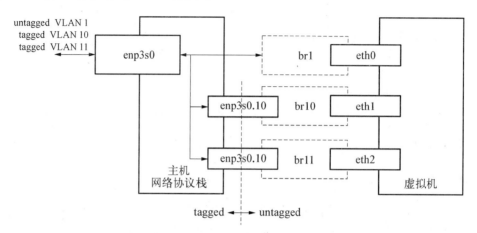

图 6 - 10　Access 模式虚拟机流量路径

创建三个网桥并将对应的 VLAN 子接口分别加入其中。

```
# 定义 enp3s0 及其 VLAN 子接口 enp3s0.10、enp3s0.11
[root@ node1 ~]# cat > /etc/sysconfig/network-scripts/ifcfg-enp3s0 <<EOF
DEVICE=enp3s0
ONBOOT=yes
BRIDGE=br1
NM_CONTROLLED=no
EOF
[root@ node1 ~]# cat > /etc/sysconfig/network-scripts/ifcfg-enp3s0.10 <<EOF
DEVICE=enp3s0.10
ONBOOT=yes
BRIDGE=br110
VLAN=yes
NM_CONTROLLED=no
EOF
[root@ node1 ~]# cat > /etc/sysconfig/network-scripts/ifcfg-enp3s0.11 <<EOF
DEVICE=enp3s0.11
ONBOOT=yes
BRIDGE=br11
VLAN=yes
NM_CONTROLLED=no
EOF

# 定义网桥 br1、br10、br11
```

```
[root@ node1 ~]# cat > /etc/sysconfig/network-scripts/ifcfg-br1 <<EOF
DEVICE=br1
TYPE=Bridge
BOOTPROTO=static
IPADDR=192.168.0.141
NETMASK=255.255.255.0
GATEWAY=192.168.0.1
DNS1=192.168.0.1
ONBOOT=yes
DELAY=0
NM_CONTROLLED=no
EOF
[root@ node1 ~]# cat > /etc/sysconfig/network-scripts/ifcfg-br10 <<EOF
DEVICE=br10
TYPE=Bridge
BOOTPROTO=static
IPADDR=172.20.10.141
NETMASK=255.255.255.0
GATEWAY=172.20.10.254
ONBOOT=yes
DELAY=0
NM_CONTROLLED=no
EOF
[root@ node1 ~]# cat > /etc/sysconfig/network-scripts/ifcfg-br11 <<EOF
DEVICE=br11
TYPE=Bridge
BOOTPROTO=static
IPADDR=172.20.11.141
NETMASK=255.255.255.0
GATEWAY=172.20.11.254
ONBOOT=yes
DELAY=0
NM_CONTROLLED=no
EOF
```

然后在 libvirt 中定义 3 个网络。

```
# 在 libvirt 中定义此网络,名称为 host-bridge
[root@ node1 ~]# cat > vlan1.xml <<EOF
<network>
    <name> vlan1</name>
    <forward mode='bridge'/>
    <bridge name='br1' />
</network>
```

```
EOF
[root@ node1 ~]# cat > vlan10.xml <<EOF
<network>
      <name> vlan10</name>
      <forward mode ='bridge'/>
      <bridge name ='br10' />
</network>
EOF
[root@ node1 ~]# cat > vlan11.xml <<EOF
<network>
      <name> vlan11</name>
      <forward mode ='bridge'/>
      <bridge name ='br11' />
</network>
EOF

[root@ node1 ~]# virsh net-define vlan1.xml
Network vlan1 defined from vlan1.xml
[root@ node1 ~]# virsh net-define vlan10.xml
Network host-bridge defined from vlan10.xml
[root@ node1 ~]# virsh net-define vlan11.xml
Network host-bridge defined from vlan11.xml
# 启动网络,并将其标记为随 libvirt 启动
[root@ node1 ~]# virsh net-start vlan1
Network vlan1 started
[root@ node1 ~]# virsh net-start vlan10
Network vlan10 started
[root@ node1 ~]# virsh net-start vlan11
Network vlan11 started
[root@ node1 ~]# virsh net-autostart vlan1
Network vlan1 marked as autostarted
[root@ node1 ~]# virsh net-autostart vlan10
Network vlan10 marked as autostarted
[root@ node1 ~]# virsh net-autostart vlan11
Network vlan11 marked as autostarted
```

　　最后对虚拟机添加如下网络接口定义以访问指定网络,启动后在虚拟机系统内设置对应 VLAN 地址段的网络信息(**不需要添加 VLAN 标签**)即可接入网络。

```
<interface type ='network'>
<source network ='vlan1'/>
<model type ='rtl8139'/>
</interface>
<interface type ='network'>
```

```
<source network='vlan10'/>
<model type='rtl8139'/>
</interface>
<interface type='network'>
<source network='vlan11'/>
<model type='rtl8139'/>
</interface>
```

2. Trunk 模式

Trunk 模式在交换机中表示为只允许 tagged 流量进入的网口,在 libvirt 中它表示为与虚拟机网口相连的网桥是 Trunk 模式。此时我们只需要在主机中创建一个网桥 br0,将物理网口 enp3s0 加入网桥,但需要同时设置 br0 的 VLAN 子接口。虚拟机的三个网口与网桥 br0 相连,虚线部分的左侧网桥中是 tagged 流量,然后流向右侧虚拟机时标签被剥离成为 untagged 流量,反之亦然,如图 6 - 10 所示。

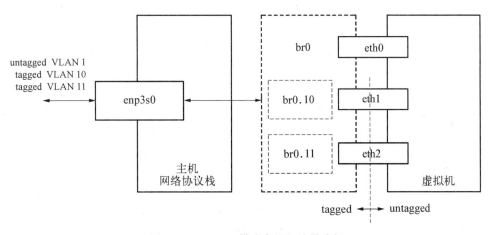

图 6 - 11　Trunk 模式虚拟机流量路径

创建一个网桥 br0,并将物理网口 enp3s0 加入其中。

```
[root@node1 ~]# cat > /etc/sysconfig/network-scripts/ifcfg-enp3s0 <<EOF
DEVICE=enp3s0
ONBOOT=yes
BRIDGE=br0
NM_CONTROLLED=no
EOF
[root@node1 ~]# cat > /etc/sysconfig/network-scripts/ifcfg-br0 <<EOF
DEVICE=br0
TYPE=Bridge
BOOTPROTO=static
IPADDR=192.168.0.141
```

```
NETMASK=255.255.255.0
GATEWAY=192.168.0.1
DNS1=192.168.0.1
ONBOOT=yes
DELAY=0
NM_CONTROLLED=no
EOF
```

创建 br0 的两个 VLAN 子接口,由于 VLAN 子接口是定义到网桥上,所以当数据包到达网桥时 **VLAN 标签会被保持**,如下所示。

```
[root@ node1 ~]# cat > /etc/sysconfig/network-scripts/ifcfg-br0.10 <<EOF
DEVICE=br0.10
ONBOOT=yes
VLAN=yes
NM_CONTROLLED=no
EOF
[root@ node1 ~]# cat > /etc/sysconfig/network-scripts/ifcfg-br0.11 <<EOF
DEVICE=br0.11
ONBOOT=yes
BRIDGE=br0
VLAN=yes
NM_CONTROLLED=no
EOF
```

然后在 libvirt 中定义此网络并启动。

```
# 此处可使用端口组以限制虚拟机访问指定 VLAN,具体示例可参考本章末尾的 OVS VLAN 组网
[root@ node1 ~]# cat > vlan-all.xml <<EOF
<network>
    <name> vlan-all</name>
    <forward mode='bridge'/>
    <bridge name='br0' />
</network>
EOF
[root@ node1 ~]# virsh net-define vlan-all.xml
Network vlan-all defined from vlan-all.xml
# 启动网络,并将其标记为随 libvirt 启动
[root@ node1 ~]# virsh net-start vlan-all
Network vlan-all started
[root@ node1 ~]# virsh net-autostart vlan-all
Network vlan-all marked as autostarted
```

最后在虚拟机设备段中添加如下定义,启动后在虚拟机系统内设置网口 eth0 以及要

加入的 VLAN 子标签(比如 eth0.10、eth0.11)的网络信息即可接入网络:

```
<interface type='network'>
<source network='vlan-all'/>
<model type='rt18139'/>
</interface>
```

6.3 软件定义网络

SDN(Software Defined Networking)即我们经常听到的软件定义网络,它通过分离控制层与数据层,结合各种控制器协议提供的开放可编程接口,从而实现网络服务在逻辑层面上的集中控制,其基本架构如图 6-12 所示。

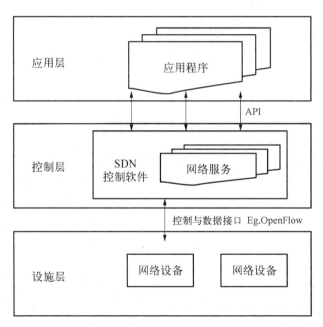

图 6-12　SDN 基本架构

SDN 一词起源于 Sun 公司发布的 Java(1995),那时仅仅是在 Java 虚拟机中提供网络中间件功能。现在意义上的 SDN 发展是从 2000 年开始到现在,其过程先后可以分为三个阶段:2000—2007 年,它在以研究为目的校园项目中作为开端,期间主要定义了控制与数据层的分离以及之间的开放接口,并有一些网络操作系统出现;2007—2010 年,以 OpenFlow 为代表的流表控制协议出现,它为以后各厂商的 SDN 实现提供了参考标准。

SDN 的相比于传统网络架构具有以下优势:
- 将来自不同厂商的设备进行**集中管理与配置**,在硬件层面更加**标准化**;
- 可在预置备和编排服务程序中利用**平台化**的 API 提高网络的**自动化管理能力**;

- 无需配置单独的网络设备即可完成网络功能与服务的**快速部署**；
- 用户、企业、厂商都使用相同的开发接口，增强了其应用层软件的**可移植性**；
- 由于网络设备的集中管理与配置，减少了人工单独配置时的差异、错误，从而网络在**可靠性和安全性**有一定提升；
- 可对会话、用户、设备与应用程序进行**更细颗粒度的控制**；
- 可视化的全网管理可以使得管理员更加容易根据用户需求改变网络服务，极大地提高了网络服务的**弹性**。

虽然 SDN 具有诸多优点，但它目前主要在以公有云为主要服务的公司中有较成功的商业应用，比如 Google 的 SDN 广域网、Amazon 的弹性云计算网络等。

另外，某些读者容易在概念上将其与 NFV（Network Function Virtualization，网络功能虚拟化）混淆，虽然其目的都是简化网络基础设施，但 NFV 是由各大网络运营商提出，主要依托成熟的虚拟化技术虚拟出各种网络设备实例（比如交换机、路由器等）来实现网络的集中管理，可独立于 SDN 进行部署。虽然两者概念上不同，但近年来它们的关系越来越近了，比如某些实现中 SDN 可依托于 NFV 组建的网络基础设施。

与此同时，软件定义安全、软件定义无线电、软件定义存储、软件定义 WiFi 等概念顺势而出，甚至有人喊出了"软件定义一切"的口号，由此可见 SDN 对计算机技术的影响之广。

6.3.1 技术基础

我们平时接触到的 SDN 技术实现中有三个重要概念，分别是控制协议、虚拟交换机、控制器。其中以控制协议 OpenFlow 和虚拟交换 OpenvSwitch 的组合使用最为典型，笔者接下来将分别就其基本结构和使用方法进行介绍，有兴趣的读者也可以使用 Mininet 虚拟机模拟操作。

1. OpenFlow

OpenFlow 是一种开源的网络控制器协议，它起源于斯坦福大学，并在开放网络基金会（Open Networking Foundation，简称 ONF，致力于 SDN 的实现和推广）的帮助下成为 SDN 架构中控制层与数据层之间的第一个通信标准。对于支持 OpenFlow 的物理或者虚拟网络设备比如交换机、路由器，我们可以对其中的包转发路径与规则直接进行控制，从而制造出一系列软件定义的网络设备以简化基础设施，这些软件定义的网络设备包括防火墙、交换机、路由器、中继、流量控制器、网桥等。如果它结合硬件支持较为广泛的 sFlow/NetFlow 监视协议，则可一定程度上提高整体网络的动态性能。国外厂商中生产支持 OpenFlow 协议设备的有 Cisco、Juniper、Brocade 等，国内则有 Pica8、华为等，社区中也有一些基于 FPGA 的开源交换机项目，比如 MagicLabFast、NetFPGA、ONetSwitch 等。

□ 协议结构

OpenFlow 是一个控制器协议，它定义了 OpenFlow 交换机中**数据路径**（datapath）的行为规则，笔者。OpenFlow 1.5 版本定义的交换机中通常含有一个或多个流表 flow table（类似路由表,用以决定封包转发路径)、**组表**(group table)以及**控制通道**(control channel),多个流表又可以组成一个**管道线**(pipeline,类似单向链表),每一个流表又可被**测量表**(meter table)指定的规则进行 QoS 操作。通过流表中定义的规则我们可以对封包进行查询、转发等操作,控制通道则负责交换机与外部控制器的通信,如图 6-13 所示。

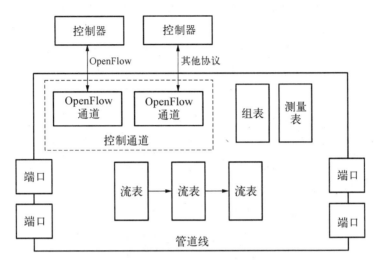

图 6-13 OpenFlow 控制器与交换机通信简图

每个流表中都含有多个**流表条目**(flow entry,类似路由条目)组成,流表条目中通常有**匹配域**(match fields)、**计数器**(counter)、**指令**(instructions)等。

当封包进入交换机以后,它就会从第一个流表中的第一个流表条目开始匹配。如果封包匹配成功,则开始按照预先配置好的指令进行**动作**(actions),否则继续前进至下一个流表条目。如果封包未能与第一个流表中的任一流表条目匹配,则交换机会根据组表或者管道线对其进行处理,比如丢弃、转发至控制器或者下一流表。

转发的目标也可以是一个**端口**(port,多数场景中等同于接口),其形式可以是物理或虚拟交换机上的接口。这些接口通常预定义了一系列转发动作,比如转发至控制器、进行泛洪(flooding,封包被转发至交换机上除本身来源接口外的所有接口,用于于交换机学习规则),或者其他非 OpenFlow 交换机的包含汇聚信息的端口中。

管道线指令负责将封包传递至下一流表进行处理,流表之间依靠元数据信息(metadata,通常是一组寄存器掩码)进行通信。

组表中同样包含多个**组条目**(group entry),会对封包进行额外处理,比如泛洪和规则比较复杂的转发。组条目中的指令可将多个流中的封包传递至同一标识符(比如将路由中的 IP 包转发至下一跳),这样便对多个流进行统一处理而提高转发效率。

□ 使用示例

接下来笔者将利用 OpenFlow 和 OpenvSwitch 创建一个**具有 VLAN 功能且可进行 MAC 地址学习的虚拟 4 口交换机**,读者需要参考下一节的 OpenvSwitch 简单编译方法,获取最新源码并安装编译环境所需依赖包。整个过程将在 OpenvSwitch 提供的 sandbox 隔离环境中进行,所有命令脚本存在于 sandbox 子目录中。期间主要涉及的关键字有流表条目的匹配域与流表动作,OpenFlow(1.5)中的常用流表条目匹配域字段与流表动作分别如表6-1和表6-2所示,前缀 dl 和 nw 分别代表数据链路层和网络层,详细内容可参考"man ovs-ofctl"。

表6-1　流表条目匹配域字段及其含义

匹配域字段	含　　义
in_port	数据包来源的 OpenFlow 端口编号
dl_vlan	数据包的 VLAN 标签
dl_vlan_pcp	数据包的 VLAN 优先级
dl_src	匹配源 MAC 地址
dl_dst	匹配目的 MAC 地址
tp_src	TCP/UDP 源端口
tp_dst	TCP/UDI 目的端口
dl_type	以太网协议类型,包括 0x0800(IPv4)、0x86DD(IPv6)、0x088A8(802.1ad/aq)等,完整类型可参考 EtherType 的维基百科介绍
nw_src	当 dl_type 为 0x0800 时,此项为匹配源 IPv4 地址或域名
nw_dst	当 dl_type 为 0x0800 时,此项为匹配目标 IPv4 地址或域名
nw_proto	与 dl_type 类似,同样指定以太网协议类型
table	流表编号

表6-2　流表动作及其含义

流　表　动　作	含　　义
output	输出数据包到指定编号的 OpenFlow 端口
mod_vlan_vid	设置数据包 VLAN 标签值
mod_vlan_pcp	设置数据包 VLAN 优先级
strip_vlan	剥离 VLAN 标签
mod_dl_src	设置源 MAC 地址
mod_dl_dst	设置目的 MAC 地址
mod_nw_src	设置源 IP 地址
mod_tp_src	设置 TCP/UDP 源端口
mod_tp_dst	设置 TCP/UDP 目的端口
resubmit	将数据包传递至 OpenFlow 的指定端口、流表以继续匹配

了解以上基本关键字后我们开始建立 sandbox 环境。

```
# 清空 sandbox 目录,防止之前环境的污染
[root@ node1 openvswitch]# rm -fr sandbox/*
```

```
# 编译完成后即会进入 sandbox 环境,在其内部做的所有操作都不会影响到主机环境
[root@ node1 openvswitch]# make sandbox
...
-----------------------------------------------
You are running in a dummy Open vSwitch environment. You can use
ovs-vsctl, ovs-ofctl, ovs-appctl, and other tools to work with the
dummy switch.

Log files, pidfiles, and the configuration database are in the
"sandbox" subdirectory.

Exit the shell to kill the running daemons.
[root@ node1 tutorial]#
```

　　首先创建一个缺省配置的网桥 br0,添加如下端口: p1 为允许所有 VLAN 通过的 Trunk 端口,p2 为 VLAN 20 的 Access 端口;p3、p4 为 VLAN 30 的 Access 端口。

```
# fail-safe 模式意味着如果这个 OVS 与控制器相连,但未能成功通信(3 次以上)则表现为普通交换机,否
则在 standalone 模式下 OVS 将不能继续创建新的网络连接
[root@ node1 tutorial]# ovs-vsctl add-br br0 -- set Bridge br0 fail-mode=secure
# 创建 4 个端口,每个端口的 OpenFlow 端口编号与其顺序一致
[root@ node1 tutorial]# for i in 1 2 3 4; do
>     ovs-vsctl add-port br0 p $ i -- set Interface p $ i ofport_request = $ i
>       ovs-ofctl mod-port br0 p $ i up
> done
[root@ node1 tutorial]# ovs-vsctl show
c6d49a88-7133-4d1d-83f3-dfe0e7a73660
    Bridge "br0"
        fail_mode: secure
        Port "p4"
            Interface "p4"
        Port "br0"
            Interface "br0"
                type: internal
        Port "p2"
            Interface "p2"
        Port "p3"
            Interface "p3"
        Port "p1"
            Interface "p1"
[root@ node1 tutorial]# ovs-ofctl show br0
OFPT_FEATURES_REPLY (xid=0x2): dpid:0000ea1ecdc17345
n_tables:254, n_buffers:256
```

```
capabilities: FLOW_STATS TABLE_STATS PORT_STATS QUEUE_STATS ARP_MATCH_IP
actions: output enqueue set_vlan_vid set_vlan_pcp strip_vlan mod_dl_src mod_dl_dst
mod_nw_src mod_nw_dst mod_nw_tos mod_tp_src mod_tp_dst
1(p1): addr:aa:55:aa:da:e5:58
    config:    0
    state:     0
    speed: 0 Mbps now, 0 Mbps max
2(p2): addr:aa:55:aa:da:e8:dc
    config:    0
    state:     0
    speed: 0 Mbps now, 0 Mbps max
3(p3): addr:aa:55:aa:da:e9:b6
    config:    0
    state:     0
    speed: 0 Mbps now, 0 Mbps max
4(p4): addr:aa:55:aa:da:ea:52
    config:    0
    state:     0
    speed: 0 Mbps now, 0 Mbps max
LOCAL(br0): addr:ea:1e:cd:c1:73:45
    config:    PORT_DOWN
    state:     LINK_DOWN
    speed: 0 Mbps now, 0 Mbps max
OFPT_GET_CONFIG_REPLY (xid=0x4): frags=normal miss_send_len=0
```

接下来创建具有 4 个流表的管道线,每个流表的功能如下所示。

流表 0:输入端口的来源控制;

流表 1:输入端口的 VLAN 数据包处理;

流表 2:输入端口的源 MAC 地址和 VLAN 学习;

流表 3:在已学习的端口上查找目的 MAC 地址和 VLAN;

流表 4:输出处理。

流表 0 是所有数据包处理的第一步,我们可以在它上面制定一些普通交换机所具有的基本规则,比如丢弃来自 MAC 广播源的数据包、禁止 STP 或者慢速协议等由保留 MAC 地址定义的协议。

```
# 丢弃来源为 MAC 广播的数据包
[root@ node1 tutorial]# ovs-ofctl add-flow br0 "table=0,
dl_src=01:00:00:00:00:00/01:00:00:00:00:00, actions=drop"
# 禁止包括 STP、慢速协议在内的所有不常用保留协议
[root@ node1 tutorial]# ovs-ofctl add-flow br0 "table=0,
dl_dst=01:80:c2:00:00:00/ff:ff:ff:ff:ff:f0, actions=drop"
# 将数据包转发至流表 1
```

```
[root@ node1 tutorial]# ovs-ofctl add-flow br0 "table=0, priority=0,
actions=resubmit(,1)"
```

　　流表 1 将继续处理来自流表 0 的数据包,它将来自不同端口的数据包分别打上不同的标签,然后交由流表 2 处理,如果端口 p2、p3、p4 的数据包具有不匹配的 VLAN 标签,则会被丢弃。

```
# 传递来自端口 1 的数据包到流表 2
[root@ node1 tutorial]# ovs-ofctl add-flow br0 "table=1, priority=99, in_port=1,
actions=resubmit(,2)"
# 将来自 p2、p3、p4 端口的数据包打上对应的 VLAN 标签,然后传递至流表 2
[root@ node1 tutorial]# ovs-ofctl add-flows br0 - <<'EOF'
  table=1, priority=99, in_port=2, vlan_tci=0, actions=mod_vlan_vid:20, resubmit(,2)
  table=1, priority=99, in_port=3, vlan_tci=0, actions=mod_vlan_vid:30, resubmit(,2)
  table=1, priority=99, in_port=4, vlan_tci=0, actions=mod_vlan_vid:30, resubmit(,2)
EOF
# 设置一个优先级较低的流表条目,它将丢弃不匹配的数据包
[root@ node1 tutorial]# ovs-ofctl add-flow br0 "table=1, priority=0, actions=drop"
```

　　流表 2 会指定流表 10 为 MAC 学习表,每一个数据包都会在表中更新对应字段,将来源端口写入寄存器 reg0,然后传递至流表 3。它用到了 OpenvSwitch 的 learn 扩展功能,其中 NXM_OF_VLAN_TCI、NXM_OF_ETH_DST、NXM_OF_ETH_SRC、NXM_OF_IN_PORT、NXM_NX_REG0 为要记录的学习表字段。

```
[root@ node1 tutorial]# ovs-ofctl add-flow br0 \
>    "table=2 actions=learn(table=10, NXM_OF_VLAN_TCI[0..11], \
>              NXM_OF_ETH_DST[]=NXM_OF_ETH_SRC[], \
>              load:NXM_OF_IN_PORT[]->NXM_NX_REG0[0..15]), \
>          resubmit(,3)"
```

　　流表 3 会使数据包在传递过程中查找并更新学习表以更新寄存器 reg0 的值,目的为广播地址的数据包不进行学习。

```
# 设置一个优先级较高的流表条目,符合规则的数据包将跳过查找过程直接进入流表 4
[root@ node1 tutorial]# ovs-ofctl add-flow br0 "table=3 priority=99
dl_dst=01:00:00:00:00:00/01:00:00:00:00:00 actions=resubmit(,4)"
# 查找并更新流表 10,然后传递至流表 4
[root@ node1 tutorial]# ovs-ofctl add-flow br0 "table=3 priority=50
actions=resubmit(,10), resubmit(,4)"
```

　　流表 4 会根据寄存器 reg0 的值决定数据包的下一步操作,其值表示数据包的期望输出端口,0 表示所有端口(泛洪)。

```
# 将目的端口为 p1 的数据包直接输出
[root@ node1 tutorial]# ovs-ofctl add-flow br0 "table=4 reg0=1 actions=1"
# 对于目的端口为 p2、p3、p4 的数据包,则剥离 VLAN 标签后并根据寄存器值从对应的端口输出
[root@ node1 tutorial]# ovs-ofctl add-flows br0 - <<'EOF'
table=4 reg0=2 actions=strip_vlan,2
table=4 reg0=3 actions=strip_vlan,3
table=4 reg0=4 actions=strip_vlan,4
EOF
# 针对来自不同端口的广播、组播、单播 VLAN 数据包,将其从对应端口输出,最后一个条目防止来自 p1 的数
据包回传至自身
[root@ node1 tutorial]# ovs-ofctl add-flows br0 - <<'EOF'
table=4 reg0=0 priority=99 dl_vlan=20 actions=1,strip_vlan,2
table=4 reg0=0 priority=99 dl_vlan=30 actions=1,strip_vlan,3,4
table=4 reg0=0 priority=50            actions=1
EOF
```

接下来我们用 ovs-appctl ofproto/ trace 命令模拟发包,查看期间的流表和数据路径的变化。

```
# 模拟发包过程,MAC 源地址为 10:00:00:00:00:01、目的地址为 20:00:00:00:00:01 的 VLAN 30 数据
包,并指定 trace 参数 generate 以传递真实数据包用于期间的学习
[root@ node1 tutorial]# ovs-appctl ofproto/trace br0
in_port=1,dl_vlan=30,dl_src=10:00:00:00:00:01,dl_dst=20:00:00:00:00:01 -generate
Bridge: br0
Flow:
in_port=1,dl_vlan=30,dl_vlan_pcp=0,dl_src=10:00:00:00:00:01,dl_dst=20:00:00:00:
00:01,dl_type=0x0000
# 流表 0
Rule: table=0 cookie=0 priority=0
OpenFlow actions=resubmit(,1)
    # 流表 1
    Resubmitted flow:
in_port=1,dl_vlan=30,dl_vlan_pcp=0,dl_src=10:00:00:00:00:01,dl_dst=20:00:00:00:
00:01,dl_type=0x0000
    Resubmitted regs: reg0=0x0 reg1=0x0 reg2=0x0 reg3=0x0 reg4=0x0 reg5=0x0
reg6=0x0 reg7=0x0
    Resubmitted odp: drop
    Resubmitted megaflow:
recirc_id=0,in_port=1,dl_src=00:00:00:00:00:00/01:00:00:00:00:00,dl_dst=20:00:
00:00:00:00/ff:ff:ff:ff:ff:f0,dl_type=0x0000
    Rule: table=1 cookie=0 priority=99,in_port=1
    OpenFlow actions=resubmit(,2)
        # 流表 2
        Resubmitted flow: unchanged
```

Resubmitted regs：reg0＝0x0 reg1＝0x0 reg2＝0x0 reg3＝0x0 reg4＝0x0 reg5＝0x0 reg6＝0x0 reg7＝0x0

Resubmitted odp：drop

Resubmitted megaflow：

recirc_id＝0,in_port＝1,dl_src＝00:00:00:00:00:00/01:00:00:00:00:00,dl_dst＝20:00:00:00:00:00/ff:ff:ff:ff:ff:f0,dl_type＝0x0000

Rule：table＝2 cookie＝0

OpenFlow

actions＝learn(table＝10,NXM_OF_VLAN_TCI[0..11],NXM_OF_ETH_DST[]＝NXM_OF_ETH_SRC[],load:NXM_OF_IN_PORT[]->NXM_NX_REG0[0..15]),resubmit(,3)

＃流表 3

Resubmitted flow：unchanged

Resubmitted regs：reg0＝0x0 reg1＝0x0 reg2＝0x0 reg3＝0x0 reg4＝0x0 reg5＝0x0 reg6＝0x0 reg7＝0x0

Resubmitted odp：drop

Resubmitted megaflow：

recirc_id＝0,in_port＝1,vlan_tci＝0x001e/0x0fff,dl_src＝10:00:00:00:00:01,dl_dst＝20:00:00:00:00:00/ff:ff:ff:ff:ff:f0,dl_type＝0x0000

Rule：table＝3 cookie＝0 priority＝50

OpenFlow actions＝resubmit(,10),resubmit(,4)

＃流表 4

Resubmitted flow：unchanged

Resubmitted regs：reg0＝0x0 reg1＝0x0 reg2＝0x0 reg3＝0x0 reg4＝0x0 reg5＝0x0 reg6＝0x0 reg7＝0x0

Resubmitted odp：drop

Resubmitted megaflow：

recirc_id＝0,in_port＝1,vlan_tci＝0x001e/0x0fff,dl_src＝10:00:00:00:00:01,dl_dst＝20:00:00:00:00:01,dl_type＝0x0000

Rule：table＝254 cookie＝0 priority＝0,reg0＝0x2

OpenFlow actions＝drop

Resubmitted flow：unchanged

Resubmitted regs：reg0＝0x0 reg1＝0x0 reg2＝0x0 reg3＝0x0 reg4＝0x0 reg5＝0x0 reg6＝0x0 reg7＝0x0

Resubmitted odp：drop

Resubmitted megaflow：

recirc_id＝0,reg0＝0,in_port＝1,dl_vlan＝30,dl_src＝10:00:00:00:00:01,dl_dst＝20:00:00:00:00:01,dl_type＝0x0000

Rule：table＝4 cookie＝0 priority＝99,reg0＝0,dl_vlan＝30

OpenFlow

actions＝output:1,strip_vlan,output:3,output:4

skipping output to input port

Final flow：

```
in_port=1,vlan_tci=0x0000,dl_src=10:00:00:00:00:01,dl_dst=20:00:00:00:00:01,dl_type
=0x0000
Megaflow:
recirc_id=0,in_port=1,dl_vlan=30,dl_vlan_pcp=0,dl_src=10:00:00:00:00:01,dl_dst=
20:00:00:00:00:01,dl_type=0x0000
# 数据路径的最终动作:剥离 VLAN 标签,从 3、4 口输出
Datapath actions: pop_vlan,3,4

# 查看学习表
[root@ node1 tutorial]# ovs-ofctl dump-flows br0 table=10
NXST_FLOW reply (xid=0x4):
cookie=0x0, duration=78.831s, table=10, n_packets=0, n_bytes=0, idle_age=78, vlan
_tci=0x001e/0x0fff,dl_dst=10:00:00:00:00:01
actions=load:0x1->NXM_NX_REG0[0..15]
```

2. OpenvSwitch

OpenvSwitch 作为 EVB 的典型开源实现,在私有云 SDN 架构中拥有十分重要的地位。它的首要目的是提供一个完全由软件实现并且支持多种协议与特性的虚拟交换机(Open Virtual Switch,以下简称 OVS),同时可以结合各种插件(比如 Neutron 子项目 networking-ovn)为云平台构建二层以及三层虚拟网络(Open Virtual Networking,以下简称 OVN)的完整解决方案。目前它作为一款非常活跃的开源云平台的网络虚拟化实现工具,不论在厂商还是社区中都获得了很好的第三方支持。

它通过 Linux 内核模块 openvswitch.ko(2009 年并入 Linux 主分支)能够相对高效地支持这些功能,包括 802. 1q VLAN、网口 Bonding、sFlow/NetFlow/IPFIX/IPFIX/SPAN 监视协议、QoS 控制、Geneve/GRE/VXLAN/LISP 通道、OpenFlow 等。

首先我们在 Fedora 23 系统中编译并运行最新版本 OpenvSwitch(本书成文时版本号为 2.5.90),查看其提供的功能组件(编译后也会在源码目录中出现一些额外工具,比如 utilities 下的 ovs-pcap、ovs-sim 等)。

然后为了有助于读者理解 OpenvSwitch 组件,笔者将这些命令按照操作对象划分为 OVS、OVN 两大类,每一类中又可按照不同的功能进一步划分。

```
# 下载源码
[root@ node1 ~]# git clone https://github.com/openvswitch/ovs.git
# 编译并打包成 rpm 包后安装,可使用命令 dnf builddep openvswitch.spec 安装依赖包
[root@ node1 ~]# cd ovs
[root@ node1 ovs]# git submodule init; git submodule update
[root@ node1 ovs]# ./boot.sh; ./configure
[root@ node1 ovs]# make dist
[root@ node1 ovs]# mkdir - p rpmbuild/SOURCES; cp openvswitch-2.5.90.tar.gz
~/rpmbuild/SOURCES
# 指定打包时不进行运行检查,以节约编译时间
[root@ node1 ovs]# rpmbuild -bb --without check rhel/openvswitch.spec
```

```
[root@ node1 ovs]#dnf install ~/rpmbuild/RPMS/x86_64/*.rpm ~/rpmbuild/RPMS/
noarch/*.rpm

[root@ node1 openvswitch]# rpm -ql openvswitch
...
/usr/bin/ovs-appctl
/usr/bin/ovs-docker
/usr/bin/ovs-dpctl
/usr/bin/ovs-dpctl-top
/usr/bin/ovs-ofctl
/usr/bin/ovs-pki
/usr/bin/ovs-testcontroller
/usr/bin/ovs-vsctl
/usr/bin/ovsdb-client
/usr/bin/ovsdb-tool
/usr/bin/vtep-ctl
...

[root@ node1 openvswitch]# rpm -ql openvswitch-test
/usr/bin/ovs-l3ping
/usr/bin/ovs-test
/usr/bin/ovs-vlan-test
...

[root@ node1 openvswitch]# rpm -ql openvswitch-ovn-central
/usr/bin/ovn-northd
...

[root@ node1 openvswitch]# rpm -ql openvswitch-ovn-host
/usr/bin/ovn-controller
...

[root@ node1 openvswitch]# rpm -ql openvswitch-ovn-common
/usr/bin/ovn-nbctl
/usr/bin/ovn-sbctl
...

[root@ node1 openvswitch]# rpm -ql openvswitch-ovn-docker
/usr/bin/ovn-docker-OverlayFS-driver
/usr/bin/ovn-docker-underlay-driver

[root@ node1 openvswitch]# rpm -ql openvswitch-ovn-vtep
/usr/bin/ovn-controller-vtep
...
```

```
# 启动 ovsdb-server 和 ovs-vswitchd 服务
[root@ node1 openvswitch]# systemctl start openvswitch
```

□ OVS

OVS 的主要功能命令有这几方面,包括设置(ovs-vsctl、ovs-appctl、ovs-dpctl、ovs-dpctl-top、ovs-ofctl)、数据库 OVSDB(ovsdb-client、ovsdb-server、ovsdb-tool)、服务进程(ovs-vswitchd),杂项则包括虚拟通道网关 VTEP(vtep-ctl)、密钥管理(ovs-pki)、Docker 网络工具(ovs-docker)、错误收集(ovs-bugtool)、测试工具(ovs-l3ping、ovs-test、ovs、ovs-vlan-test)等,各主要组件关系如图 6−14 所示。

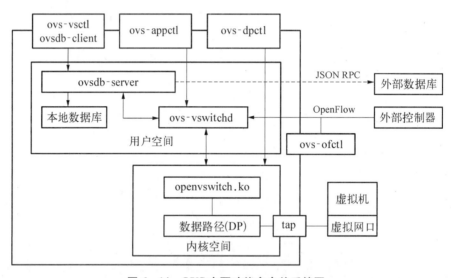

图 6−14 OVS 主要功能命令关系简图

其中,OVS 服务进程 ovs-vswitchd 的配置都会被保存在数据库中,ovs-vsctl、ovs-client 命令可直接操作数据库而改变 OVS 配置;外部控制器则通过 OpenFlow 等流控协议对 OVS 进行管理,ovs-ofctl 只能管理 OpenFlow 协议的 OVS;ovs-dpctl 可直接操作内核空间中 OVS 的数据路径(DP);ovs-appctl 则可以看做 OVS、OVSDB 的通用调用方法,它相对拥有更具体的选项与参数。

接下来笔者将给出每个命令的简单用法,在 Bash 命令行环境中使用时可以按**两次 Tab 补全选项或参数**,更详细的内容可查看相关手册(形似"man ovs-vsctl")或者 OpenvSwitch 源码中的部分文档。

• ovsdb-client、ovsdb-server、ovsdb-tool

ovsdb-server 是读写 OVSDB 的服务进程,它以 UNIX 套接字(/var/run/openvswitch/db. sock)或者 TCP/IP(端口监听,形如"--remote = ptcp:192. 168. 0. 141:1234")的形式将本地数据库暴露(OVS 默认为/etc/openvswitch/conf. db,JSON 文本)出以供外部调用,且所有调用请求与返回的数据格式默认为 JSON,关于 OVSDB 的详细内容可参考"man ovs-vswitchd. conf. db"。在 Fedora 23 中它的默认选项与参数如下所示:

```
[root@ node1 etc]# ovsdb-server /etc/openvswitch/conf.db -vconsole:emer
-vsyslog:err -vfile:info --remote=punix:/var/run/openvswitch/db.sock
--private-key=db:Open_vSwitch,SSL,private_key
--certificate=db:Open_vSwitch,SSL,certificate
--bootstrap-ca-cert=db:Open_vSwitch,SSL,ca_cert --no-chdir
--log-file=/var/log/openvswitch/ovsdb-server.log
--pidfile=/var/run/openvswitch/ovsdb-server.pid --detach --monitor
```

ovsdb-client 和 ovsdb-tool 是用来操作 OVS 数据库的命令行工具，前者可对数据库表内容进行查看、修改、添加、删除等，后者可对数据库进行初始化、转化等操作，下面以创建 VTEP 数据库为例：

```
# 查看数据库
[root@ node1 etc]# ovsdb-client list-dbs
Open_vSwitch
# 查看数据表
[root@ node1 ~]# ovsdb-client list-tables
Table
------------------------
Controller
Bridge
Queue
IPFIX
NetFlow
Open_vSwitch
QoS
Port
sFlow
SSL
Flow_Sample_Collector_Set
Mirror
Flow_Table
Interface
AutoAttach
Manager

# 创建 VTEP 数据库
[root@ node1 ~]# ovsdb-tool create /etc/openvswitch/vtep.db /usr/share/
openvswitch/vtep.ovsschema
# 重启 ovs-dbserver
[root@ node1 etc]# pkill ovsdb-server
[root@ node1 ~]# ovsdb-server /etc/openvswitch/conf.db
/etc/openvswitch/vtep.db -vconsole:emer -vsyslog:err -vfile:info
```

```
--remote=punix:/var/run/openvswitch/db.sock
--private-key=db:Open_vSwitch,SSL,private_key
--certificate=db:Open_vSwitch,SSL,certificate
--bootstrap-ca-cert=db:Open_vSwitch,SSL,ca_cert--no-chdir
--log-file=/var/log/openvswitch/ovsdb-server.log
--pidfile=/var/run/openvswitch/ovsdb-server.pid --detach - monitor


# 查看数据库
[root@ node1 etc]# ovsdb-client list-dbs
Open_vSwitch
hardware_vtep
# 查看数据库表
[root@ node1 etc]# ovsdb-client list-tables hardware_vtep
Table
--------------------
Physical_Locator_Set
Mcast_Macs_Remote
Physical_Port
Global
Logical_Switch
ACL
Arp_Sources_Remote
Physical_Locator
Ucast_Macs_Remote
Mcast_Macs_Local
Ucast_Macs_Local
Arp_Sources_Local
Logical_Binding_Stats
Manager
Logical_Router
ACL_entry
Physical_Switch
Tunnel
```

- ovs-vswitchd

ovs-vswitchd 服务进程负责与控制器和 OVSDB 的通信,从而使得控制器或者其他命令能够操作本地的 OVS 以及 DP,默认参数如下。

```
[root@ node1 etc]# ovs-vswitchd unix:/var/run/openvswitch/db.sock
-vconsole:emer -vsyslog:err -vfile:info --mlockall --no-chdir
--log-file=/var/log/openvswitch/ovs-vswitchd.log
--pidfile=/var/run/openvswitch/ovs-vswitchd.pid --detach - monitor
```

其中,/var/run/openvswitch/db.sock 是本地 ovsdb-server 进程暴露的 UNIX 套接字,我

们同样可以将其改为远程 ovsdb-server 提供的地址与端口(形如"--db = tcp: 192. 168. 0. 141:1234")。

- ovs-vsctl

ovs-vsctl 是操作 ovs-vswitchd 的主要命令,它通过修改 OVSDB 以达到控制 OVS 的目的。默认情况下它会与本地的 ovsdb-server 通信,可对 OVSDB 中的 Bridge(OVS 网桥,即虚拟交换机)、Port(隶属于 OVS 的端口,可看作交换机的网口)、Interface(与端口相连的设备接口,默认情况下与端口是一对一的关系,如果端口上配置了 bond 则此时多个接口属于一个端口)、Controller(可为多个)等数据表内容进行创建、删除、修改操作,同时也可对 ovsdb-server 服务进程进行配置(Manager 表,主要内容是连接信息),使用示例如下。

```
# 添加网桥
[root@ node1 ~]# ovs-vsctl add-br ovs-br0
# 添加接口
[root@ node1 ~]# ovs-vsctl add-port ovs-br0 eno33554984
[root@ node1 ~]# ovs-vsctl add-port ovs-br0 eno50332208
[root@ node1 ~]# ovs-vsctl add-port ovs-br0 eno67109432

# 添加 VLAN tag,此处使用了"--"以输入连续命令
[root@ node1 ~]# ovs-vsctl add-port ovs-br eno33554984 tag=10 -- set interface
eno33554984 type=internal
# 设置 Trunk
[root@ node1 ~]# ovs-vsctl set Port eno33554984 trunk=10,11

# 设置 bond,需要先移除接口
[root@ node1 ~]# ovs-vsctl del-port ovs-br0 eno50332208 -- del-port ovs-
br0 eno67109432
# 设置 bond 动态聚合
[root@ node1 ~]# ovs-vsctl add-bond bond0 eno50332208 eno67109432 lacp=active
# 设置 bond 模式
[root@ node1 ~]# ovs-vsctl set Port ovs-bond0 bond_mode=balance-tcp

# 设置 GRE Tunnel
[root@ node1 ~]# ovs-vsctl add-port ovs-br0 gre0 -- set interface gre0 type=gre
options:remote_ip=192.168.0.141

# 添加多个 controller
[root@ node1 ~]# ovs-vsctl set-controller ovs-br0 tcp:192.168.0.140:6653
tcp:192.168.0.141:6653

# 查看桥概况
[root@ node1 openvswitch]# ovs-vsctl show
92bc6fed-b7e2-4bae-ab8d-59c7d1289956
```

```
   Bridge "ovs-br0"
      Controller "tcp:192.168.0.140:6653"
      Controller "tcp:192.168.0.141:6653"
      Port "gre0"
         Interface "gre0"
            type: gre
            options: {remote_ip="192.168.0.141"}
      Port "ovs-bond0"
         Interface "eno67109432"
         Interface "eno50332208"
      Port "ovs-br0"
         Interface "ovs-br0"
            type: internal
      Port "eno33554984"
         tag: 10
         trunks: [10, 11]
         Interface "eno33554984"
            type: internal
ovs_version: "2.5.90"
```

- ovs-dpctl、ovs-dpctl-top

DP 一般与设备端口相关,它是流表作用的直接对象。ovs-dpctl 直接管理在内核空间中的 OVS 的数据路径和流(功能上与 ovs-ofctl 有一定重复),如果要管理用户空间(比如 netdev)中的数据路径,则需要使用 ovs-appctl dpctl 子命令;ovs-dpctl-top 则可对通过 ovs-dpctl 导出的 DP 数据进行(实时)查看,使用方法如下。

```
[root@ node1 openvswitch]# ovs-dpctl add-dp dp1
[root@ node1 openvswitch]# ovs-dpctl add-if dp1 eno33554984
[root@ node1 openvswitch]# ovs-dpctl show
system@ ovs-system:
   lookups: hit:26 missed:6 lost:0
   flows: 0
   masks: hit:47 total:0 hit/pkt:1.47
   port 0: ovs-system (internal)
   port 1: ovs-br0 (internal)
   port 2: eno67109432
   port 3: eno50332208
   port 4: gre_sys (gre)
system@ dp1:
   lookups: hit:0 missed:0 lost:0
   flows: 0
   masks: hit:0 total:0 hit/pkt:0.00
   port 0: dp1 (internal)
```

- ovs-ofctl

除了在外部控制器中,我们也可以使用 ovs-ofctl 命令对其进行控制,可控制的部分包括流表、组表、测量表等。另外 ovs-appctl ofctl 也提供了较为实用的数据包测试(trace)命令。

- vtep-ctl

在组建基于 VXLAN 的通道网络时,我们可能会用到软件或硬件实现的 VTEP 组件以对其中的协议进行封装与解封。而在 OVS 中添加 VTEP 之前,首先需要按照本节上文的 OVSDB 操作以添加独立的 VTEP 数据库。根据不同的 VTEP 类型,VTEP 配置会被保存在不同的数据库中。如果 VTEP 是一个 hypervisor,则配置保存在 Open_vSwitch 中,如果是单独的 VTEP 设备,则会被保存在 hardware_vtep 中。

- ovs-pki

ovs 是一个独立的证书管理工具,生成的证书、密钥等可用于 OVS、OVSDB 中的通信加密,证书链默认存放位置为/var/lib/openvswitch/pki。

- ovs-docker

OpenvSwitch 2.5.0 以后的版本中集成了针对 Docker 网络的命令行工具,以替代之前的第三方脚本。ovs-docker 命令可以在容器上进行网络的添加、删除、设置 VLAN 操作,其使用方法如下所示:

```
# 在第一个终端中启动容器并查看网络
[root@ node1 ~]# docker run -it --rm Ubuntu /bin/bash
root@ 03fabe66160a:/#

# 在 ovs-br0 中添加新容器端口
[root@ node1 ~]# ovs-docker add-port ovs-br0 docker-ovs0 03fa
[root@ node1 ~]# ovs-vsctl show
92bc6fed-b7e2-4bae-ab8d-59c7d1289956
    Bridge "ovs-br0"
        Port "bc184c1e1b594_l"
            Interface "bc184c1e1b594_l"
        Port "ovs-br0"
            Interface "ovs-br0"
                type: internal
    ovs_version: "2.5.90"
```

- ovs-bugtool

ovs-bugtool 是 OVS 运行环境日志收集工具,我们可以使用它收集的日志进行排错或者向社区提交 bug 等。

- ovs-l3ping、ovs-vlan-test

在编译时会生成一些诸如 vlan-test、ping、ovstest 的测试工具,使用它们可以方便我们的排错工作。

□ OVN

OVN 是 OpenvSwitch 社区在 2015 年 1 月发布的项目,目前其社区非常活跃。它的目的是为了帮助 CMS(Cloud Management System,云平台管理系统)实现网络服务的发布与管理。它支持虚拟二层、三层网络以及安全组,并且借助于集成插件(比如 OpenStack 的 neutron-ovn)可作为 CMS 平台的独立网络服务提供商。

虽然 OVN 现在并不是主流 CMS 的首选网络服务,但是其架构总结并优化了原有产品和项目的实现,是帮助我们理解与设计云平台网络的有力工具。

OVN 引入了一些新的概念和表示方法,比如 Northbound(北向)、Southbound(南向)、chassis(hypervisor 与网关的组合)等,整体架构如图 6 - 15 所示。

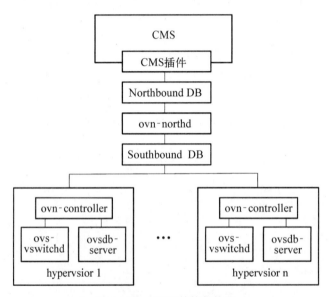

图 6 - 15　OVN 整体架构图

接下来本书以 OVN 中的最基本元素——虚拟接口(VIF)为例,介绍它在 OVN 的整个生命周期(见表 6 - 3)以有助于读者理解 OVN 的架构与工作原理。这里的 VIF 是指位于 hypervisor 中的虚拟网络接口,它与虚拟机或者容器的网口相连以使得后者能够通过 VIF 访问外部网络。

表 6 - 3　OVN 中虚拟接口的生命周期

生命周期	
准备阶段	1)VIF 的生命周期开始于 CMS 管理员通过管理界面或者 API 创建,它会被添加到由 OVN 实现的一个逻辑交换机上。CMS 此时会更新自身数据库字段,包括 VIF 的 ID(vif-id)和 MAC 地址(mac)等。 2)CMS 插件会更新 Northbound DB,即在 Logical_Port 表中添加一行 VIF 的 name、mac、switch 等字段。 3)在 Northbound DB 改变后,ovn-northd 会更新 Southbound DB 的 Logical_Flow 表,内容为一组流表,包括 VIF 的未来数据包的路径、广播和组播方式等;同时也会更新 Southbound DB 中的 Port_Binding 表。

生命周期	
启动运行阶段	4）用户开启虚拟机后，其所在 hypervisor 的 ovn-controller 会根据上一步被更新的 Logical_Flow 表开始安排 VIF 的数据路径。如果虚拟机处于关机状态，这一步及其后续动作将不会被执行，因为此时 VIF 并没有真实存在于 hypervisor 中。 5）然后 VIF 会被添加到 hypervisor 的 OVS 集成桥上（integration bridge，比如 OpenStack 中的 br-int）上，同时会在 Southbound DB 记录其扩展属性 external-ids：iface-id，表明此接口是 VIF 定义的一个新实例。 6）虚拟机所在的 hypervisor 中，ovn-controller 注意到 external-ids：iface-id 的变化，它就开始更新本地的流表以确保 VIF 的数据包路径正确，同时更新 Port_Binding 表中的 chassis 字段。 7）包括 OpenStack 在内的一些 CMS 只有在网络完全就绪时才会启动虚拟机，因而 ovn-northd 会在上一步的 chassis 字段被更新时，就把 Northbound DB 的 Logical_Port 表中的端口 up 状态标记为"true"，从而使得 CMS 继续启动虚拟机。 8）当 Southbound DB 中 Port_Binding 的 chassis 字段被填充以后，此时除了 VIF 实例所在其他 hypervisor 中，各自的 ovn-controller 就开始根据 Logical_Flow 表更新本地的流表以及 OVSDB，从而使得 VIF 实例中的数据包能在 hypervisor 之间的 tunnel（默认类型为 Geneve，记录在 Southbound DB 的 Encap 表中）流通。
关机阶段	9）关机后，首先 VIF 实例会从集成桥中被删除。 10）虚拟机所在的 hypervisor 注意到 VIF 实例被删除，ovn-controller 就将 chassis 字段从 Southbound 的 Port_Binding 表中移除。 11）其他 hypervisor 注意到对应 VIF 的 chassis 被移除，则开始更新本地流表以做出数据路径的相应改变。
删除阶段	12）如果管理员不再需要这个 VIF 定义，则可以通过 CMS 管理界面或者 API 对其进行删除，此时会删除 CMS 数据库中的 VIF 信息。 13）然后经由 CMS OVN 插件继续删除 Northbound DB 中 Logical_Port 表的对应记录。 14）ovn-northd 注意到 Northbound DB 的变化后对应地更新 Southbound DB，并删除表 Logical_Flow、Port_Binding 的对应记录。 15）其他 hypervisor 的 ovn-controller 继而删除本地 OVSDB 中的对应流表记录。

以上即是 OVN 云平台的虚拟接口的完整生命周期，对于运行于**虚拟化之上的容器接口**而言基本类似。由于性能以及管理（hypervisor 的集成桥与容器接口没有直接连接）等方面因素的考虑，容器网络接口会使用带有标签的 CIF（container interface，容器网络接口）以复用 VIF 而不是每个容器网口都使用一个 VIF，关于 OVN 与 docker 的详细集成步骤可参考 OpenvSwitch 的 ISTALL. Docker. md。

接下来笔者仍然使用 sandbox 环境进行操作，分别在两个虚拟机中创建容器网络接口，用 VLAN 标签区别，其中 cport1 和 cport2 位于虚拟机内部交换 br-vmport1 且分别属于 VLAN 42、43，cport3 位于 br-vmport2 属于 VLAN 43，整体逻辑如图 6-16 所示。

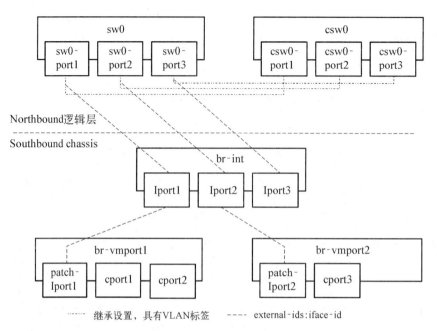

······ 继承设置，具有VLAN标签　　---- external-ids:iface-id

图 6-16　OVN 网络逻辑图

```
[root@ node1 openvswitch]# rm -fr sandbox/*
[root@ node1 openvswitch]# make sandbox SANDBOXFLAGS="--ovn"
...

--------------------------------------------
You are running in a dummy Open vSwitch environment. You can use
ovs-vsctl, ovs-ofctl, ovs-appctl, and other tools to work with the
dummy switch.

This environment also has the OVN daemons and databases enabled.
You can use ovn-nbctl and ovn-sbctl to interact with the OVN databases.

Log files, pidfiles, and the configuration database are in the
"sandbox" subdirectory.

# 设置基本逻辑网络
[root@ node1 tutorial]# cat ./ovn/env8/setup.sh
# /bin/bash
# 创建逻辑交换机 sw0
ovn-nbctl lswitch-add sw0
# 在 sw0 上添加 3 个端口
ovn-nbctl lport-add sw0 sw0-port1
ovn-nbctl lport-add sw0 sw0-port2
ovn-nbctl lport-add sw0 sw0-port3
# 设置这 3 个端口的 MAC
ovn-nbctl lport-set-addresses sw0-port1 00:00:00:00:00:01
```

```
ovn-nbctl lport-set-addresses sw0-port2 00:00:00:00:00:02
ovn-nbctl lport-set-addresses sw0-port3 00:00:00:00:00:03
# 设置端口安全地址,防止内部非法修改 MAC 地址访问网络,实际使用时可在同时添加多个地址
ovn-nbctl lport-set-port-security sw0-port1 00:00:00:00:00:01
ovn-nbctl lport-set-port-security sw0-port2 00:00:00:00:00:02
ovn-nbctl lport-set-port-security sw0-port3 00:00:00:00:00:03
# 在虚拟交换机 br-int 上创建给虚拟机使用的逻辑端口 lport,并指定其扩展属性 iface-id 为 sw0 上
的对应端口
ovs-vsctl add-port br-int lport1 -- set Interface lport1 external_ids:iface-id=
sw0-port1
ovs-vsctl add-port br-int lport2 -- set Interface lport2 external_ids:iface-id=
sw0-port2
ovs-vsctl add-port br-int lport3 -- set Interface lport3 external_ids:iface-id=
sw0-port3
[root@ node1 tutorial]# ./ovn/env8/setup.sh
```

然后在逻辑网络和集成桥中添加端口。

```
[root@ node1 tutorial]# cat ./ovn/env8/add-container-ports.sh
# /bin/bash
# 创建逻辑交换机 csw0,相当于 OVS 的"假桥",笔者将在 OVS 组网一节时对其进行介绍。
ovn-nbctl lswitch-add csw0

# 在 csw0 上创建父设置为 sw0-port1 的 VIF sw0-cport1,并设置其 VLAN 标签为 42
ovn-nbctl lport-add csw0 csw0-cport1 sw0-port1 42
ovn-nbctl lport-set-addresses csw0-cport1 00:00:00:00:01:01
ovn-nbctl lport-set-port-security csw0-cport1 00:00:00:00:01:01
# 在 csw0 上创建父设置为 sw0-port1 的 VIF sw0-cport2,并设置其 VLAN 标签为 43
ovn-nbctl lport-add csw0 csw0-cport2 sw0-port1 43
ovn-nbctl lport-set-addresses csw0-cport2 00:00:00:00:01:02
ovn-nbctl lport-set-port-security csw0-cport2 00:00:00:00:01:02
# 在 csw0 上创建父设置为 sw0-port2 的 VIF sw0-cport3,并设置其 VLAN 标签为 43
ovn-nbctl lport-add csw0 csw0-cport3 sw0-port2 43
ovn-nbctl lport-set-addresses csw0-cport3 00:00:00:00:01:03
ovn-nbctl lport-set-port-security csw0-cport3 00:00:00:00:01:03

# 在 br-int 设置网口对的端点,另一端为虚拟机内部网桥 br-vmport 上的 patch-lport,其中 type =
patch 可理解为用 ip link 创建的 peer veth
ovs-vsctl set interface lport1 type=patch
ovs-vsctl set interface lport1 options:peer=patch-lport1
ovs-vsctl set interface lport2 type=patch
ovs-vsctl set interface lport2 options:peer=patch-lport2

# 创建虚拟机 1 的内部网桥 br-vmport1
```

```
ovs-vsctl add-br br-vmport1

# 将 br-vmport1 的 patch-lport1 与 br-int 上的 lport1 相连
ovs-vsctl add-port br-vmport1 patch-lport1
ovs-vsctl set interface patch-lport1 type=patch
ovs-vsctl set interface patch-lport1 options:peer=lport1

# 在 br-vmport1 上创建容器网口 cport1 和 cport2,任何从这两个端口的流量都会经过与 br-int 端口
lport1 相连的 patch-port1 到达 br-int
ovs-vsctl add-port br-vmport1 cport1
ovs-vsctl set port cport1 tag=42
ovs-vsctl add-port br-vmport1 cport2
ovs-vsctl set port cport2 tag=43

# 创建虚拟机 2 的内部网桥 br-vmport2
ovs-vsctl add-br br-vmport2
ovs-vsctl add-port br-vmport2 patch-lport2
ovs-vsctl set interface patch-lport2 type=patch
ovs-vsctl set interface patch-lport2 options:peer=lport2

# 在 br-vmport2 上创建容器网口 cport3
ovs-vsctl add-port br-vmport2 cport3
ovs-vsctl set port cport3 tag=43
[root@ node1 tutorial]# ./ovn/env8/add-container-ports.sh
```

然后我们分别查看 Northbound、Southbound,以及本地 OVS 的配置状态以及数据库内容。

```
# 查看 Northbound 配置
[root@ node1 env8]# ovn-nbctl show
    lswitch 88d822cd-d173-4ea9-8476-a130a7bdf7ae (sw0)
        lport sw0-port3
            addresses: ["00:00:00:00:00:03"]
        lport sw0-port1
            addresses: ["00:00:00:00:00:01"]
        lport sw0-port2
            addresses: ["00:00:00:00:00:02"]
    lswitch 5a3fe616-6a16-42e2-b9e4-cc5a39522f09 (csw0)
        lport csw0-cport1
            parent: sw0-port1
            tag: 42
            addresses: ["00:00:00:00:01:01"]
        lport csw0-cport3
            parent: sw0-port2
```

```
            tag: 43
            addresses: ["00:00:00:00:01:03"]
        lport csw0-cport2
            parent: sw0-port1
            tag: 43
            addresses: ["00:00:00:00:01:02"]
# 查看 Southbound 配置,其中只有一个 hypervisor 所以我们的
[root@ node1 env8]# ovn-sbctl show
Chassis "56b18105-5706-46ef-80c4-ff20979ab068"
    hostname: sandbox
    Encap geneve
        ip: "127.0.0.1"
    Port_Binding "sw0-port2"
    Port_Binding "csw0-cport3"
    Port_Binding "csw0-cport1"
    Port_Binding "sw0-port3"
    Port_Binding "csw0-cport2"
Port_Binding "sw0-port1"


# 查看集成桥 br-int 以及虚拟机内部网桥
[root@ node1 env8]# ovs-vsctl show
9793407c-de21-467b-bf72-e41168dfbf58
    Bridge "br-vmport1"
        Port "cport2"
            tag: 43
            Interface "cport2"
        Port "cport1"
            tag: 42
            Interface "cport1"
        Port "br-vmport1"
            Interface "br-vmport1"
                type: internal
        Port "patch-lport1"
            Interface "patch-lport1"
                type: patch
                options: {peer="lport1"}
    Bridge br-int
        fail_mode: secure
        Port br-int
            Interface br-int
                type: internal
        Port "lport1"
            Interface "lport1"
                type: patch
```

```
                options：{peer="patch-lport1"}
         Port "lport2"
             Interface "lport2"
                 type：patch
                 options：{peer="patch-lport2"}
         Port "lport3"
             Interface "lport3"
     Bridge "br-vmport2"
         Port "patch-lport2"
             Interface "patch-lport2"
                 type：patch
                 options：{peer="lport2"}
         Port "br-vmport2"
             Interface "br-vmport2"
                 type：internal
         Port "cport3"
             tag：43
             Interface "cport3"
```

由于篇幅所限在此仅查看 Northbound DB 内容

```
[root@ node1 env8]# ovsdb-client dump unix:/root/openvswitch/tutorial/sandbox/ovnnb
_db.sock
ACL table
_uuid action direction external_ids log match priority
--------------------------------


Logical_Port table
_uuid                                 addresses           enabled external_ids
name          options parent_name port_security        tag type up
----------------------------------------
----------------------------------------------
----
8f29bb28-3e1d-4769-9300-1c16618168cb ["00:00:00:00:00:01"] []      {}
"sw0-port1" {}    []        ["00:00:00:00:00:01"] [] "" true
a09ffab3-f4e5-4d32-b00e-9f44bb2fbd63 ["00:00:00:00:00:02"] []      {}
"sw0-port2" {}    []        ["00:00:00:00:00:02"] [] "" true
2bf4b377-38b3-4f99-84ba-006e6bab7568 ["00:00:00:00:00:03"] []      {}
"sw0-port3" {}    []        ["00:00:00:00:00:03"] [] "" true
63f1017d-a0e8-43da-b015-6b691d885aa6 ["00:00:00:00:01:01"] []      {}
"csw0-cport1" {}    "sw0-port1" ["00:00:00:00:01:01"] 42 "" true
ae2877bc-510b-47fa-b693-36e36bc316f2 ["00:00:00:00:01:02"] []      {}
"csw0-cport2" {}    "sw0-port1" ["00:00:00:00:01:02"] 43 "" true
749b3c4e-13f4-42cf-b637-203d6637400b ["00:00:00:00:01:03"] []      {}
"csw0-cport3" {}    "sw0-port2" ["00:00:00:00:01:03"] 43 "" true
```

```
Logical_Router table
_uuid default_gw enabled external_ids name ports static_routes
------------------------------


Logical_Router_Port table
_uuid enabled external_ids mac name network peer
---------------------


Logical_Router_Static_Route table
_uuid ip_prefix nexthop output_port
-----------------


Logical_Switch table
_uuid                        acls external_ids name ports
-------------------------------

-----------------------------------------------

---------------------
5a3fe616-6a16-42e2-b9e4-cc5a39522f09 [] {}        "csw0"
[63f1017d-a0e8-43da-b015-6b691d885aa6, 749b3c4e-13f4-42cf-b637-203d6637400b,
ae2877bc-510b-47fa-b693-36e36bc316f2]
88d822cd-d173-4ea9-8476-a130a7bdf7ae [] {}        "sw0"
[2bf4b377-38b3-4f99-84ba-006e6bab7568, 8f29bb28-3e1d-4769-9300-1c16618168cb,
a09ffab3-f4e5-4d32-b00e-9f44bb2fbd63]
```

在进行发包测试之前，我们需要查看每个 OVS 的 OpenFlow 端口编号以确定数据路径的变化，可使用命令形似"ovs-ofctl dump-flows br-int"以及"ovn-sbctl dump-flows"查看流表条目。

```
# 分别查看 3 个 OVS 的 OpenFlow 端口，已省略部分输出
[root@ node1 env8]# ovs-ofctl show br-int
OFPT_FEATURES_REPLY (xid=0x2): dpid:000086c4a4586646
...
3(lport3): addr:aa:55:aa:55:00:20
...
4(lport1): addr:a2:39:8b:92:9f:2c
...
5(lport2): addr:1a:ee:81:77:38:8c
...
LOCAL(br-int): addr:86:c4:a4:58:66:46
...

[root@ node1 env8]# ovs-ofctl show br-vmport1
...
```

```
2(patch-lport1): addr:1a:27:7e:c6:d4:ac
...
3(cport1): addr:aa:55:aa:55:00:23
...
4(cport2): addr:aa:55:aa:55:00:24
...
LOCAL(br-vmport1): addr:1a:58:bd:07:11:4d
...

[root@ node1 env8]#ovs-ofctl show br-vmport2
...
2(patch-lport2): addr:ce:0f:76:86:6b:2d
...
3(cport3): addr:aa:55:aa:55:00:27
...
LOCAL(br-vmport2): addr:66:ee:0d:c4:56:43
...
[root@ node1 env8]#ovs-ofctl dump-flows br-int
NXST_FLOW reply (xid=0x4):
cookie=0x0, duration=2528.111s, table=0, n_packets=0, n_bytes=0, idle_age=2528,
priority=150,in_port=4,dl_vlan=43
actions=strip_vlan,load:0x5->NXM_NX_REG5[],load:0x2->OXM_OF_METADATA[],load:
0x2->NXM_NX_REG6[],resubmit(,16)
cookie=0x0, duration=2528.109s, table=0, n_packets=0, n_bytes=0, idle_age=2528,
priority=150,in_port=4,dl_vlan=42
actions=strip_vlan,load:0x4->NXM_NX_REG5[],load:0x2->OXM_OF_METADATA[],load:
0x1->NXM_NX_REG6[],resubmit(,16)
...
```

进行发包测试,首先尝试从 cport1 发送至 cport2。

```
# 部分结果已省略
[root@ node1 env8]#ovs-appctl ofproto/trace br-vmport1 in_port=3,
dl_src=00:00:00:0:01:01,dl_dst=00:00:00:00:01:02 - generate
...
Datapath actions:
push_vlan(vid=42,pcp=0),101,pop_vlan,push_vlan(vid=43,pcp=0),101,pop_vlan,3
```

然后尝试从 cport3 发送至 cport2。

```
[root@ node1 env8]#ovs-appctl ofproto/trace br-vmport2 in_port=3,
dl_src=00:00:00:0:01:03,dl_dst=00:00:00:00:01:02 - generate
...
Datapath actions: push_vlan(vid=43,pcp=0),102,101,pop_vlan,3
```

3. 控制器与监视器

☐ 基本介绍

SDN 的精髓之一就在于控制层与数据层的分离。控制层在逻辑上是集中的,控制器通过协议将指令发予数据层的执行元件,又由于 SDN 本身的可编程性,从而使得控制层更加智能、数据层更加高效。

目前 OpenFlow 作为控制器协议中的业界标准,是开源云平台 SDN 控制层协议的首选,虽然较新的版本中添加了测量与 QoS 功能,但在可视化层面相对 sFlow/NetFlow/IPFIX/SPAN 等协议而言仍有一定差距,所以笔者也将稍后对后者进行介绍。

☐ OpenFlow 控制器

第一款 OpenFlow 控制器是由 Nicira Networks(已被 VMWare 收购)使用 C 语言开发的 NOX,现在看来它比较像一款原型产品,虽然其社区已不再活跃但是它的编程架构为以后的控制器提供了很好的范例。后来 Nicira 与 NTT 和 Google 合作开发了闭源的 ONIX,据传它是 Google 的 SDN 广域网控制器。

与 NOX 同时期的开源控制器还有 POX(Python)、Beacon(Java)等,它们与 NOX 的实现比较类似,但因为具有语言上的优势使其相对更容易学习。在 2012 年后,Ryu(Python)、Floodlight(Java)、Trema(Ruby)等控制器相继出现。

Ryu 是由 NTT 公司开发的开源控制器,由于其架构清晰、文档齐全而被广泛关注。Floodlight 来源于 Beacon,它遵守 Apache 2.0 协议,是早期商业控制器模型的重要组件(最早的商业控制器是由 NEC 完全自主开发的 ProgrammableFlow Controller)。

后来控制器的发展趋势日益明朗,其中以 OpenDayLight 和 ONOS 为典型代表。它们一定程度上已经不再是传统的 SDN 控制器,而是属于网络运营商级别的分布式 SDN 控制平台。包括 Cisco、Juniper、华为在内的各大厂商均参与 OpenDayLight 社区维护,目前 Cisco 为主要贡献者。ONOS 相对 OpenDayLight 而言面世时间较晚,但其支持者中也有惠普、微软等重量级厂商。

接下来笔者以较为经典的 FloodLight 控制器举例,介绍它在 OVS 中的使用方法,详细文档可参阅官方网站与源码。

```
# 获取最新源码编译运行,也可从其官网下载内置 Mininet 和 OpenvSwitch 的虚拟机模板
[root@ node1 ~]# git clone https://github.com/floodlight/floodlight
[root@ node1 ~]# cd floodlight
# 修改参数,包括 OpenFlow 控制器端口、API 端口等
[root@ node1 ~]# ant
[root@ node1 floodlight]# vim src/main/resources/floodlightdefault.properties
[root@ node1 floodlight]# ./floodlight.sh
```

然后使用 ovs-vsctl 命令添加 OVS 的控制器(可以是多个),如下所示。

```
[root@ node1 floodlight]# ovs-vsctl set-controller ovs-br0
tcp:192.168.0.140:6653
[root@ node1 floodlight]# ovs-vsctl show
```

```
92bc6fed-b7e2-4bae-ab8d-59c7d1289956
    Bridge "ovs-br0"
        Controller "tcp:192.168.0.140:6653"
            is_connected: true
        Port "ovs-br0"
            Interface "ovs-br0"
                type: internal
    ovs_version: "2.5.90"
```

访问 http://192.168.0.140:8080/ui/index.html 即可看到其 Web UI,如图 6－17 所示。

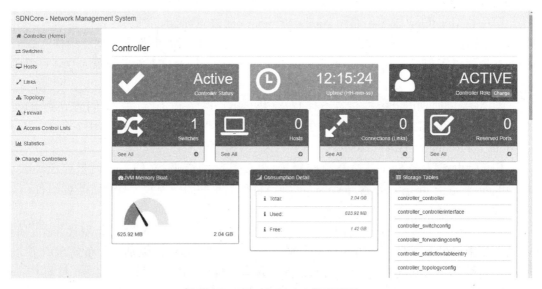

图 6－17　Floodlight 1.2 版本界面

界面可以实时反映 OVS 中添加的主机、流表、端口等信息,并且拥有友好的拓扑图显示。接下来我们使用它提供的 REST API 进行添加、查看流表等基本操作,完整 REST API 手册可以参考其官方网站(https://floodlight.atlassian.net/wiki/display/floodlightcontroller/Floodlight+REST+API)。

```
# 获取 OVS 信息
[root@ node1 tutorial]# curl http://192.168.0.140:8080/wm/core/controller/
switches/json |python -m json.tool
[
    {
        "connectedSince": 1463587669376,
        "inetAddress": "/192.168.0.140:40920",
        "switchDPID": "00:00:a6:be:b0:05:f0:43"
    }
]
```

```
# 添加流表条目,将来自端口 1 的流量输出值端口 2
[root@ node1 tutorial]# curl -X POST -d'
{
    "switch":"00:00:a6:be:b0:05:f0:43",
    "name":"flow-mod-1",
    "cookie":"0",
    "priority":"99",
    "in_port":"1",
    "active":"true",
    "actions":"output=2"}'
http://192.168.0.140:8080/wm/staticflowpusher/json
{"status" : "Entry pushed"}

# 删除流表条目
[root@ node1 tutorial]# curl -X DELETE -d'{"name":"flow-mod-1"}'HTTP://
192.168.0.140:8080/wm/staticflowpusher/json
{"status" : "Entry flow-mod-1 deleted"}
```

　□　sFlow/NetFlow 监视器

市场上存在很多 sFlow/NetFlow 协议的开源或闭源监视器,比如 InMon、SolarWinds 等,所有支持这两种协议的交换机都可以使用其进行流量的监控、分析。

如果要在 OVS 中使用 sFlow/NetFlow,我们需要在 OVSDB 的 sFlow 表中添加对应字段,如下所示。

```
# 添加 sFlow 监视器
[root@ node1 tutorial]# cat sflow.sh
# /bin/bash
COLLECTOR_IP=192.168.0.141
COLLECTOR_PORT=6343
AGENT=br0
HEADER=128
SAMPLING=512
POLLING=10
ovs-vsctl -- --id=@ sflow create sflow agent=${AGENT}
target=\" ${COLLECTOR_IP}: ${COLLECTOR_PORT} \" header=${HEADER}
sampling=${SAMPLING} polling=${POLLING} -- set bridge ovs-br0 sflow=@ sflow

# 添加 NetFlow 监视器
[root@ node1 tutorial]# cat netflow.sh
#! /bin/bash
COLLECTOR_IP=192.168.0.142
COLLECTOR_PORT=6343
TIMEOUT=10
```

```
ovs-vsctl -- set Bridge ovs-br0 netflow=@nf -- --id=@nf create NetFlow
targets=\"${COLLECTOR_IP}:${COLLECTOR_PORT}\" active-timeout=${TIMEOUT}

# 查看与删除操作以 sFlow 为例,NetFlow 命令与之相似
[root@ node1 tutorial]# ovs-vsctl list sFlow
_uuid           : e2afee82-6d55-4b0d-9547-9c06cbf3cc20
agent           : "br0"
external_ids    : {}
header          : 128
polling         : 10
sampling        : 512
targets         : ["192.168.0.141:6343"]
[root@ node1 tutorial]# ovs-vsctl remove Bridge ovs-br0 sFlow e2afee82-6d55-
4b0d-9547-9c06cbf3cc20
```

6.3.2 虚拟化组网示例

在私有云平台中使用 OpenvSwitch 网络的实现比较多,但核心普遍都是对 OVS 本身的设置,前端 libvirt/QEMU 的使用方法基本固定。接下来笔者分别就基本、VLAN 和通道三种典型的组网方式进行介绍,并给出它们在 libvirt/QEMU 中定义方法。

1. 基本组网

在 libvirt/QEMU 中使用 OVS 的方式比较简单,基本思路是设置好 OVS 后,定义 libvirt 桥接网络为 OVS 并指定虚拟端口类型" <virtualport type='openvswitch'/>",示例如下。

```
# 创建基本 OVS 网络
[root@ node1 ~]# ovs-vsctl add-br ovs-br0
# 添加 ovs-br0 配置至主机网络
[root@ node1 ~]# cat > /etc/sysconfig/network-scripts/ifcfg-ovs-br0 <<EOF
DEVICE=ovs-br0
ONBOOT=yes
IPADDR=192.168.100.1
NETMASK=255.255.255.0
EOF
[root@ node1 ~]# service network restart

# 添加 DHCP 服务
[root@ node1 ~]# cat > /etc/dnsmasq.d/ovs-net0.conf<<EOF
strict-order
pid-file=/var/run/libvirt/network/ovs-net0
conf-file=
```

```
except-interface=lo
bind-interfaces
interface=ovs-br0
listen-address=192.168.100.1
dhcp-range=192.168.100.100,192.168.100.253
dhcp-leasefile=/var/lib/libvirt/dnsmasq/ovs-net0.leases
dhcp-lease-max=253
dhcp-no-override
dhcp-hostsfile=/var/lib/libvirt/dnsmasq/ovs-net0.hostsfile
addn-hosts=/var/lib/libvirt/dnsmasq/ovs-net0.addnhosts
EOF

[root@ node1 ~]# touch /var/lib/libvirt/dnsmasq/ovs-net0.{hostsfile,
addnhosts}
[root@ node1 ~]# service dnsmasq restart
Redirecting to /bin/systemctl restart dnsmasq.service

# 配置防火墙以允许虚拟机访问外网
[root@ node1 ~]# iptables -t nat -A POSTROUTING -j MASQUERADE
# 确保 IP Forwarding 特性开启
[root@ node1 ~]# echo 1 > /proc/sys/net/ipv4/ip_forward

# 定义并启动 libvirt 网络
[root@ node1 ~]# cat > ovs-net0.xml <<EOF
<network>
  <name>ovs-net0</name>
  <forward mode='bridge'/>
  <bridge name='ovs-br0'/>
  <virtualport type='openvswitch'/>
</network>
EOF
[root@ node1 ~]# virsh net-start ovs-net0
Network ovs-net0 started
[root@ node1 ~]# virsh net-autostart ovs-net0
Network ovs-net0 marked as autostarted
```

然后只需在虚拟中添加网络接口定义并启动即可,如下所示。

```
<interface type='network'>
<mac address='52:54:00:68:00:43'/>
<source network='ovs-net0'/>
    <model type='virtio'/>
</interface>
```

2. VLAN 组网

在 libvirt/QEMU 中使用 OVS VLAN 网络最基本的方式是使用"假桥(fake bridge)"，以允许 tagged VLAN 封包在多个 OVS 中流通。又因为这个假桥是多个 OVS 间共享的，所以当一个 OVS 中添加了具有标签的端口时，其他网桥则不能再次添加相同标签的假桥。

□ Access 模式

我们继续使用之前的 ovs-br0，并向其中添加 VLAN 标签为 20 的假桥：

```
[root@ node1 ~]# ovs-vsctl add-br ovs-vlan20 ovs-br0 20
# 注意到假桥在 OVS 中的存在形式是一个具有 VLAN 标签的端口
[root@ node1 ~]# ovs-vsctl show
a71fac2f-8277-453c-9af1-91438610b101
    Bridge "ovs-br0"
        Port "ovs-vlan20"
            tag: 20
            Interface "ovs-vlan20"
                type: internal
        Port "ovs-br0"
            Interface "ovs-br0"
                type: internal
    ovs_version: "2.5.90"
# 将其设置为 IP 设置为 192.168.20.1 以便测试
[root@ node1 ~]# ifconfig ovs-vlan20 192.168.20.1 up
```

然后给虚拟机添加一个指定到 ovs-vlan20 的网络接口定义：

```
<interface type='network'>
  <mac address='52:54:00:68:00:43'/>
  <source network='ovs-net-vlan20'/>
  <model type='rtl8139'/>
</interface>
```

虚拟机启动后不需要添加 VLAN 子接口，只要将 eth0 设置为 192.168.20.2 即可访问网络，此时其 VIF(veth0) 在 OVS 的状态如下，即虚拟机流量经过 VIF 时被打上 VLAN 标签从而到达 ovs-vlan20：

```
[root@ node1 ~]# ovs-vsctl show
a71fac2f-8277-453c-9af1-91438610b101
    Bridge "ovs-br0"
        Port "ovs-vlan20"
            tag: 20
            Interface "ovs-vlan20"
```

```
            type: internal
    Port "ovs-vlan30"
        tag: 30
        Interface "ovs-vlan30"
            type: internal
    Port "ovs-br0"
        Interface "ovs-br0"
            type: internal
    Port "vnet0"
        tag: 20
        Interface "vnet0"
```

□ Trunk 模式

如果上一步的假桥建立后我们将虚拟机的网络接口定义为"<source network ='ovs-net0 '/>",那么我们就需要在虚拟机内添加 **VLAN 子接口**,操作示例如下:

```
[root@ livecd ~]# ip link add link eth0 name eth0.20 type vlan id 20
[root@ livecd ~]# ping 192.168.20.1 -c 1
PING 192.168.20.1 (192.168.20.1) 56(84) bytes of data.
64 bytes from 192.168.20.1: icmp_seq=1 ttl=64 time=0.053 ms

--- 192.168.20.1 ping statistics ---
1 packets transmitted, 1 received, 0% packet loss, time 0ms
rtt min/avg/max/mdev = 0.053/0.053/0.053/0.000 ms
```

我们可以定义多个假桥,然后将虚拟机的网络接口源定义到 ovs-br0 即可在虚拟机使得虚拟机访问全部网络。

如果只允许虚拟机访问部分 VLAN,我们可以定义带端口组的 libvirt 网络,如下所示。

```
# 创建 4 个端口组
[root@ node1 tutorial]# cat > /etc/libvirt/qemu/networks/ovs-net1.xml
<network>
  <name>ovs-net1</name>
  <forward mode ='bridge'/>
  <bridge name ='ovs-br0'/>
  <virtualport type ='openvswitch'/>

  <portgroup name ='vlan-all' default ='yes'>
    </portgroup>

  <portgroup name ='vlan20'>
    <vlan>
```

```
    <tag id='20'/>
    </vlan>
  </portgroup>

  <portgroup name='vlan30'>
    <vlan>
      <tag id='30'/>
    </vlan>
  </portgroup>

  <portgroup name='vlan20_30'>
    <vlan trunk='yes'>
      <tag id='20'/>
      <tag id='30'/>
    </vlan>
  </portgroup>
</network>
```

然后虚拟机选择对应的端口组定义其网络接口，启动后在内部添加 VLAN 子接口即可访问 VLAN 20 与 VLAN 30 网络。

```
<interface type='network'>
<mac address='52:54:00:68:00:43'/>
<source network='ovs-net0'postgroup='vlan-20,30'/>
    <model type='virtio'/>
</interface>
```

此时查看 OVS 状态可发现虚拟机的 VIF(vnet0) 带有 Trunks 字段，即虚拟机需要在系统内给流量添加 VLAN 标签才能经过 vnet0 到达对应 VLAN 网络。

```
[root@ node1 ~]# ovs-vsctl show
a71fac2f-8277-453c-9af1-91438610b101
    Bridge "ovs-br0"
        Port "ovs-vlan20"
            tag: 20
            Interface "ovs-vlan20"
                type: internal
        Port "ovs-vlan30"
            tag: 30
            Interface "ovs-vlan30"
                type: internal
        Port "vnet0"
            trunks: [20, 30]
            Interface "vnet0"
```

```
    Port "ovs-br0"
        Interface "ovs-br0"
            type: internal
```

3. 通道组网

OVS 中的通道组网包括 GRE、Geneve、VXLAN 等,其流程基本相同,主要区别在于可选参数。接下来笔者以 GRE 为例,简单介绍如何在 libvirt/QEMU 中进行通道组网。

现有三台主机 node1、node2、node3,其地址分别为 192.168.0.140、192.168.0.141、192.168.0.142,然后我们选择 node1 为网络出口,与其他两台主机建立通道。

```
# 在 node1 上建立两个 GRE 端口分别与另外两台主机相连
[root@ node1 ~]# ovs-vsctl add-port ovs-br0 gre0 -- set interface gre0 type=gre
options:remote_ip=
192.168.0.141
[root@ node1 ~]# ovs-vsctl add-port ovs-br0 gre1 -- set interface gre1 type=gre
options:remote_ip=
192.168.0.142
# 在 node2 上建立 GRE 端口与 node1 相连
[root@ node2 ~]# ovs-vsctl add-port ovs-br0 gre0 -- set interface gre0 type=gre
options:remote_ip=
192.168.0.140
# 在 node3 上建立 GRE 端口与 node1 相连
[root@ node3 ~]# ovs-vsctl add-port ovs-br0 gre0 -- set interface gre0 type=gre
options:remote_ip=
192.168.0.140
```

接下来便可参考第一小节 OVS 基本组网中的内容,分别在三台主机上定义 ovs-net0 网络,选择 ovs-br0 网桥作为虚拟机的网络接口来源,然后在 node1 上启动相应的 DHCP 服务并设置防火墙规则即可使得另外两台主机上的虚拟机能够获得 IP 地址并访问外网了。

第 7 章　私有云存储基础

本章将以 Linux 存储栈中的几个典型元素的功能以及操作实例作为开始，以期读者能够对私有云存储的基础知识有总体印象。然后再介绍虚拟机可以使用的存储形式，包括虚拟存储文件、直通物理设备等。最后再对云平台中比较流行的分布式存储技术予以简单介绍，因为它们是很多走超融合路线私有云厂商的"必经之路"。

7.1　存储基本元素

现在的 Linux 存储栈结构比较复杂，按照逻辑功能可以划分为如下几部分内容，如表 7 - 1 所示。

表 7 - 1　Linux 存储栈模块及其功能

存储栈模块	功　　能
VFS	Virtual Filesystem Switch，它为用户空间应用程序提供文件操作相关的系统调用接口，并为其"透明化"下层各种具体文件系统的一层内核实现。
文件系统	VFS 收到系统调用后操作的主要对象，可以分为基于块的文件系统（block-based fs，Ext4/Brtfs/...）、网络文件系统（network fs，NFS/smbfs/...）、可堆叠文件系统（stackable fs，OverlayFS/UnionFS/...）、假文件系统（pseudo fs，proc/sysfs/...）以及特殊文件系统（special fs，tmpfs/ramfs/...）。
FUSE	Filesystem in Userspace，用户空间文件系统，是指可从用户空间进行创建的文件系统，比如 sshfs、Glusterfs、Cephfs、HDFS 等。
LIO	Linux-IO，旨在内核中实现 SCSI Target，包含 iSCSI、光纤通道、USB（gadget）等协议模块。
Block Layer	通用块设备层，包含 I/O 调度器（I/O scheduler）、块请求队列（blkmq）的调度逻辑层。
page cache	由内核分配到内存中且对上层应用程序透明的 cache，它的主要目的是提高应用程序对块设备数据的读写速度。

续　表

存储栈模块	功　　能
swap cache	存在于块设备存储上作为应用程序进程运行时地址空间的"虚拟内存"。
Direct I/O	不经过 page cache 的 I/O 操作,应用程序的 I/O 请求直接转发至 Block Layer。
设备节点	存在于/dev/目录下代表具体存储的设备文件。
设备驱动	内核中向存储设备控制器的发送具体操作指令与数据的中间层模块。
存储设备	即物理(或模拟)存储设备。

我们以向已有文件写入内容命令"echo test > /root/test.txt"为例,介绍写文件的简单过程(具体可参考《Understanding the Linux Kernel 3rd edition》第 16 章相关内容)。

这条命令的写操作(即 C 语言中的 open()、sprintf()、close()等函数,会带有偏移量和同步标志等)经过 libc 进入内核空间后,会使用系统调用函数 write(),然后这个系统调用依次实现这几个主要过程:初始化临时变量(包含用户空间 buffer 的地址信息等);在 VFS 中确定文件"/root/test.txt"所在的 inode(index node,索引节点)并加上信号锁;根据临时变量中的 buffer 信息更新内存页(page);调用具体文件系统驱动将内存页内容写入文件系统块,此时会从 VFS 中找到存储设备节点(比如/dev/sda)完成具体的硬盘驱动(比如 hd、ahci、ata_piix 等)函数调用,从而向硬盘扇区中写入之前存入 page cache 中的内容"test";所有操作完成以后释放信号锁并告知用户空间写过程已完成。

以上过程中的相关元素可参考图 7－1。

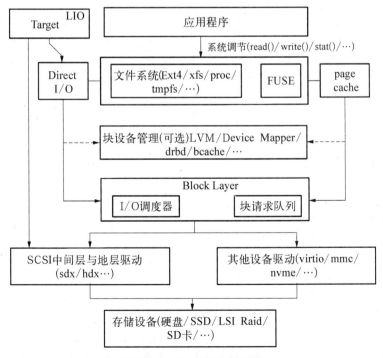

图 7－1　Linux 存储栈简图

page cache、I/O 调度、同步标志等,它们作为 Linux 存储栈中的重要部分甚至比具体文件系统更能影响存储的性能。由于篇幅所限,笔者仅就其中的 VFS、文件系统、块设备驱动予以介绍,对它们具体实现有兴趣的读者可以参考相关内核源码与书籍。

7.1.1　VFS

1. VFS 操作对象

VFS 的主要操作对象与结构包括 file、inode、superblock、dentry。

Superblock 表示被挂载的文件系统实例,包含存储设备、inode 指针、块大小、superblock 操作、文件系统类型、文件系统信息等。在一般文件系统中,它是存储于硬盘中文件系统控制块(filesystem control block)。

在 VFS 中 **inode** 储存了具体文件(目录)的相关信息,其中最重要的就是它们在具体文件系统内的 inode 编号,在用户空间可通过命令"ls -i"查看。很多文件系统比如 ext 系列、XFS 等,都存在 inode 数据结构。

Dentry 则是文件系统中目录与文件的映射关系,这种关系根据文件系统类型不同而有所差异。

与用户空间进程文件描述符(fd)对应的就是 VFS 中的 **file** 对象,它被存储于内核空间中且随着用户空间进程成功关闭文件而被释放。

2. VFS 中涉及的主要操作形式

□ 文件系统类型注册

在使用某种文件系统时,内核首先需要将其注册至 VFS。通常这个过程发生在系统启动或者手动加载文件系统模块时,注册完成后内核会将与之对应的 file_system_type 对象加入一个含有多种文件系统类型对象的单向链表中。

□ 挂载文件系统

在类 Unix 系统中,很多文件系统都可以通过形似"mount -t ext4 /dev/sdb /mnt/sdb"的命令进行挂载,并且可以多次挂载到不同的挂载点。

挂载普通文件系统时,一般会使用系统调用 mount() 作为开始,然后再相继调用一系列内核函数。期间的 do_kern_mount() 函数会通过 get_fs_type()、allocl_vfsmnt()、get_sb 获取挂载点与文件系统的 superblock 信息,然后再调用 mnt_sb()、mnt_root() 等函数进行挂载。

挂载根文件系统的过程发生在系统初始化的时候,由于要支持多种文件系统作为挂载点,所以相对来说它比较复杂,其过程可以简单分为两个部分。首先内核挂载会首先挂载一个特殊的 rootfs 文件系统,然后将其作为真正根文件系统的挂载点以挂载系统根目录,调用 sys_chroot() 后执行路径指向真正的根文件系统。

□ 卸载文件系统

系统调用 umount() 用于卸载已挂载的文件系统,命令形似"umount /mnt/sdb"或者"umount /dev/sdb"。这个过程中内核会释放 superblock 并减少信号灯的值(因为一个文件系统可以被挂载多次,所以我们需要在卸载时对其是否存在其他挂载点进行检查)。对于存在读写进程的挂载点来说,在卸载时内核一般会检查其中的文件锁以阻止卸载。

□　解析文件路径名

所有与文件或者目录相关的操作内核都要在 VFS 中对其路径名进行解析,以向其调用者返回正确的 inode。在解析时,会对文件的权限、文件形式(符号链接、目录)、所处命名空间(参考第五章内容)等进行检查。具体解析操作是由 path_lookup( )函数完成,期间会查找 dentry 中 d_inode(代表目录的 inode),如果路径名中存在“.”、“..”,则在处理时分别予以跳过或者进入父目录。

□　实现文件相关系统调用

VFS 在内核中注册的系统调用主要包括 open( )、read( )、write( )、close( )等,它们与上层应用程序需要的文件描述符紧密相关。

□　文件锁

绝大多数编程语言的文件锁实现,包括建议锁(advisory lock)、强制锁(mandatory lock),即是以 VFS 提供的 fcntl( )和 flock( )为基础。

7.1.2　文件系统

文件系统是组织文件的一种形式,从而使得应用程序能够更具效率地对文件进行读写。Linux 支持很多种文件系统类型,但整体来说它们或多或少有一些共同的元素,比如 superblock、data block、metadata block、inode、timestamp 等。

对于初学者而言,可以这样理解文件系统:一个文件系统是一个有很多抽屉的柜子,文件就是抽屉里装的东西,其中柜子、抽屉、文件的相关信息可以用 superblock、block、inode 或者其他名词进行描述,不同文件系统的区别主要体现于这些抽屉与文件的组织方法、柜子内的文件目录索引等。如果是类似 Ceph、Gluster 的分布式文件系统,我们可以将其理解成多个“柜子”组成的“柜子阵列”,相关细节会在本章第三节进行介绍。

如前所述,文件系统是对文件的组织形式,一个完整的文件系统实现中需要有到 inode、superblock 等基本元素的操作。为了让读者更好地理解这些内容,笔者从较为简单的 simplefs(https://github.com/psankar/simplefs)、aufs(https://github.com/krinkinmu/aufs)和 lwnfs(https://gist.github.com/prashants/3496839)中选择只有 300 行左右的 lwnfs 作为实例,对文件系统模块所做的工作进行介绍。

首先我们创建目录 lwnfs,如下所示编写模块 Makefile,其中笔者的操作系统为 Fedora 23,内核版本为 4.4.5。

```
[root@ localhost lwnfs]# cat Makefile
obj-m := lwnfs.o
lwn-objs := lwnfs.o


all: ko


ko:
```

```
    make -C /lib/modules/$(shell uname -r)/build M=$(PWD) modules

clean:
    make -C /lib/modules/$(shell uname -r)/build M=$(PWD) clean
```

然后下载 lwnfs. c 并修改部分函数与变量以使其能够在 Linux 4.4 中编译,包括其中的 inode 结构和 d_alloc_root( )函数,修改后的文件可以从 https://github.com/lofyer/lwnfs 获取。通过阅读源码,我们可以看出这个文件系统模块的主要内容包括注册文件系统类型、注册 inode 操作等。

□ 注册文件系统类型

首先是模块注册函数,即向 VFS 注册文件系统。

```
/* 注册文件系统类型 */
static int __init lfs_init(void)
{
    return register_filesystem(&lfs_type);
}

/* 指定文件系统的挂载操作时获取 superblock 的函数 */
static struct file_system_type lfs_type = {
    .name    = "lwnfs",
    .mount   = lfs_get_super,
    .kill_sb = kill_litter_super,
};
```

□ 实现 inode 创建操作

不同文件系统的 inode 操作的实现有所不同,这是它们之间的主要差别之一,如下是 lwnfs 实现的 inode 操作。

```
/* 调用 libfs 中的 new_inode( )并对其更新其时间戳 */
static struct inode *lfs_make_inode(struct super_block *sb, int mode)
{
    struct inode *ret = new_inode(sb);

    if (ret) {
        ret->i_mode = mode;
        ret->i_uid.val = ret->i_gid.val = 0;
        ret->i_blocks = 0;
        ret->i_atime = ret->i_mtime = ret->i_ctime = CURRENT_TIME;
    }
    return ret;
}
```

□ 注册 inode 操作

这些操作也就是用户对此文件系统中的文件可以执行的操作,lwnfs 只实现了最基本的 open()、read()、write()。其中的 lfs_read_file()在会将被调用时且读取偏移量为 0 的情况下,将文件内容加 1(数据类型为 atomic_t),然后将结果再写入至文件中。

```c
static struct file_operations lfs_file_ops = {
    .open = lfs_open,
    .read = lfs_read_file,
    .write = lfs_write_file,
};

static ssize_t lfs_read_file(struct file *filp, char *buf,
        size_t count, loff_t *offset)
{
    atomic_t *counter = (atomic_t *) filp->private_data;
    int v, len;
    char tmp[TMPSIZE];
    /* 从文件内容中读取原子计数器的值 */
    v = atomic_read(counter);
    if ( *offset > 0)
        v -= 1; /* 文件偏移量大于 0 时 v 的值为-1,即最终拷贝至用户空间的值为 0 */
    else
        atomic_inc(counter);
    len = snprintf(tmp, TMPSIZE, "%d\n", v);
    if ( *offset > len)
        return 0;
    if (count > len - *offset)
        count = len - *offset;
    /* 将数据复制到用户空间的 buffer 中 */
    if (copy_to_user(buf, tmp + *offset, count))
        return -EFAULT;
    *offset += count;
    return count;
}

static ssize_t lfs_write_file(struct file *filp, const char *buf,
        size_t count, loff_t *offset)
{
    atomic_t *counter = (atomic_t *) filp->private_data;
    char tmp[TMPSIZE];
    /* 从偏移量 0 处开始写 */
    if ( *offset ! = 0)
        return -EINVAL;
    /* 从用户空间获取要写入的值 */
```

```
   if (count >= TMPSIZE)
      return -EINVAL;
   memset(tmp, 0, TMPSIZE);
   if (copy_from_user(tmp, buf, count))
      return -EFAULT;
   /* 将其存入值原子计数器 */
   atomic_set(counter, simple_strtol(tmp, NULL, 10));
   return count;
}
```

□ 挂载时初始化 superblock

其中涉及的两个主要函数是 lfs_get_super( ) 和 lfs_fill_super( )，前者会获取 superblock 的 dentry，并使用 lfs_fill_super 对这个 super_block 进行初始化，初始化包括 superblock 的大小、标识符、可执行操作等。

```
/* 使用 linux/pagemap.h 中的定义对 superblock 进行初始化，注册的 lfs_s_ops 操作 simple_
statfs 以及 generic_delete_inode 为内核 libfs 库标准函数，无需额外实现 */
sb->s_blocksize = PAGE_CACHE_SIZE;
sb->s_blocksize_bits = PAGE_CACHE_SHIFT;
sb->s_magic = LFS_MAGIC;
sb->s_op = &lfs_s_ops;
```

□ 初始化文件系统

在挂载 lwnfs 后，其中与根目录相关的函数（来自内核 libfs 库，无需额外实现）会对挂载点内容进行更新，包括创建一个用于计数 stats 操作的文件"counter"、一个子目录 "subdir" 以及其中的"subcounter"。

```
/* 创建挂载点的根目录 inode */
root = lfs_make_inode (sb, S_IFDIR | 0755);
if (! root)
   goto out;
root->i_op = &simple_dir_inode_operations;
root->i_fop = &simple_dir_operations;
root_dentry = d_make_root(root);
if (! root_dentry)
   goto out_iput;
/* 调用 lfs_create_files()函数对挂载内容进行更新 */
sb->s_root = root_dentry;
lfs_create_files (sb, root_dentry);
```

接下来我们对其进行测试，包括挂载以及文件的读写。

```
# 编译并加载模块
[root@ localhost lwnfs]#make
```

```
make -C /lib/modules/4.4.5-300.fc23.x86_64/build M=/root/lwnfs modules
make[1]: Entering directory'/usr/src/kernels/4.4.5-300.fc23.x86_64'
  Building modules, stage 2.
  MODPOST 1 modules
make[1]: Leaving directory'/usr/src/kernels/4.4.5-300.fc23.x86_64'

[root@ localhost lwnfs]# insmod lwnfs.ko
[root@ localhost lwnfs]# mkdir mount_point
# 挂载文件系统,其中 none 表示此挂载点不适用任何设备节点
[root@ localhost lwnfs]# mount -t lwnfs none mount_point/
# 读取操作
[root@ localhost lwnfs]# cat mount_point/subdir/subcounter
0
[root@ localhost lwnfs]# cat mount_point/subdir/subcounter
1
# 写入操作
[root@ localhost lwnfs]# echo 0 > mount_point/subdir/subcounter
[root@ localhost lwnfs]# cat mount_point/subdir/subcounter
0
```

由于未定义 mkdir( )、create( )等 inode 操作,所以就不能进行目录或文件的创建,如下所示。

```
[root@ localhost lwnfs]# touch mount_point/test
touch: cannot touch'mount_point/test': Permission denied
[root@ localhost lwnfs]# mkdir mount_point/test_dir
mkdir: cannot create directory'mount_point/test_dir': Operation not permitted
```

比如要实现创建目录的功能,我们定义并注册 inode 操作 mkdir( ),具体实现可参考其中的 lfs_create_file 函数以及 aufs 或者 simplefs 的实现。

7.1.3　块设备

□　通用块设备层

Linux 内核中与块设备所存储数据相关的元素有 sector(扇区)、block(块)、segment(段)、page(页),它们一起被用于描述内核通用块设备层,如图 7-2 所示。其中,sector 代表存储控制器每次能读写的最小数据单位(512B),I/O 调度器和具体设备驱动也能以 sector 为单位进行数据操作;block 是文件系统存储文件数据块的最小单位(通常是 1 KB),通常由多个 sector 组成;segment 是一个内存页,它包含有多个 block 的存储数据内容;page frame(4 KB)是存储 cache 中由一个或多个 segment 组成的最小数据单位。

通用块设备层将会处理所有与块设备相关的数据请求,比如将数据拷贝至内存、管理

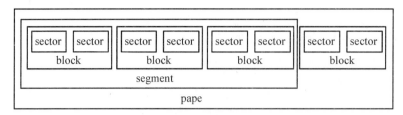

图 7-2　通用块设备层数据单位示意图

逻辑卷(LVM)、I/O请求调度、拓展磁盘控制器功能等,与这些紧密相关的一个重要数据结构是bio。Bio中包含一系列将要与正在执行的块设备操作链表,以提交块设备 I/O 请求函数 make_request( )为例,它首先会检查 bio->bi_sector 以确定此请求没有超过设备边界,然后将此请求加入与此设备关联的请求队列中,返回值为指向请求队列的结构体指针。当请求被加入队列后,就需要 I/O 调度器对这些请求进行调度了。

I/O 调度算法

- Noop

最直接的调度算法,它在请求队列的 FIFO(First In First Out)基础上,添加了相邻扇区请求的合并机制。新加入的请求会被排列至队列末尾,直到前面的请求被处理完,它才会被执行。这种算法比较适用于 SSD 等快速存储设备,对于读写周期相对较长的机械盘来说效果可能并不突出。

- CFQ

CFQ 是为了实现完全公平的排队(Complete Fair Queueing)而发明的算法,它尽量保证每一个进程都获得相对公平的 I/O 带宽。当新的请求来到时,内核会根据这个请求进程所在线程组(thread group)的标识符哈希值将其插入至相应队列中。同时内核会默认维持 64个队列,并以 round robin 形式对这些队列进行扫描,选中队列中的某些请求并将它们移动到此队列的末尾,从而保证此队列中的请求都获得相对公平的 I/O 带宽。这种算法目前是诸多发型版中的默认调度算法,在多数桌面与服务器场景中表现都比较平稳,适用于读写周期较长的机械硬盘。

- Deadline

Deadline 算法中内核则只需要维持 4 个队列,其中的两个排序队列分别包含读请求和写请求,请求是根据起始扇区编号排序的。另外两个 deadline 队列包含相同的读和写请求,但这是根据它们的“截止时间”排序的。默认的读请求截止时间为 500 ms,写请求截止时间为 5 秒,当队列中的第一个请求的操作时间达到对应的截止时间时,就会被移动到队列末尾。这种算法一般适用于尽量避免写操作被“饿死”的数据库服务场景。

- Anticipatory

这是一种启发式的调度算法,类似 deadline 算法,它也维持了 4 个请求对列。区别在于当它处理完一个请求后并不会直接返回处理下一个请求,而是默认等待 6 ms,如果期间有新来并被预测为针对当前扇区邻居的请求,那么会直接处理新请求。当等待时间结束后,调度器才开始处理队列中的下一个请求。这种算法适合于随机 I/O 和顺序 I/O 请求数量相当的场景,比如文件服务。

□　块设备驱动

Linux 存储栈的中实际物理设备之上就是真正的块设备驱动了,它从上层调度器获得 I/O 请求后开始向存储设备读写数据。

块设备驱动的编写与其他驱动类似,也需要定义一系列设备操作。但是不同于普通驱动,它需要额外定义中断处理程序,以允许 DMA 操作将数据直接从硬盘拷贝至内存。另外,SCSI 设备驱动的由上中下 3 层实现,含有设备节点的上层驱动用于与通用块设备层交互,下层控制具体的存储设备,中间层则类似网络路由功能,它将收到的请求按照一定规则传递至不同的设备节点以诸如容错等额外功能。

7.2　虚拟机硬盘存储

虚拟机存储指的是模拟器本身可以加载的各种形式存储,在本节主要是指 libvirt/QEMU 可以用作虚拟机硬盘的存储文件(或目录)和存储设备(NAS、SAN)。

QEMU(2.5)支持的虚拟机硬盘的存储后端或者方式有虚拟硬盘文件、主机块设备节点(或其分区)、目录(虚拟 FAT 硬盘)、nbd、sheepdog、iSCSI LUN、Glusterfs、ssh 等。

而 Libvirt(1.3)支持的存储池后端则有主机目录、本地文件系统(块设备及其分区)、NFS、LVM 逻辑卷、iSCSI、SCSI、光纤存储、多路径(/dev/mapper 中的所有卷)、rbd(ceph 块存储 Rados Block Device,需 QEMU 支持)、sheepdog、Glusterfs 卷、zfs 卷等。

可以看出,libvirt/QEMU 本身支持很多类型的外部存储,它们最终映射到 QEMU 中后就是各种格式的虚拟硬盘,比如常用的 qcow2 或者 raw。

7.2.1　虚拟硬盘

虚拟硬盘镜像是模拟器直接用作虚拟机硬盘的文件,它将内容按照一定格式进行存储,像不同的视频格式一样,不同格式的虚拟硬盘镜像的文件头、性能和特性等也不相同。某些格式的镜像文件可以使用另一个镜像文件作为基底存储,自身仅用于存储增量内容;某些格式的镜像文件可以被分割为多个子文件,这些子文件都含有其他父文件的简单信息;多数情况下不同格式的镜像之间可以互相转换,但镜像本身的空洞(一般这种镜像被称为 sparse file,即稀疏文件)不一定会被保留;拷贝稀疏文件形式的镜像时,scp 命令默认会对其中的空洞进行填充,即拷贝后文件占用空间即镜像定义大小,为避免拷贝此类状况我们可以使用带"sparse-file"参数的 rsync,或者先对镜像进行压缩(zip、gzip)或打包(tar)再使用 scp 拷贝。

1. 镜像格式

QEMU(2.5)支持的硬盘镜像文件格式可以分为读写访问与只读访问两种,前者可通过 qemu-img 命令进行创建,后者则不可。

☐ raw

原始硬盘格式,可选项为预分配(preallocation)。

这种格式在各种模拟器中的兼容性是最好的。数据在 raw 格式镜像中以 flat 方式保存,任意文件都可以 raw 格式打开,目前它也是性能最好的虚拟硬盘格式。如果镜像所在的文件系统支持空洞文件,且创建镜像时指定"preallocation=off"时,这个镜像中的扇区只有在被虚拟机真实写入内容时才会占用系统空间(可用命令"ls -ls"查看),也就是常说的Thin Provision。

另外,当使用 dd 命令指定来源为虚拟机系统磁盘时,则输出文件可以直接用作虚拟机镜像文件,如果将输出文件再 dd 到物理硬盘上也可作为物理机的系统,这也是实现P2V、V2P 的一种"笨"方法。

☐ qcow

QEMU 写时复制镜像格式,可选项有基底文件(backing_file)、加密(encryption)。

这种格式相对于 raw 来说,能够在不支持文件空洞的文件系统中创建 Thin Provision镜像,其内容有一定压缩(zlib)。它也是 QEMU 中较早支持基底文件的镜像格式,主要利用了写时复制技术在新镜像中实时更新相对于基底文件的变化信息,仅将产生变化(增、删、改)的数据内容写入新镜像。

目前 qcow 已被 qcow2 替代,极少在生产环境中使用。

☐ qcow2

QEMU 镜像格式,可选项有兼容性(compat)、基底文件(backing_file)、基底文件格式(backing_fmt)、加密(encryption)、簇大小(cluster_size)、预分配(preallocation)、懒惰引用数计量(lazy_refcounts)、禁用写时复制(nocow)。

作为 qcow 的升级,它能够向前兼容 qcow,并且引入了一些新特性。比如用户可以更改簇的大小,从而可以根据实际应用决定镜像实际**占用空间的增长速度**;懒惰引用数计量功能会延迟更新新镜像中簇的引用计数等信息(元数据),以释放部分 I/O 占用提高其读写效率;禁用写时复制则改善了 qcow2 格式虚拟硬盘在 Btrfs 文件系统中的表现,可以使用命令"lsattr"查看文件是否具有"C"标志,有即代表写时复制已禁用;它可以进行多个硬盘快照的管理,且 QEMU 启动虚拟机时可以直接指定快照名。

以 raw 镜像作为 qcow2 的基底文件,使用 qcow2 作为虚拟机硬盘,是多数私有云平台中普遍采用的做法,这样在虚拟机硬盘性能和空间占用上都能获得比较满意的表现。当然,在实际的生产环境这种组合或许并不是最优的,我们需要结合具体应用在各种存储后端中做出选择。

☐ qed

QEMU Enhanced Disk,可选项有基底文件(backing_file)、基底文件格式(backing_fmt)、簇大小(cluster_size)、簇表大小(table_size)。

这种文件格式是由 IBM 的 Stefan Hajnoczi 开发,旨在改善 qcow2 由于数据压缩而导致的性能下降问题。虽然它不具备数据压缩和加密功能,但保留 qcow2 的其他先进特性,比如簇表索引、基底存储等。它是 QEMU 中除了 raw 之外性能最优的,是**代替 qcow2 的首选格式之一**。

□ vdi

Virtual Box 1.1 兼容镜像格式,可选项为预写元数据(static)。

较新版本的 Virtual Box 仍然对这种镜像格式提供支持,在 QEMU 它的中使用场景一般是 V2V。

□ vmdk

VMWare 3/4/6 兼容镜像格式,可选项有基底文件(backing_file)、兼容性(compat6)、子格式(subformat)。

VMWare 作为虚拟化的代表厂商,其虚拟硬盘镜像格式 vmdk 的使用者非常多,而 QEMU 也对较早版本的 vmdk 提供支持。

子命令有 5 个选项,分别是 monolithicSparse(默认)、monolithicFlat、streamOptimized、twoGbMaxExtentSparse、twoGbMaxExtentFlat,前 2 个选项的区别在于是否使用单独的镜像描述文件(类似 qcow2 的簇表),第 3 个选项会压缩镜像中的空洞文件,而最后 2 个选项则会在前 2 个的基础上,将镜像按照 2 Gb 为单位分割成多个子文件。使用单独镜像描述文件与镜像文件分割的好处是使其复制时的便利性,比如用户可以文本方式直接查看硬盘信息、拷贝镜像文件中断后直只需继续从被中断的子文件开始。但是对于大文件来说,镜像文件分割可能会降低其性能。

与 vdi 格式类似,在 QEMU 中它的使用场景同样以 V2V 居多。

□ vpc

Windows Virtual PC 兼容镜像格式,也称为 vhd,可选项为子格式(subformat)。

由微软开发的虚拟机硬盘镜像格式,子格式有动态(dynamic)和固定(fixed)两种可选项,区别类似于 Thin Provision 模式的 raw 和默认模式的 qcow。

□ vhdx

Hyper V 兼容镜像格式,可选项有子格式(subformat)、块状态(block_state_zero)、块大小(block_size)、日志大小(log_size)。

微软的 Hyper-V 虽然起步较晚,但仍存在较广泛的群众基础。子格式同 vpc 一样具有两个可选参数;块状态是指初始化时是否对其中的数据块写入"0",如果设置为"off",则模拟器(QEMU)对这些块状态的访问会得到任意返回值;块大小类似于其他镜像格式的簇大小,值的范围从 1 MB 到 256 MB;日志大小即镜像文件中日志段长度的最大值,通常是 1 MB。

□ bochs、cloop、dmg、parallels

QEMU 中对某些压缩镜像文件也提供只读支持,目前有 bochs(同名 x86 模拟器)硬盘镜像、压缩回环镜像(compressed loop device,一种文件压缩格式)、苹果硬盘镜像(用于存储系统文件、应用程序的一种压缩文件)、Parallels Desktop(Mac OS 系统独占的 x86 模拟器)硬盘镜像。

2. 使用示例

普通的 QEMU 的虚拟硬盘文件及其不同存储方式都可以通过 qemu-img 命令进行操作,笔者接下来对 QEMU(2.5 版本)中的 qemu-img 命令以及 QEMU 挂载硬盘驱动的方法进行介绍。

□ qemu-img

命令 qemu-img 操作主要针对离线镜像,包括创建、校验、转换、快照等,详细内容可参考"man qemu-img",接下来我们以镜像的完整生命周期活动进行演示。

首先分别创建(命令为"**qemu-img create**")格式分别为 raw 和 qcow2 的两个镜像,指定 raw 格式的预分配参数、qcow2 的簇大小为 2 MB,且后者以前者作为基底文件,创建完成以后使用"**qemu-img map**"查看基底镜像映射关系:

```
# 预分配镜像空间,否则默认创建空洞文件
[root@ node1 tmp]# qemu-img create -f raw -o preallocation=full hda.raw 1G
Formatting'hda.raw', fmt=raw size=1073741824 preallocation='full'

# 也可以使用更简单的"-b hda.raw"指定基底文件
[root@ node1 tmp]# qemu-img create -f qcow2 -o backing_file=hda.raw,
backing_fmt=raw,cluster_size=2M,lazy_refcounts=on hda.qcow2 1G
Formatting'hda.qcow2', fmt=qcow2 size=1073741824 backing_file='hda.raw'backing_
fmt='raw'encryption=off cluster_size=2097152 lazy_refcounts=on refcount_bits=16

# 查看镜像信息
[root@ node1 tmp]# qemu-img info hda.qcow2
image: hda.qcow2
file format: qcow2
virtual size: 1.0G (1073741824 bytes)
disk size: 6.0M
cluster_size: 2097152
backing file: hda.raw
backing file format: raw
Format specific information:
    compat: 1.1
    lazy refcounts: true
    refcount bits: 16
    corrupt: false

# 查看 hda.qcow2 与 hda.raw 的映射关系,以下结果说明 hda.raw 镜像从文件开头处的 0x40000000 字
节(1 GB)内容全部映射到 hda.qcow2 镜像文件的开头
# 如果 hda.qcow2 的内容变化后,以之作为基底文件再创建一个 hda-1.qcow2,则会发现 hda-1.qcow2
与 hda.qcow2、hda.raw 的都存在映射关系,此处笔者不再演示

[root@ node1 tmp]# qemu-img map hda.qcow2
Offset          Length          Mapped to       File
0               0x40000000      0               hda.raw
```

镜像文件创建以后,如果需要针对特定场景对其进行修改,可以使用"**resize**"、"**amend**"、"**convert**"子命令分别修改其大小、参数、格式(后面的操作已跳过此步骤)。

```
# 增加空间
[root@ node1 tmp]# qemu-img resize hda.qcow2 +1G
Image resized.


# 修改镜像参数
[root@ node1 tmp]# qemu-img amend -f qcow2 -o lazy_refcounts=on hda.qcow2


[root@ node1 tmp]# qemu-img info hda.qcow2
image：hda.qcow2
file format：qcow2
virtual size：2.0G (2147483648 bytes)
disk size：6.0M
cluster_size：2097152
backing file：hda.raw
backing file format：raw
Format specific information：
    compat：1.1
    lazy refcounts：true
    refcount bits：16
    corrupt：false


# 将 qcow2 转换为 qed,转换时可以添加目标格式的选项参数,或者用"-s snapshot"指定被转换硬盘的某
个快照作为转换对象
[root@ node1 tmp]# qemu-img convert -f qcow2 -O qed -o cluster_size=64k hda.qcow2
hda.qed
```

相关链接

硬盘大小变更后需要修改文件系统信息

使用 qemu-img 命令改变镜像定义大小以后,我们仍需要在虚拟机操作系统中修改分区信息以识别添加的空间。在 Windows 虚拟机中可以使用自带的硬盘管理,或者第三方的 PartitionDoctor、ParagonFS 等;在 Linux 虚拟机中则可以使用 fdisk、LVM、resize2fs、libguestfs 等。

我们使用 rsync 拷贝 qcow2 镜像,并保留其中的文件空洞。

```
# 添加"--sparse",否则默认参数是"--preallocation"
[root@ node1 tmp]# rsync --sparse hda.qcow2 -e ssh root@ 192.168.0.10:/tmp/
root@ 192.168.0.10's password：


# 在另一台主机中查看
```

```
[root@ localhost ~]# qemu-img info /tmp/hda.qcow2
image: /tmp/hda.qcow2
file format: qcow2
virtual size: 1.0G (1073741824 bytes)
disk size: 12K
cluster_size: 2097152
backing file: hda.raw (actual path: /tmp/hda.raw)
backing file format: raw
Format specific information:
    compat: 1.1
    lazy refcounts: false
    refcount bits: 16
    corrupt: false
```

然后我们使用 dd 命令破坏 qcow2 镜像完整,再使用"**qemu-img check**"对其进行修复:

```
# 被破坏之前的信息
[root@ node1 tmp]# qemu-img info hda.qcow2
image: hda.qcow2
file format: qcow2
virtual size: 1.0G (1073741824 bytes)
disk size: 4.2M
cluster_size: 2097152
backing file: hda.raw
backing file format: raw
Format specific information:
    compat: 1.1
    lazy refcounts: true
    refcount bits: 16
    corrupt: false


# 使用 dd 命令破坏镜像偏移量 200 字节后的 1KB 数据,根据实际镜像文件破坏的内容可能不同,可以参考
qcow2 文件格式定义标准或源码
[root@ node1 tmp]# dd if=/dev/zero of=hda.qcow2 seek=200 bs=1k count=1
1+0 records in


# 查看被破坏后的镜像信息
[root@ node1 tmp]# qemu-img info hda.qcow2
image: hda.qcow2
file format: qcow2
virtual size: 1.0G (1073741824 bytes)
disk size: 204K
cluster_size: 2097152
backing file: hda.raw
```

```
backing file format: raw
Format specific information:
    compat: 1.1
    lazy refcounts: true
    refcount bits: 16
    corrupt: false

# 校验并修复,目前只有 qcow2、qed、vdi 格式镜像支持 qemu-img 校验修复
[root@ node1 tmp]# qemu-img check -f qcow2 -r all hda.qcow2
ERROR cluster 0 refcount = 0 reference = 1
ERROR cluster 3 refcount = 0 reference = 1
ERROR cluster 4 refcount = 0 reference = 1
Rebuilding refcount structure
Repairing cluster 4 refcount = 1 reference = 0
The following inconsistencies were found and repaired:

    0 leaked clusters
    3 corruptions

Double checking the fixed image now...
No errors were found on the image.
Image end offset: 8388608

# 修复后的文件信息
[root@ node1 tmp]# qemu-img info hda.qcow2
image: hda.qcow2
file format: qcow2
virtual size: 1.0G (1073741824 bytes)
disk size: 4.2M
cluster_size: 2097152
backing file: hda.raw
backing file format: raw
Format specific information:
    compat: 1.1
    lazy refcounts: true
    refcount bits: 16
    corrupt: false
```

接下来我们创建 hdb. raw,对其进行格式化,再以块设备形式挂载到/mnt 目录并写入数据,使用"**qemu-img compare**"对比它与 hda. raw,其中会使用到 loop 设备进行挂载操作,读者也可以参考下一小节使用 qemu-nbd。

```
# 使用相同的参数创建 hdb.raw
[root@ node1 tmp]# qemu-img create -f raw -o preallocation = full hdb.raw 1G
```

```
Formatting 'hdb.raw', fmt=raw size=1073741824 preallocation='full'

# 将 hdb.raw 格式化为 ext4 文件系统,此步骤可以跳过
[root@ node1 tmp]# mkfs.ext4 hdb.raw
mke2fs 1.42.13 (17-May-2015)
Discarding device blocks: done
Creating filesystem with 262144 4k blocks and 65536 inodes
Filesystem UUID: 901bcd42-60f1-4d34-b691-418f2a934b93
Superblock backups stored on blocks:
    32768, 98304, 163840, 229376

Allocating group tables: done
Writing inode tables: done
Creating journal (8192 blocks): done
Writing superblocks and filesystem accounting information: done

# 创建 loop 设备节点,并将其与 hdb.raw 绑定
[root@ node1 tmp]# mknod -m 660 /dev/loop10 b 7 10

# 将 /dev/loop10 与 hdb.raw 进行绑定,此操作说明 hdb.raw 将以 raw 格式呈现在 loop 设备中
# 如果是 qcow2、qed 等其他格式镜像,则需要 qemu-nbd、libguestfs 等工具进行挂载
[root@ node1 tmp]# losetup /dev/loop10 hdb.raw
[root@ node1 tmp]# mount /dev/loop10 /mnt/
[root@ node1 tmp]# touch /mnt/file

# 卸载文件系统
[root@ node1 tmp]# umount /mnt
[root@ node1 tmp]# losetup -d /dev/loop10

# 将 hda.raw 与 hdb.raw 进行对比,返回信息为 "Images are identical" 说明两个镜像文件内容相同,
否则返回 "Images differ",这里的返回信息意思是偏移量为 1024 字节处镜像内容即有所不同
[root@ node1 tmp]# qemu-img compare hda.raw hdb.raw
Content mismatch at offset 1024!
```

然后我们尝试镜像内嵌快照的离线操作"**qemu-img snapshot**",包括创建、删除、回滚等。

```
# 创建
[root@ node1 tmp]# qemu-img snapshot -c snapshot1 hda.qcow2
[root@ node1 tmp]# qemu-img snapshot -c snapshot2 hda.qcow2

# 查看
[root@ node1 tmp]# qemu-img snapshot -l hda.qcow2
Snapshot list:
```

ID	TAG	VM SIZE	DATE	VM CLOCK
1	snapshot1	0	2016-05-25 16:12:41	00:00:00.000
2	snapshot2	0	2016-05-25 16:12:43	00:00:00.000

删除
```
[root@ node1 tmp]# qemu-img snapshot -d snapshot2 hda.qcow2
```

回滚操作将硬盘镜像内容回滚至指定快照的状态，但内嵌的快照信息会被保留
创建测试快照 snapshot3，然后将 hda.qcow2 回滚至 snapshot1，即尚未创建 snapshot3 的时刻
启动虚拟机并将 hda.qcow2 格式
```
[root@ node1 tmp]# qemu-kvm -m 2G -cdrom /var/lib/libvirt/images/
nfs_share/CentOS-6.5-x86_64-LiveCD.iso -hda hda.qcow2
```
在虚拟机内将 /dev/sda，即 hda.qcow2 格式化
```
[root@ livecd ~]# mkfs.ext4 /dev/sda
```
...

虚拟机关机后查看 hda.qcow2 大小
```
[root@ node1 tmp]# qemu-img info hda.qcow2
image: hda.qcow2
file format: qcow2
virtual size: 1.0G (1073741824 bytes)
disk size: 10M
cluster_size: 2097152
backing file: hda.raw
backing file format: raw
Snapshot list:
```

ID	TAG	VM SIZE	DATE	VM CLOCK
1	snapshot1	0	2016-05-25 16:12:41	00:00:00.000
2	snapshot3	0	2016-05-25 16:24:19	00:00:00.000

```
Format specific information:
    compat: 1.1
    lazy refcounts: true
    refcount bits: 16
    corrupt: false
```

回滚
```
[root@ node1 tmp]# qemu-img snapshot -a snapshot1 hda.qcow2
[root@ node1 tmp]# qemu-img info hda.qcow2
image: hda.qcow2
file format: qcow2
virtual size: 1.0G (1073741824 bytes)
disk size: 10M
cluster_size: 2097152
backing file: hda.raw
```

```
backing file format: raw
Snapshot list:
ID        TAG             VM SIZE              DATE       VM CLOCK
1         snapshot1           0 2016-05-25 16:12:41   00:00:00.000
2         snapshot3           0 2016-05-25 16:24:19   00:00:00.000
Format specific information:
    compat: 1.1
    lazy refcounts: true
    refcount bits: 16
    corrupt: false
```

接下来我们针对含基底文件的镜像进行一些相对不常用的操作,这些子命令有改变镜像基底(rebase)、提交(commit)。

现在 hda.qcow2 是以 hda.raw 作为基底文件,由于其镜像元数据记录的是 hda.raw 的相对路径(或绝对路径),所以如果 hda.raw 的存储位置发生变化,hda.qcow2 将不可用,此时则需要使用 **rebase** 操作。

```
# 将hda.raw移动位置
[root@ node1 tmp]# mv hda.raw ../

# 指定"-u"执行非安全模式的操作,否则将不能进行基底改变操作
# 如果基底文件选项"-b"的参数留空(""),则 hda.qcow2 将变成独立的镜像,并且新增的内容也不会改变
[root@ node1 tmp]# qemu-img rebase -u -f qcow2 -F raw -b ../hda.raw hda.qcow2
[root@ node1 tmp]# qemu-img info hda.qcow2
image: hda.qcow2
file format: qcow2
virtual size: 1.0G (1073741824 bytes)
disk size: 6.0M
cluster_size: 2097152
backing file: ../hda.raw
backing file format: raw
Format specific information:
    compat: 1.1
    lazy refcounts: true
    refcount bits: 16
    corrupt: false
```

提交操作即是将 hda.qcow2 的内容合并到 hda.raw 中,一般在私有云平台中用于制作**"基于模板的模板"**。

```
[root@ node1 tmp]# qemu-img commit -b hda.raw hda.qcow2
Image committed.
```

　　□　后端存储

　　QEMU 可以使用多种存储后端,基本格式一般有"qemu-kvm -hda hda. qcow2"或者"qemu-kvm -drive file=hda. qcow2,format=qcow2"两种,使用驱动器选项的后者相对前者拥有更丰富可选参数,所以应用场景更为广泛。

　　驱动器的常用选项已经在第四章有所介绍,接下来笔者将对这些选项的参数予以详细说明。

　　将本地虚拟硬盘文件 hda. qcow2、hdb. qcow2 分别当做总线上的第 1、2 个硬盘,光盘镜像文件 CentOS. iso 启动顺序为第一个,命令如下:

```
[root@ node1 tmp]# qemu-kvm -drive file=CentOS.iso,media=cdrom,index=0
-drive
file=hda.qcow2,format=qcow2,if=virtio,media=disk,cache=writethrough,werror=
stop,rerror=stop,aio=threads,snapshot=on,copy-on-read=off,index=1
-drive
file=hdb.qcow2,format=qcow2,if=virtio,media=disk,cache=writeback,werror=stop,
rerror=stop,aio=threads,copy-on-read=off,readonly,index=2
```

　　其中 hda. qcow2 中添加了"snapshot=on",则对此硬盘的所有写入内容均会被保存至临时文件中,在 QEMU 控制台进行提交操作(或者串口控制台按 Ctrl+a s)会将临时文件内容写回至 hda. qcow2;不同的接口会使用不同的驱动,比如 virtio 接口在 Linux 虚拟机中表示为 vdX;选项中的"readonly",代表此硬盘为只读模式,虚拟机内所有应用程序对此硬盘的写操作将直接报错。

　　硬盘性能优化可以考虑从接口(if)、缓存策略(cache)、异步 I/O(aio)的参数入手,其他选项相对影响较小。

　　□　其他后端

　　如果使用其他形式的存储后端,一般只需要在 file 中添加对应的协议即可,比如:

```
# iSCSI
[root@ node1 tmp]# qemu-kvm -drive -drive file=iscsi://192.168.0.141/
iqn.qemu.test/1

# Glusterfs
[root@ node1 tmp]# qemu-kvm -drive file=gluster+tcp://192.168.0.141/
data/hda.qcow2

# rbd
[root@ ceph-master tmp]# qemu-kvm -drive
file=rbd:rbd/hda.raw:id=admin:key=AQCQwkZXrnhDJxAABclYSvLwGgd4XwIG7G8/pw==

# NFS
[root@ node1 tmp]# qemu-kvm -drive file=nfs://192.168.0.141/nfs/hda.qcow2
```

```
# ssh
[root@ node1 tmp]# eval 'ssh-agent'
[root@ node1 tmp]# qemu-kvm -drive file=ssh://root@ 192.168.0.141/
root/hda.qcow2

# ftp
[root@ node1 tmp]# qemu-kvm -drive file=ftp://demo:123456@ 192.168.0.141/
root/hda.qcow2

# HTTP
[root@ node1 tmp]# qemu-system-x86_64 -drive file=http://192.168.0.141/
CentOS.iso,media=cdrom
```

7.2.2　无状态存储

私有云的一大特点是它可以拥有许多无状态的虚拟机,也就是常说的还原模式。

实际环境中实现无状态桌面的方法有很多,其作用对象不同,比如有虚拟机系统内的还原软件、硬盘还原卡等,但目的都是将新写入的内容在系统关机后删除。在 QEMU 中,我们可以使用硬盘快照、增量文件等方法实现虚拟机的无状态。

□　快照方式

这里的快照有实际上有两种,一种是驱动器选项中的"snapshot",另一种是虚拟机或者虚拟硬盘的快照。

通过驱动器选项实现虚拟机的无状态较为简单,只需要在对应的虚拟硬盘的驱动器选项中添加"snapshot"参数即可:

```
[root@ node1 tmp]# qemu-kvm -drive file=hda.raw,snapshot
```

另一个是内嵌于镜像文件中快照,一般实现方法是在开机之前确定一个要恢复的快照,然后正常启动虚拟机,当平台监测到虚拟机关机后,对硬盘文件进行快照"apply"操作回滚到之前确定的快照状态。

□　增量文件

这种方法利用了 qcow2 可使用基底文件的特性,即在虚拟机启动之前,临时创建以原有镜像作为基底文件的虚拟硬盘镜像,然后虚拟机启动时将临时镜像作为硬盘,虚拟机关机后,平台再将临时镜像删除。

7.2.3　存储池

存储池是平台对存储资源的抽象,按照外部存储提供的内容可分为块设备存储(SAN)、目录存储(NAS)、对象存储(object storage)三种。块设备存储将存储域划分为多个块分区(比如 LUN)直接提供给虚拟机或者平台,目录存储则提供用于存储虚拟镜像文件的外部目录,对象存储则直接提供单独的虚拟硬盘镜像。

Libvirt 本身虽然提供了存储池功能,但是由于其糟糕的容错机制,所以多数云平台使用自己的实现,OpenStack Nova、oVirt 等平台皆是如此。但作为最容易上手的虚拟化管理器,libvirt 的设计思想与锁机制仍然值得我们借鉴学习,接下来笔者将就 libvirt 典型存储池类型和同步机制予以说明,希望对读者设计共享存储池有所帮助。

1. 典型池类型

目前 libvirt 支持的存储池类型较多,笔者仅就 NFS 和 iSCSI 予以介绍,它们分别是 NAS 和 SAN 的典型代表。

为了方便进行快速实验,笔者在此列分别举出 Fedora 23 中 NFS 与 iSCSI 的创建方法,其他发行版命令类似。

□ NFS 服务(node1:/nfs_data)

配置 NFS 服务一般依赖 rpcbind 服务,且需要根据实际环境中的 libvirt/QEMU 权限而设置对应的目录导出参数。

```
# 安装所需软件包
[root@ node1 ~]# yum install -y nfs-utils

# 将/nfs_data 作为导出路径
[root@ node1 ~]# cat >> /etc/exports<<EOF
/nfs_data     * (rw,sync,no_subtree_check,all_squash)
EOF

# 使能并重启服务
[root@ node1 ~]# systemctl enable nfs-server; systemctl enable rpcbind
[root@ node1 ~]# systemctl start rpcbind; systemctl start nfs-server

# 查看
[root@ node1 ~]# showmount -e
Export list for node1.example.com:
/nfs_data *
```

□ iSCSI 服务 (target: username: password @ node1/ iqn. libvirt. test: pool-1, initiator: node1/iqn. libvirt. test:myinitiator)

在 Linux 中创建 iSCSI 服务的方式比较多,比如 tgtd、targetcli 等,笔者以 tgtd 为例,分别创建 target 与 initiator。

```
# 安装所需软件包
[root@ node1 ~]# yum install -y scsi-target-utils iscsi-initiator-utils

# 配置 target
```

```
# 其中两个 LUN 的后端存储 backing-store 形式比较多,可以是设备节点或虚拟硬盘镜像(各种格式),在
插件的支持下也可以直接添加 Glusterfs、ceph 镜像
[root@ node1 ~]#mkdir /iscsi_disks
[root@ node1 ~]#qemu-img create - f raw /iscsi_disks/disk1.raw 1G
[root@ node1 ~]#qemu-img create - f qcow2 /iscsi_disks/disk2.qcow2 1G
[root@ node1 ~]# cat > /etc/tgt/conf.d/pool-1.conf<<EOF
<target iqn.libvirt.test:pool-1>
    backing-store /iscsi_disks/disk1.raw
    backing-store /iscsi_disks/disk2.qcow2
    # initiator-address 0.0.0.0
    incominguser username password
</target>
EOF

# 使能并启动服务,然后可以使用命令"tgt-admin --show"查看 LUN 信息,如果服务启动后用户修改了
pool-1.conf 的内容或名称,可以使用命令"tgt-admin --update ALL - force"刷新
[root@ node1 ~]# systemctl enable tgtd
[root@ node1 ~]# systemctl start tgtd

# 配置 initiator,这一步并不是必需项,但考虑到与 virt-manager 兼容,故在此进行示例
# 修改 initiator 名称
[root@ node1 ~]# cat > /etc/iscsi/initiatorname.iscsi<<EOF
InitiatorName=iqn.libvirt.test:myinitiator
EOF
# 添加认证信息
[root@ node1 ~]# cat >> /etc/iscsi/iscsid.conf<<EOF
node.session.auth.authmethod = CHAP
node.session.auth.username = username
node.session.auth.password = password
```

以上操作完成后,我们开始定义对应的 NFS、iSCSI 存储池。

```
# 添加 NFS 存储池
[root@ node1 ~]# cat > nfs-poo-1.xml<<EOF
<pool type='netfs'>
  <name>nfs-pool-1</name>
  <source>
    <host name='node1'/>
    <dir path='/nfs/images'/>
    <format type='auto'/>
  </source>
  <target>
    <path>/var/lib/libvirt/images/nfs_share</path>
  </target>
```

```
</pool>
EOF
[root@ node1 ~]# virsh pool-define nfs-pool-1.xml
在 nfs-pool-1 中定义池 nfs-pool-1.xml
[root@ node1 ~]# virsh pool-autostart nfs-pool-1
池 nfs-pool-1 标记为自动启动
[root@ node1 ~]# virsh pool-start nfs-pool-1
池 nfs-pool-1 已启动

# 添加 iSCSI 存储池
[root@ node1 ~]# cat > iscsi-pool-1.xml<<EOF
<pool type='iscsi'>
  <name>iscsi-pool-1</name>
  <source>
    <host name='node1'/>
    <device path='iqn.libvirt.test:pool-1'/>
    <!--
    Initiator 段可以替换为
    <auth type='chap' username='username'>
      <secret usage='password'/>
    </auth>
    -->
    <initiator>
      <iqn name='iqn.libvirt.test:myinitiator'/>
    </initiator>
  </source>
  <target>
    <path>/dev/disk/by-path</path>
  </target>
</pool>
EOF

[root@ node1 ~]# virsh pool-define iscsi-pool-1.xml
在 iscsi-pool-1 中定义池 iscsi-pool-1.xml
[root@ node1 ~]# virsh pool-autostart iscsi-pool-1
池 iscsi-pool-1 标记为自动启动
[root@ node1 ~]# virsh pool-start iscsi-pool-1
池 iscsi-pool-1 已启动
```

2. 同步机制

当多个主机间使用共享存储时,那么数据访问时的同步机制就非常必要了,因为一旦有主机错误地访问其他主机上正在运行的虚拟机硬盘,就会产生数据不一致甚至损坏等严重问题。

很多集群软件中会使用消息机制与共享存储文件锁混合的同步机制,比如 ZooKeeper、Google Chubby、Redis Redlock 等,它们很大程度上都参考了在 90 年代就被提出直到 10 年后才开始应用的 Paxos 算法。在 OpenStack 和 oVirt 平台中的存储同步机制实现,分别是以 virtlock 和 sanlock 为基础的模块,在 PaaS 平台则分别以 ZooKeeper 和 Etcd 为代表(Etcd 使用的 Raft 算法可看作 Paxos 的工程实现,即 Multi Paxos 的一种简化)。

首先我们知道,基于共享文件锁的实现一般是向这个文件中写入当前锁状态,比如哪个主机进程在请求哪些资源的什么操作(读或写),其他主机向访问资源时需要首先访问这个共享文件中的内容,看看要访问的资源是以哪种操作被占用,然后再决定下一步动作。然后如果对文件加锁的进程或主机离线,那么它加的锁便一直处于加锁状态,此时需要给这个锁添加一个"租借时间(lease)",期间主机或进程可对其"续租",当时间到了以后锁会自动释放。Sanlock 的实现基本也是这个流程,一般它会与高可用措施比如看门狗、corosync、heartbeat 等共同使用,以实现较为完整的存储集群同步机制。但是由于它使用了 Paxos 算法,整个过程变得并不是那么容易理解,有兴趣的读者可以参考 Paxos 的工程实现,包括 Basic Paxos、Multi Paxos 等。

Sanlock 的实现中会维护两个文件,内容分别是共享存储的使用信息和主机动态获取的全局 ID,前者叫做 Paxos Lease,后者叫做 Delta Lease。Paxos Lease 一般是一个 1 MB 的文件或者 8 MB 的文件(与扇区大小有关),它是特定资源使用情况的抽象,每个 sanlock 客户端(主机)都在其中有独占的区块,区块内容一般是主机 ID、提案编号、时间戳等,主机可以写自己的区块,但只能读取别人的区块;Delta Lease 中的每个区块则有当前 ID 的所有者主机以及时间戳,它保证集群中的主机都拥有不同的编号。

图 7-3 中主机 A、B、C 分别获得的 ID 为 1、2、3,且 ID 为 1 的主机尝试获取锁成功,然后在 ID 1 的专有区块中写入信息,ID 为 3 的主机稍后尝试获取锁失败,它将提案编号递增并写入 ID 3 的专有区块中。图中箭头方向表示数据方向,虚线为读,单向实线为写,双向实线为读写。

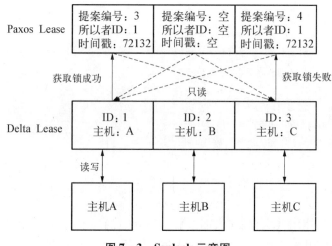

图 7-3 Sanlock 示意图

　　Sanlock 提供了命令行工具以及 Python 库,笔者以其工具演示单机双进程的使用过程,然后介绍如何在 libvirt 中开启 sanlock。

```
# 创建两个文件,可以使用 dd 命令,但是 direct init 可以直接对这两个文件进行格式化
[root@ node1 tmp]# touch delta_lease paxos_lease

# 初始化指定 lockspace 为 L 的 delta_lease,将用于主机获取 ID,此处仅有一个主机会获取 ID
[root@ node1 tmp]# sanlock direct init -s L:0:/root/tmp/delta_lease:0
init done 0

# 初始化资源 RS 的租约文件
[root@ node1 tmp]# sanlock direct init -r L:RS:/root/tmp/paxos_lease:0
init done 0

# 向 sanlock 服务注册两个进程
[root@ node1 tmp]# sanlock client command -c /bin/sleep 600 &
[root@ node1 tmp]# sanlock client command -c /bin/sleep 600 &
[root@ node1 tmp]# pidof sleep
16378 16737

# 将本机加入集群的 lockspace L 中
[root@ node1 tmp]# sanlock client add_lockspace -s L:1:/root/tmp/delta_lease:0
add_lockspace
add_lockspace done 0

# 进程 16377 尝试获取锁,成功
[root@ node1 tmp]# sanlock client acquire -r L:RS:/root/tmp/paxos_lease:0 -p 16377
acquire pid 16377
acquire done 0

# 进程 16378 尝试获取锁,失败
[root@ node1 tmp]# sanlock client acquire -r L:RS:/root/tmp/paxos_lease:0 -p 16378
acquire pid 16378
acquire done -17

# 进程 16377 尝试释放锁,成功
[root@ node1 tmp]# sanlock client release -r L:RS:/root/tmp/paxos_lease:0 -p 16377
release pid 16377
release done 0

# 进程 16378 尝试获取锁,成功
[root@ node1 tmp]# sanlock client release -r L:RS:/root/tmp/paxos_lease:0 -p 16377
acquire pid 16378
```

```
acquire done 0

# 查看 sanlock 状态,此时 paxos_lease 的提案编号为 2
[root@ node1 tmp]# sanlock status
daemon 54bcb3e1-b02d-4d8c-98fe-78934dd505e0.localhost.
p -1 helper
p -1 listener
p 16377
p 16378
p -1 status
s L:1:/root/tmp/delta_lease:0
r L:RS:/root/tmp/paxos_lease:0:2 p 16378
```

如果在 libvirt 中使用 sanlock,我们需要修改配置文件以在指定的共享目录中启用 sanlock,如果在本地目录则只能是本机的多个 QEMU 进程不能同时访问同一个硬盘镜像文件,如下所示。

```
# 设置 sanlock 参数,其中 nfs_share 为共享目录
[root@ node1 ~]# cat >> /etc/libvirt/qemu-sanlock.conf<< EOF
auto_disk_leases = 1
disk_lease_dir = "/var/lib/libvirt/images/nfs_share"
host_id = 1
EOF

# 笔者在此禁用了看门狗功能,因为环境中没有暂时其他高可用措施,所以此处使用看门狗的则显得过于激进
[root@ node1 ~]# cat >> /etc/sysconfig/sanlock.conf<<EOF
SANLOCKOPTS = "-w 0"
EOF

# 使能 sanlock 服务并重启 libvirt 服务,然后即可在 /var/lib/libvirt/images/nfs_share 看到租约文件,并且可尝试暂停、关闭、开启虚拟机,通过"sanlock status"查看期间的锁变化
[root@ node1 ~]# systemctl enable sanlock; systemctl start sanlock
[root@ node1 ~]# systemctl restart libvirtd
```

7.3　分布式存储后端

分布式存储是现在云平台架构的基础功能之一,借助于集群主机的复用,私有云能够轻易实现基础架构中计算、存储乃至网络资源的"超融合"。

目前国内私有云平台使用最多的分布式存储是 Glusterfs 和 Ceph,它们先后被 RedHat 收购,另一种与 QEMU 高度集成的 Sheepdog 不如前两者适用范围广,所以本书将不做相关

介绍。它们默认提供的存储服务有所区别(仅就本书成文时的版本且不考虑增加第三方插件的情况),比如 Glusterfs 以共享文件系统为主,而 Ceph 除共享文件系统外,也支持块存储和对象存储。

分布式存储的内容繁多,笔者经验有限故不能对其进行全面的描述,所以仅就这三种存储的关键字与核心部分予以介绍,详细内容可以参考官方文档与手册。

在开始之前,笔者先就无元数据的分布式存储中的核心数据结构 DHT(Distributed Hash Table,分布式哈希表,一致性哈希的一种实现)做简单介绍,它在 Glusterfs 和 Ceph 中的类似实现分别是 Elastic Hash 和 CRUSH。

假设我们算出一个 32 位的哈希值,即一个 $[0,2^{32}-1]$ 的空间,现将它首尾相接,即构成一个环形。现有 4 个存储区域,每一个存储区域 B 都对应一个哈希值 H,表示为(B,H),4 个文件 v 的哈希表示为(k,v),那么可以将其位置关系表示如图 7-4。

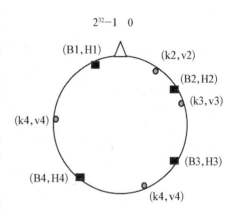

图 7-4　文件与存储区域的位置关系

然后在文件 v 的值 k 后顺时针搜索,找到最为接近的 H,然后文件 v 会被保存至 B,如图 7-5 所示。

假如存储区域 B3 所在的主机退出存储集群,则与 B3 关联的文件 v3 会被重新映射,期间遵循的原则是所有文件的映射关系改变尽可能小,如图 7-6 所示。

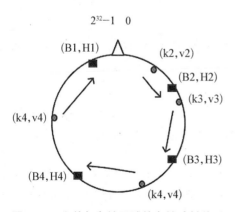

图 7-5　文件与存储区域的存储映射关系

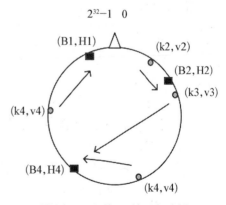

图 7-6　文件 v3 被重新映射

相应的,如果 Glusterfs 的砖块数目或者 Ceph 的 OSD(PG)数目发生改变时,且用户手动执行了平衡负载的操作,则会将所有文件均衡地移动到存储区域中,其技巧是创建与物理存储区域 B 对应虚拟存储区域 B′,然后将这些文件重新映射。图 7-7 即是将原本存储的 B2 中的 v2、v3 以及 B4 中的 v3、v4 进行重新映射,平衡操作后 v2、v3 会被存储到 B2 中,v1、v4 被存储到 B4 中。

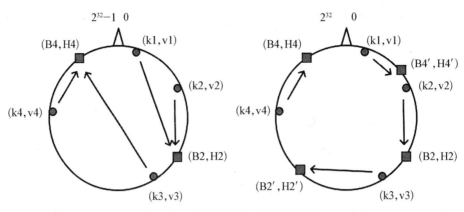

图 7-7 集群平衡负载过程示意图

7.3.1 Glusterfs

Glusterfs 是一种可基于以太网、Infiniband 构建大规模的分布式文件系统,早期目的是替代 GPFS 和 Lustre。其源码主要遵守 GPLv3,设计原则符合奥卡姆剃刀原则,即"若无必要,勿增实体"。它的特点是统一的对象视图,符合 UNIX 设计哲学"一切皆文件",且跨平台兼容性高,可作为 Hadoop、OpenStack、oVirt、Amazon EC 的存储后端。较之 Ceph,Glusterfs 是对称式架构,没有集中的控制节点。同样实现共享文件系统,Glusterfs 不需要单独的元数据节点,且在数据存储形式可以是类似 RAID 0 的条带(strip)、RAID 1 的多副本(replica)以及这两种之间的组合。

1. 架构关键字

Glusterfs 包含以下几个主要元素,详细介绍可参考官方手册 http://gluster.readthedocs.io/。

□ Brick(砖块)

主机节点上的目录,是组成卷的最基本单元,在非 stripe 的卷中文件是以 raw 的格式存放于砖块中的,这使得 Glusterfs 的文件直接恢复与备份非常方便。

□ Volume(卷)

用户最终使用的由多个砖块组成的逻辑卷,其中的砖块组合可以有多重方式,最基本的有 distributed、striped、replicated、disperse 等,且每个卷都拥有独立的参数命名空间。卷的导出方式可以是 Glusterfs、NFS、CIFS,使用插件 SwiftOnFile 则可以实现对象存储。另外,较新的版本中提供了 subvolume 用于缓存,很多以 Glusterfs 作为存储产品的厂商会在这个卷下使用 SSD 以提高缓存 I/O 效率。

□ GFID

卷中文件或目录的扩展属性,相当于普通文件系统的 inode,可使用命令"ls -li"查看。

□ Translator

Translator 相当于网络中的 iptables 或者 OpenFlow,它可以对用户发来的存储请求进行解析并转换,以实现多种附加功能,比如 cache 机制、数据加密、访问控制、数据预读等。

□ RRDNS

Round Robin Domain Name Service,它将多个不同主机的 IP 作为同一主机名的 A 记录,这样集群中的某个节点即使失效,使用主机名(域名)连接逻辑卷的客户端仍然能够连接到集群中的其他主机,从而保证集群服务的负载均衡和高可用(实际使用时也可采用 Virtual IP)。

□ Elastic Hash

Glusterfs 中用于计算文件存储位置的一致性哈希算法。

□ AFR

Automatic File Replication 是 Glusterfs 的一大特色,它是一种实现文件跨砖块备份机制的 translator,可通过卷的 geo-replication 选项设定卷的备份策略。

□ glusterd

运行于所有主机中用于管理 Glusterfs 逻辑卷与集群主机关系的服务进程,社区在 glusterd 2.0 的开发计划中,有向配置集中管理发展的趋势。

□ libgfapi

较早版本的客户端需要通过 gluster-fuse 挂载卷,而 Glusterfs 3.4 版本开始提供 libgfapi 库以缩短客户端与卷之间的 I/O 路径从而使读写更具效率,其函数接口都是 POSIX 兼容,所以我们可以使用它作为多种应用程序的存储驱动或插件,比如 QEMU。

2. 快速搭建

笔者将以 CentOS 7 作为基本操作系统,然后使用 4 台主机中共 8 个砖块,创建一个 distributed-striped-replicated 逻辑卷为例,介绍 Glusterfs 的基本使用方法。

这些主机(gs1 - 4)分别有 3 块硬盘,其中两块是数据盘为 sdb 和 sdc,将被格式化为 xfs 并在创建 data 目录用作砖块。以下操作需要在每一台主机上都执行。

```
# 修改 hosts 文件
[root@ gs1 ~]# cat >> /etc/hosts<<EOF
192.168.0.181   gs1.example.com gs1
192.168.0.182   gs2.example.com gs2
192.168.0.183   gs3.example.com gs3
192.168.0.184   gs4.example.com gs4
EOF

# 安装并使能 Glusterfs 服务端
[root@ gs1 ~]# yum install centos-release-gluster37
[root@ gs1 ~]# yum install - y Glusterfs-server
[root@ gs1 ~]# systemctl enable glusterd; systemctl start glusterd

# 格式化两块磁盘为 xfs
```

```
[root@ gs1 ~]#mkfs.xfs -i size 512 /dev/sdb
[root@ gs1 ~]#mkfs.xfs -i size 512 /dev/sdc
[root@ gs1 ~]#mkdir /gluster_brick_root1
[root@ gs1 ~]#mkdir /gluster_brick_root2
#将其加入 fstab
[root@ gs1 ~]#echo -e "/dev/sdb \t /gluster_brick_root1 \t xfs \t defaults \t 0 0 \n /dev/sdc
\t /gluster_brick_root2 \t xfs \t defaults \t 0 0" >> /etc /fstab
[root@ gs1 ~]#mount -a
# 创建 data 目录
[root@ gs1 ~]#mkdir /gluster_brick_root1/data
[root@ gs1 ~]#mkdir /gluster_brick_root2/data
```

服务启动以后,只需要在任意主机(gs1 为例)运行以下命令将其他节点加入进集群即可。

```
[root@ gs1 ~]# gluster peer probe gs2.example.com
[root@ gs1 ~]# gluster peer probe gs3.example.com
[root@ gs1 ~]# gluster peer probe gs4.example.com
```

然后再创建卷,数据将按照图 7 - 8 存储,其中的 strip 组、replica 组与砖块顺序有关。

```
[root@ gs1 ~]# gluster
 > volume create gluster-vol stripe 2 replica 2 \
   gs1:/gluster_brick_root1/data gs2:/gluster_brick_root1/data \
   gs1:/gluster_brick_root2/data gs2:/gluster_brick_root2/data \
   gs3:/gluster_brick_root1/data gs4:/gluster_brick_root1/data \
   gs3:/gluster_brick_root2/data gs4:/gluster_brick_root2/data force
 > volume start gluster-vol
```

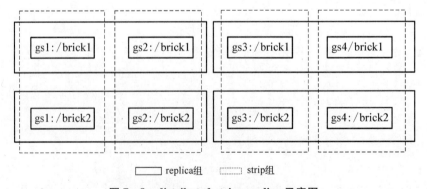

图 7 - 8　distributed-stripe-replica 示意图

当卷成功启动后,可在客户端使用 mount. Glusterfs 进行挂载。由于 Glusterfs 卷的 NFS、CIFS 是独立实现的,所以要启动其他 NFS、CIFS 服务的话,请注意修改端口号。

3. 脑裂处理

当两个存储节点中的数据互为副本时,由于网络或者其他故障导致的数据不一致现象叫做脑裂(split-brain)。为例避免脑裂,我们需要引入 quorum 机制(默认关闭)以判断是否有节点数据有效性并使用工具进行自恢复(self-heal)。

虽然 Glusterfs 同时提供了这两者,但它的效果有时并不理想,如果不使用存储厂商提供的 Glusterfs 存储,我们仍需要大量的开发工作,以应对相对频繁的脑裂问题,参考步骤如下。

第一步:定位裂脑文件,通过以下命令查看是否仍然存在 I/O 错误的文件。

```
[root@ gs1 ~]# gluster volume heal info split-brain
```

第二步:关闭已经打开的文件或者虚机,并卸载相应卷。

第三步:删除错误副本,并恢复扩展属性。

```
# 查看脑裂文件的 MD5sum 和时间,判断哪个副本是需要保留的,然后删除不再需要的副本即可。
(Glusterfs 采用硬链接方式,所以需要同时删除.gluster 下面的硬连接文件)
# 首先检查文件的 md5 值,并且和其他的节点比较,确认是否需要删除此副本。
[root@ gs1 data]# md5sum
1443f429 - 7076 - 4792 - 9cb7 - 06b1ee38d828 / images / 5c881816 - 6cdc - 4d8a - a8c8 -
4b068a917c2f /80f33212-7adb-4e24-9f01-336898ae1a2c
6c6b704ce1c0f6d22204449c085882e2
# 通过 ls -i 和 find -inum 找到此文件及其硬连接文件;也可使用 getfattr -d -m . -e hex 命令,与之
对应的是 setfattr -n trusted.afr.vol-client-0 命令
[root@ gs1 data]# ls -i
1443f429 - 7076 - 4792 - 9cb7 - 06b1ee38d828 / images / 5c881816 - 6cdc - 4d8a - a8c8 -
4b068a917c2f /80f33212-7adb-4e24-9f01-336898ae1a2c
12976365 ...
# 找到此 GFID 对应的两个文件
[root@ gs1 data]# find -inum 12976365
./1443f429 - 7076 - 4792 - 9cb7 - 06b1ee38d828 / images / 5c881816 - 6cdc - 4d8a - a8c8 -
4b068a917c2f /80f33212-7adb-4e24-9f01-336898ae1a2c
./.Glusterfs /01 /8d /018db725-c8b8-47ed-a6bb-f6ad4195134f

# 删除以上两个文件,然后再次启动卷,Glusterfs 自动将其他节点上副本拷贝过来
[root@ gs1 data]# find -inum 12976365 |xargs rm -rf
```

7.3.2 Ceph

Ceph 是 OpenStack 默认的开源分布式存储项目,早期相较于 Glusterfs 其成熟度比较低,但这并不妨碍其成为私有云存储基础设施的有力竞争者,并与 Glusterfs 同样获得

RedHat 官方支持。Ceph 提供的服务除了共享文件系统外,相较于 Glusterfs 也多了块存储和对象存储,并且与 OpenStack 的 Cinder、Swift 项目都有很高的集成度。

1. 架构关键字

Ceph 包含以下几个主要元素,详细介绍可参考官方手册 http://docs.ceph.com。

□ Cluster Map

Ceph 集群中各主要元素的历史信息、映射关系的集合,包括 Monitor Map、OSD Map、PG Map、CRUSH Map、MDS Map。

□ Monitor

集群中的 ceph-mon 服务,用于监视集群节点状态,可用命令"ceph mon dump"查看 Monitor Map。较之缺少中央监控节点的 Glusterfs,Ceph 的脑裂问题一般不如前者明显。

□ MDS

集群中的 ceph-mds 服务,用于存放共享文件系统元数据,可使用命令"ceph mds dump"查看 MDS Map。注意,在仅提供块存储和对象存储服务的集群中不需要 MDS 节点。

□ OSD

Object Storage Device,组成 Ceph 集群的一个物理或逻辑存储单元,一般是主机上一个目录,其主要目的是存放由多个 PG 组成的不同存储池,可用命令"ceph osd dump"查看 OSD Map。有时又指存储节点上的 ceph-osd 服务进程。

□ Pool

存储对象的逻辑分区(存储池),其中可以创建三种基本的存储服务,使用 ceph-deploy 工具会默认使用 rbd 作为新存储池的名称。

□ PG

Placement Group,存储池中数据存放的最小目录单位,原始数据会以条带形式存储其中,其数目可根据实际环境中的 OSD 个数进行动态调整,比如小于 5 个 OSD 时设置为 64 或者 128、5—10 个之间时为 512、10 到 50 个设置为 4096 等。反映 PG 状态变量叫做 PGS (阅读某些文献时注意不要与 PG 的复数形式 PGs 混淆),可用命令 ceph -w/-s 进行查看。

□ Tier

可以附加于存储池上的缓存池,一般实现中多是采用 SSD 作为其物理存储以提高缓存 I/O 效率。

□ CRUSH

Controlled Replication Under Scalable Hashing,Ceph 用于计算文件存储位置的一致性哈希算法,同样是一种类似 DHT 的实现,可使用命令"ceph osd getcrushmap | crushtool -d -"查看 CRUSH Map。

□ librados

客户端与 OSD 和 Monitor 服务进程通信所需要的库,其中 RADOS 全称为 Reliable Autonomic Distributed Object Store,这里的 Object Store 指的是数据的存储格式,在 Ceph 中即是存储于 PG 内、包含用户数据的条带化单元。在某些场景中 RADOS 特指 Ceph 的对象存储。

□ RBD

RADOS Block Device, Ceph 提供的块设备。一般我们可以在客户端使用 rbd 命令将 RBD 映射到本地的设备节点(需内核模块支持),然后再像普通的块设备一样进行操作。同样的, QEMU 中也使用了 librados 库从而可直接将远程 RBD 挂载为虚拟硬盘。

□ Ceph Object Storage

Ceph 提供的对象存储服务,即可通过 HTTP 协议动作 POST、GET、DELETE 等对文件或者目录进行操作,支持 Amazon S3 和 Swift 两种 API 访问。

□ Cephfs

Ceph 提供的共享文件系统服务,需要额外的 MDS 节点。

2. 快速搭建

笔者将以 CentOS 7 作为基本操作系统,然后使用 ceph-deploy 工具部署 3 台主机的 ceph 集群,其中 1 台作为管理节点,另外两台用于双副本存储节点。

这些主机(ceph-master、ceph-node1、ceph-node2)分别有 2 块硬盘,其中 1 块是数据盘为 sdb,将被格式化为 xfs 并用作 OSD 目录。以下操作需要在每一台主机上都执行。

```
# 修改 hosts 文件
[root@ ceph-master ~]# cat >> /etc/hosts<<EOF
192.168.0.130   ceph-master.example.com ceph-master
192.168.0.131   ceph-node1.example.com ceph-node1
192.168.0.132   ceph-node2.example.com ceph-node2
EOF

# 安装 ceph-deploy
[root@ ceph-master ~]# yum install centos-release-ceph-hammer
[root@ ceph-master ~]# yum install - y ceph-deploy

# 格式化两块磁盘为 xfs
[root@ ceph-master ~]# mkfs.xfs -i size 512 /dev/sdb
[root@ ceph-master ~]# mkdir /ceph-osd
# 将其加入 fstab
[root@ ceph-master ~]# echo -e
"/dev/sdb \t /gluster_brick_root1 \txfs \tdefaults \t0 0" >> /etc/fstab
[root@ ceph-master ~]# mount -a
# 创建 data 目录
[root@ ceph-master ~]# mkdir /ceph-osd/data
```

然后仅在 ceph-master 中执行以下操作,包括 ssh 密钥登录、安装软件包、添加 monitor、添加节点等。

```
# 由于 ceph-deploy 需要 ssh 登录到其他节点进行配置操作,所以这里可以配置 ssh 密钥登录方式以方便
操作
```

```
[root@ ceph-master ~]# ssh-keygen
Generating public/private rsa key pair.
Enter file in which to save the key (/root/.ssh/id_rsa):
Enter passphrase (empty for no passphrase):
Enter same passphrase again:
Your identification has been saved in /root/.ssh/id_rsa.
Your public key has been saved in /root/.ssh/id_rsa.pub.
The key fingerprint is:
44:b2:b3:55:1d:dd:43:cc:c0:3c:80:c5:2b:37:03:a9 root@ node1
The key's randomart image is:
+--[ RSA 2048]----+
|    .. *+=+=o |
|    + = ..+.+.|
|     o + . . . .|
|     E . =     |
|      . S o o    |
|                 |
|                 |
|                 |
|                 |
+-----------------+
[root@ ceph-master ~]# ssh-copy-id root@ ceph-node1
[root@ ceph-master ~]# ssh-copy-id root@ ceph-node2
```

```
# 创建 ceph-deploy 配置目录,以保存自动生成的配置文件、日志等
[root@ ceph-master ~]# mkdir ceph-cluster; cd ceph-cluster
```

```
# 添加 monitor,操作完成后会在当前目录生成 ceph.conf 等文件
[root@ ceph-master ceph-cluster]# ceph-deploy new ceph-master
```

```
# 修改 ceph.conf 中的 pool size
[root@ ceph-master ceph-cluster]# echo "osd pool default size = 2">> ceph.conf
```

```
# 安装软件包
[root@ ceph-master ceph-cluster]# ceph-deploy install ceph-master ceph-node1 ceph-node2
```

```
# 初始化 monitor
[root@ ceph-master ceph-cluster]# ceph-deploy mon create-initial
```

```
# 添加并激活 OSD
[root@ ceph-master ceph-cluster]# ceph-deploy osd prepare root@ ceph-node1:
/ceph-osd/data root@ ceph-node2:/ceph-osd/data
```

```
[root@ ceph-master ceph-cluster]# ceph-deploy osd activate root@ ceph-node1:
/ceph-osd/data root@ ceph-node2:/ceph-osd/data

# 拷贝当前配置文件至所有节点
[root@ ceph-master ceph-cluster]# ceph-deploy admin ceph-{master,node1,node2}
[root@ ceph-master ceph-cluster]# chmod +r /etc/ceph/ceph.client.admin.keyrin
g
```

创建 Cephfs 所需的 MDS、存储池,以及对象存储服务所需的 radosgw、用户等。

```
# 为 Cephfs 准备元数据服务,这里将 ceph-master 作为 MDS,默认端口为 6789
[root@ ceph-master ceph-cluster]# ceph-deploy mds create ceph-master
# 为 Cephfs 准备元数据存储池和文件存储池
[root@ ceph-master ceph-cluster]# ceph osd pool create Cephfs-metadata 128
[root@ ceph-master ceph-cluster]# ceph osd pool create Cephfs-data 128
# 在存储池上创建 Cephfs 服务
[root@ ceph-master ceph-cluster]# ceph fs new Cephfs Cephfs-metadata Cephfs-
data
[root@ ceph-master ceph-cluster]# ceph fs ls
name: Cephfs, metadata pool: Cephfs-metadata, data pools: [Cephfs-data ]

# 为对象存储添加网关,这里同样为 ceph-master,默认端口为 7480,由 CivetWeb 提供,也可替换
为 Apache
[root@ ceph-master ceph-cluster]# ceph-deploy rgw create ceph-master
# 创建可访问网关的用户 demo,默认 API 访问形式为 Amazon S3,添加子用户 demo:swift 以 Swift API
形式访问
[root@ ceph-master ceph-cluster]# radosgw-admin user create --uid="demo" --
display-name="Test User"
{
    "user_id": "demo",
    "display_name": "Test User",
    ...
    "keys": [
        {
            "user": "demo",
            "access_key": "IHXNI9KZ89GAY3DXSFZZ",
            "secret_key": "VXG4RY2K5hMQyDN7hOJPavG7yIsuDZMN1CX9Thnx"
        }
    ],
    ...
}
# 创建 Swift 子用户
[root@ ceph-master ceph-cluster]# radosgw-admin subuser create --uid="demo" --
subuser=demo:swift --access=full
```

```
{
    ...
    "subusers": [
        {
            "id": "demo:swift",
            "permissions": "full-control"
        }
    ],
    "keys": [
    ...
        {
            "user": "demo:swift",
            "access_key": "99N1KV72WF2MMK7W7FRW",
            "secret_key": ""    ],
    ...
}
# 为 demo:swift 生成访问密钥
[root@ ceph-master ceph-cluster]# radosgw-admin key create --subuser=demo:swift --
key-type=swift --gen-secret
{
    ...
    "swift_keys": [
        {
            "user": "demo:swift",
            "secret_key": "ODieeAnlRL2DCRk2rOWRLTC6AsfOxsnSZVcSjtiQ"
        }
    ],
    ...
}
```

　　至此就可以使用共享文件系统、块存储和对象存储服务了,首先将访问密钥拷贝至客户端,可通过命令"ceph-deploy admin"或者手动拷贝/etc/ceph/ceph.client.admin.keyring 文件至客户端,此处的客户端主机名为 ceph-client,可用 IP 代替。

```
# 在客户端上按照所需软件包,这里使用 ceph-deploy 统一安装
[root@ ceph-master ceph-cluster]# ceph-deploy install ceph-client
[root@ ceph-master ceph-cluster]# ceph-deploy admin ceph-client
```

　　在客户端挂载 Cephfs,这里我们使用 admin 用户,它的 secret 来自 ceph.client.admin.keyring。

```
[root@ ceph-client ~]# mount -t ceph ceph-master:6789:/ /mnt -o
name=admin,secret=AQCQwkZXrnhDJxAABclYSvLwGgd4XwIG7G8/pw==
[root@ ceph-client ~]# touch /mnt/testfile
```

在客户端使用 RBD。

```
# 创建镜像,可使用-p 指定存储池,缺省为 rbd
[root@ ceph-client ~]# rbd create hda.raw --size 1024

# 将 hda.raw 映射到本地
[root@ ceph-client ~]# rbd map hda.raw
/dev/rbd0

# 映射以后即可像普通块设备一样使用了,比如进行格式化
[root@ ceph-client ~]# mkfs.ext4 /dev/rbd0
mke2fs 1.42.13 (17-May-2015)
...
Writing superblocks and filesystem accounting information: done
```

在客户端访问对象存储网关的 Swift API,这里使用 python-swiftclient。

```
[root@ ceph-client ~]# pip install python-swiftclient

# 创建 bucket/container
[root@ ceph-client ~]# swift -A http://ceph-master:7480/auth/1.0 -U demo:swift
-K 'ODieeAnlRL2DCRk2rOWRLTC6AsfOxsnSZVcSjtiQ' post "my-container"

# 上传本地文件 README 到 my-container 中
[root@ ceph-master ~]# swift -A http://ceph-master:7480/auth/1.0 -U demo:swift
-K 'ODieeAnlRL2DCRk2rOWRLTC6AsfOxsnSZVcSjtiQ' upload "my-container" README

# 查看已上传文件
[root@ ceph-master ~]# swift -A http://ceph-master:7480/auth/1.0 -U demo:swift
-K 'ODieeAnlRL2DCRk2rOWRLTC6AsfOxsnSZVcSjtiQ' list my-container
README
```

对于存放于池中的文件,我们可以通过 rados 命令查看其存储位置,包括 OSD 与 PG 等信息。

```
[root@ ceph-master ceph-cluster]# ceph osd map rbd hda.raw
osdmap e47 pool 'rbd' (0) object 'hda.raw' -> pg 0.1939ffa8 (0.28) -> up ([0,1], p0) acting
([0,1], p0)

[root@ ceph-master ceph-cluster]# rados -p rbd ls
rb.0.1070.2ae8944a.000000000000
rbd_directory
rb.0.1070.2ae8944a.000000000001
rb.0.1070.2ae8944a.00000000007c
```

```
rb.0.1070.2ae8944a.0000000000d9
rb.0.1070.2ae8944a.0000000000ba
rb.0.1070.2ae8944a.0000000000f8
rb.0.1070.2ae8944a.00000000005d
rb.0.1070.2ae8944a.0000000000ff
rb.0.1070.2ae8944a.00000000003e
rb.0.1070.2ae8944a.00000000001f
hda.raw.rbd
rb.0.1070.2ae8944a.00000000009b
rb.0.1070.2ae8944a.00000000007d
rb.0.1070.2ae8944a.00000000007e
```

PG 调整

当集群中添加了新的 OSD 后,我们可能需要增加 PG 数量,而这里会涉及两个参数,即 pg_num 与 pgp_num,且 pg_num 大于等于 pgp_num。调整 pg_num 时部分 PG 会一分为二,直到增加至 pg_num 指定的值,两个都指向原有 OSD,所以此时不会产生 rebalance 操作。对于 pgp_num 社区的解释是"Placement Group for Placement purpose",即在调整 pgp_num 时,PG 与 OSD 的映射关系会发生改变,从而产生 rebalance 操作导致数据迁移,我们需要在实际生产环境中要留意这点区别。

第四篇

实践与拓展

第8章 行业案例简析

本章内容主要介绍私有桌面云在典型行业的实际案例,从需求分析、架构设计到项目实施中的一些情况。部分细节已被省略,但不影响这些案例的整体分析。

8.1 VMWare 与 Citrix 组建银行桌面云

这个案例来自某银行的私有桌面云项目,内容是在各开发中心部署用于研发和测试目的的虚拟化服务器和桌面,所涉及的云平台产品有 VMWare ESXi、Citrix XenDesktop、Citrix XenApp 等。

8.1.1 用户需求

为了解决传统研发环境中安全性、移动性、高成本等问题带来的麻烦,该行最早在 2012 年研发中心部署了虚拟桌面项目一期,给上千开发人员提供了虚拟桌面服务,后来相继在多个研发中心使用统一标准部署独立的云平台。该行本次项目使用铂金版的 XenDesktop,服务器、操作系统、软件的安装和配置完全按照全行或分行的规范操作,具体针对桌面部分的用户需求主要有以下几点:

□ 个性化消除

由于个性化设置和应用设置的原因,不同最终用户组的桌面标准很可能互不相同。通过消除应用和个性化层,可以大大减少不同基本桌面镜像的数量,而且管理也变得简单得多。在定义最终用户组时,只应根据基础操作系统和操作系统配置作出决策。主要措施为 AD 策略统一配置与系统桌面池化。

□ 数据控制

不允许任何 USB 存储设备、打印设备的接入,不允许虚拟桌面与客户端之间存在任何文件交互。

□ 访问分组

按照用户的访问环境,将用户分为以下两类:

内部用户:在企业内部通过局域网访问环境的用户。

远程用户:从企业 WAN 以外的地方访问环境的用户,包括差旅途中的员工和远程工作者。在大多数情况下,这些用户的连接通过 VPN 建立。

□ 用户分组

根据日常以及高峰时段(如季度末结算)的使用情况,桌面用户将被分为两普通用户组和 VIP 用户组。普通用户将被分配流式桌面,在桌面上只有普通域用户权限,VIP 用户将被分配专属桌面和本地管理员权限。两组用户均有通过该行现有 VPN 系统远程接入的需求,但是具体的 VPN 访问授权和管理维护将由该行自行控制。

8.1.2 架构设计与分析

为该行各开发中心设计的 XenDesktop 环境利用了各开发中心现有的 vSphere5.0 作为服务器虚拟化平台。在此平台上,整合 XenDesktop 和 XenApp 环境,使得用户的桌面和应用资源全部集中在数据中心,标准架构如图 8-1。

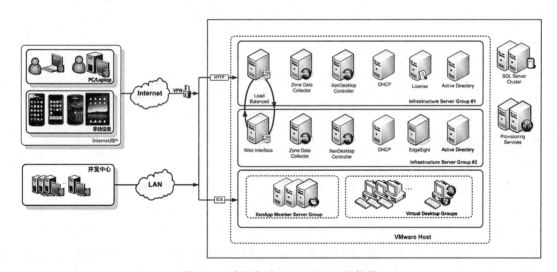

图 8-1 各行标准 XenDesktop 架构图

每个地方的开发人员通过各地的一个接入 url,在 Web Interface 上通过身份验证并收到发布的虚拟桌面,用户可以使用 Independent Computing Architecture(ICA)连接到分配的虚拟桌面和虚拟应用,其中通过 Windows NLB 对两台 Web Interface 服务器做负载均衡。

存储设备并没有额外采购,而是在现在 EMC 基础上进行扩展用于存储基本,同时提供 NAS 存储用于存储用户数据文件夹。

8.2　OpenStack 构建大学私有云

这个案例来自国内某大学的"科研云平台"项目,内容是在某研究院的数据中心内部署一套功能齐全、运行稳定的 OpenStack,以提供虚拟化服务器并逐渐将应用从物理服务器迁移至虚拟机,所涉及公司云平台产品的原型为 OpenStack。

8.2.1　用户需求

用户的技术需求主要有两点：一是构建一个完整的 OpenStack 计算平台以供信息学院部分师生使用,要求有目前最新版本的全部功能,且各模块稳定;二是能够保证平台在未来能够为其他平台提供软件定义的网络、存储资源。其他诸如账户管理划分、充值、计费等一般需求也此项目中。

8.2.2　架构设计

此 OpenStack 简化架构整体如图 8-2 所示,其中控制节点采用多节点高可用方案,并且在数据库、消息队列、Web 服务上也有高可用方案。

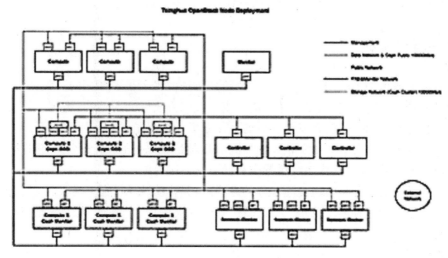

图 8-2　校园 OpenStack 架构简图

Nova/Glance/Cinder 统一使用 Ceph RBD 作为后端存储,实现云资源的秒级获取;Ceph 存储集群设置三副本,保证数据的高可用性;服务器存储包含 SSD 和 SATA 机械盘两部分,其中 SSD 主要用于 Ceph 的缓存层。

网络同时使用 VLAN 和 OVS,对资源进行隔离的同时提供充足的 IP 用于师生自己组网,其中 OVS 的组网使用了 Pica8 的 SDN 交换机分离了控制层与数据层,如图 8-3 所示。

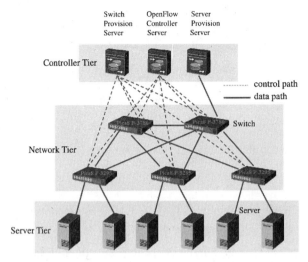

图 8 - 3   OVS 组网的控制层与数据层分离示意图

8.3   ZStack 构建地铁移动支付基础设施

本案例来自某市地铁地铁支付项目,目的是组建全市地铁手机支付系统,使用的云平台为 ZStack,其上运行 Kubernetes 集群用以运行支付业务应用。

8.3.1   用户需求

随着人口城市的不断增加,发展快速轨道交通是世界上很多国家的一致共识。地铁/轻轨以其安全、舒适、方便、快捷等突出优点成为大城市改善交通结构、构筑立体交通运输网络、解决交通拥挤难题、改善城市环境的最佳方案。利用先进的第题 AFC 系统来减少地铁工作人员的劳动强度,获取城市交通客流信息与地铁/轻轨系统运营效率的第一手资料,保证投资者的回报等成为系统运营商和投资商关注的焦点。

地铁移动支付业务是轨道交通业务的新模式,是国家大力发展"互联网+",与轨道交通产业紧密结合的一种创新,包含了云计算、安全等级保护、大数据、人工智能等当下最新技术内容。

该系统可实现:

(1)实现手机客户端支付,包括支付宝、Apple Pay、银联闪付等,极大地提升了乘客支付体验。

(2)购票、检票、计费、收费、统计的全过程自动化,将大量减少票务管理人员、提高地铁系统的运行效率和效益、使乘车收费更趋合理、减少逃票情况的发生。

(3)减少现金流通、堵塞人工售/检票过程中的各种漏洞和弊端、避免售票"找零"的烦琐、方便乘客。

(4)通过对客流量、营业额收入等综合业务信息的汇总分析,可以增强客流分析预测的能力、合理地调配车辆,提高了运营公司的经营管理水平。

8.3.2　架构设计与分析

本项目中采用 ZStack 对接 FC 存储,上层运行 Kubernetes 容器集群服务,基本架构如图 8-4 所示。

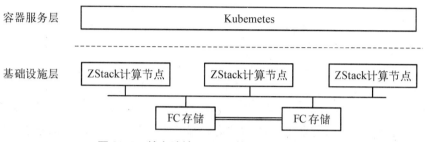

图 8-4　某市地铁 ZStack 基础设施架构简图

其中,计算节点通过 FC 交换机与双活 EMC FC 存储相连,如此可保证虚拟机所在物理机宕机或网络故障时能够自动迁移至其他物理机继续运行。

另外,虚拟机中运行的 Kubernetes 本身也具备应用冗余能力,但是由于容器本身技术所限,无法完成诸如实例热迁移、快照、FC 存储共享卷管理等基础设施功能,因而需要 ZStack 平台为之赋能,从而既能在运维层面保证高效,又能在应用高可用层面保证可实践。

第 **9** 章 私有云特性功能

本章将就国内私有云行业同仁较为关心设备透传、vGPU、KVM 优化方法、备份策略、安全等实际问题予以介绍,内容主要来自笔者以往经验,可能需要稍作修改才能用于读者的实际环境。

9.1 设备透传与重定向

在私有云中,设备的透传(passthrough)与重定向(redirection)一直以来都是作为基本功能出现的。两者的在使用上的区别是前者一般将主机上的设备直接传递给在其中运行的虚拟机,后者则是将客户端的设备通过网络传递给其正在连接的虚拟机,相同点是当传递至虚拟机或虚拟机归还设备时,这对于主机来说是个设备热插拔操作。

9.1.1 PCI/PCI‐E 设备

在 QEMU 中,PCI/PCI‐E 设备目前仅支持透传(某些商业软件可对 PCI/PCI‐E 设备进行重定向),且需要在主机 BIOS 设置中 CPU 打开 Intel VT-d 选项(AMD CPU 与之对应的是 AMD Vi),可透传的设备包括显卡、声卡、HBA 卡、网卡、USB 控制器等,其中某些设备需要额外设置(比如 IOMMU)才可进行透传。

使用 libvirt 透传 PCI/PCI‐E 设备时需要知道要透传设备的总线地址,以在域定义中指定要透传的设备。一般落实到 QEMU 中有这些为透传准备的设备模型,包括 pci-assgn、vfio-pci、vfio-vga 等。

以透传主机网卡为例。

```
[root@ node1 ~]# lspci
00:00.0 Host bridge: Intel Corporation 440BX/ZX/DX‐82443BX/ZX/DX Host bridge
...
```

```
02:05.0 Ethernet controller: Intel Corporation 82545EM Gigabit Ethernet Controller
(Copper) (rev 01)
```

然后新建一个设备定义文件,在虚拟机运行时添加此设备,也可将其写入至虚拟机的域定义文件作为永久设备。

```
[root@ node1 ~]# cat >> pci-e1000.xml<<EOF
<hostdev mode='subsystem'type='pci'managed='yes'>
    <source>
        <address domain='0x0000'bus='0x02'slot='0x05'function='0x0'/>
    </source>
</hostdev>
EOF
[root@ node1 ~]# virsh attach-device win7 pci-e1000.xml
```

如此便可将主机网卡透传至虚拟机中,如果使用 vfio-pci 需要加载 vfio 相关内核模块,具体可参考以下两节内容。

需要注意的是,不是所有的主机、虚拟机系统和 PCI/PCI－E 设备都支持热插拔,在不支持的系统中进行热插拔的话可能会造成虚拟机死机,甚至可能造成主机死机。

9.1.2　SR－IOV

SR－IOV 全称为 Single Root I/O Virtualization,是一种基于硬件的虚拟化解决方案,可提高设备利用率,其功能实现最早在 Linux 系统中。SR－IOV 标准允许在虚拟机之间共享 PCI－E 设备,并且它是在硬件中实现的,虚拟设备可以获得与透传方式相当的 I/O 性能。

SR－IOV 中引入了物理功能(Physical Function)与虚拟功能(Virtual Function)两个概念,其中物理功能是指物理设备拥有可配置的完整资源,虚拟功能则使得虚拟设备能够共享一部分物理资源以提供给虚拟机使用。启用了 SR－IOV 并且具有适当的硬件和设备驱动支持的 PCI－E 设备在系统中可显示为多个独立的虚拟设备,每个都拥有自己的 I/O 空间。目前使用最多的 SR－IOV 设备是万兆网卡,主要厂商有 Intel、QLogic 等。

笔者将以支持 SR－IOV 功能的 Intel 82599 网卡为例介绍 SR－IOV 的完整使用过程,其中会涉及 QEMU 的 vfio-pci 透传设备模型以及设备 IOMMU。

首先,我们需要修改主机启动引导参数以开启 intel-iommu。此处读者可能会将 intel-iommu 与 iommu 混淆,前者控制的是基于 Intel VT-d 的 IOMMU,它可以使系统进行设备的 DMA 地址重映射(DMAR)等多种高级操作为虚拟机使用做准备,且此项默认关闭,而后者主要控制的是 GART(Graphics Address Remapping Table) IOMMU,目的是让有 32 位内存访问大小的设备可以进行 DMAR 操作,通常用于 USB 设备、声卡、集成显卡等,会在主机内存 3 GB 以上的系统中默认开启。

```
# 修改 /boot /grub2 /grub.cfg,形式如下
linux16 /vmlinuz-3.10.0-327.3.1.el7.x86_64
root=UUID=ff78a51d-4759-464f-a1fd-2712a4943202 ro rhgb quiet LANG=
    zh_CN.UTF-8 intel_iommu=on
initrd16 /initramfs-3.10.0-327.3.1.el7.x86_64.im
```

然后重新加载网卡驱动模块,并设置模块中的最大 VF 数以使得设备虚拟出一定数量的网卡。不同厂商的网卡的驱动模块不同,其打开虚拟功能的参数也不同。另外,部分设备由于厂商策略原因,Linux 内核自带的驱动不一定拥有 VF 相关设置,需要从官网单独下载并替换原有驱动。

```
# 查看网络设备总线地址,此款网卡拥有双万兆网口
[root@ node3 ~]# lspci -nn | grep -i ethernet
04:00.0 Ethernet controller [0200]: Intel Corporation Ethernet 10G 2P X520 Adapter
[8086:154d] (rev 01)
04:00.1 Ethernet controller [0200]: Intel Corporation Ethernet 10G 2P X520 Adapter
[8086:154d] (rev 01)

# 查看设备驱动
[root@ node3 ~]# lspci -s 04:00.0 -k
04:00.0 Ethernet controller: Intel Corporation Ethernet 10G 2P X520 Adapter (rev 01)
    Subsystem: Intel Corporation 10GbE 2P X520 Adapter
    Kernel driver in use: ixgbe

# 查看驱动参数
[root@ node3 ~]# modinfo ixgbe
filename:
/lib/modules/3.10.0-327.3.1.el7.x86_64/kernel/drivers/net/ethernet/intel/ixgbe/
ixgbe.ko
version:        4.0.1-k-rh7.2
license:        GPL
description:    Intel(R) 10 Gigabit PCI Express Network Driver
author:         Intel Corporation, <linux.nics@ intel.com>
rhelversion:    7.2
srcversion:     FFFD5E28DF8860A5E458CCB
alias:          pci:v00008086d000015ADsv*sd*bc*sc*i*
...
alias:          pci:v00008086d000010B6sv*sd*bc*sc*i*
depends:        mdio,ptp,dca
intree:         Y
vermagic:       3.10.0-327.3.1.el7.x86_64 SMP mod_unload modversions
signer:         CentOS Linux kernel signing key
sig_key:        3D:4E:71:B0:42:9A:39:8B:8B:78:3B:6F:8B:ED:3B:AF:09:9E:E9:A7
sig_hashalgo:   sha256
```

```
parm:          max_vfs:Maximum number of virtual functions to allocate per physical
function - default is zero and maximum value is 63 (uint)
parm:          allow_unsupported_sfp:Allow unsupported and untested SFP+ modules on
82599-based adapters (uint)
parm:          debug:Debug level (0=none,...,16=all) (int)


# 重新加载内核,修改 max_vfs 为 4,并将此参数写入 /etc/modprobe.d/下的文件以便开机加载
[root@ node3 ~]# modprobe -r ixgbe; modprobe ixgbe max_vfs=4
[root@ node3 ~]# cat >> /etc/modprobe.d/ixgbe.conf<<EOF
options ixgbe max_vfs=4
EOF


# 再次查看网络设备,可发现多了 4 个虚拟网卡,并且设备 ID 不同于物理网卡
[root@ node3 ~]# lspci |grep -i ethernet
02:00.3 Ethernet controller [0200]: Broadcom Corporation NetXtreme BCM5719 Gigabit
Ethernet PCIe [14e4:1657] (rev 01)
04:00.0 Ethernet controller [0200]: Intel Corporation Ethernet 10G 2P X520 Adapter
[8086:154d] (rev 01)
04:00.1 Ethernet controller [0200]: Intel Corporation Ethernet 10G 2P X520 Adapter
[8086:154d] (rev 01)
04:10.0 Ethernet controller [0200]: Intel Corporation 82599 Ethernet Controller
Virtual Function [8086:10ed] (rev 01)
04:10.1 Ethernet controller [0200]: Intel Corporation 82599 Ethernet Controller
Virtual Function [8086:10ed] (rev 01)
04:10.2 Ethernet controller [0200]: Intel Corporation 82599 Ethernet Controller
Virtual Function [8086:10ed] (rev 01)
04:10.3 Ethernet controller [0200]: Intel Corporation 82599 Ethernet Controller
Virtual Function [8086:10ed] (rev 01)
```

　　虚拟网卡被主机发现以后,我们需要额外加载 vfio-pci 以及 vfio-iommu-type1 两个模块,然后将虚拟网卡与原驱动解绑并重新绑定至 vfio-pci 驱动。其中 vfio-pci 驱动是专门为现在支持 DMAR 和中断地址重映射的 PCI 设备开发的驱动模块,它依赖于 VFIO 驱动框架,并且借助于 vfio-iommu-type1 模块实现 IOMMU 的重用。

```
# 加载 vfio-pci
[root@ node3 ~]# modprobe vfio-pci


# 加载 vfio-iommu-type1 以允许中断地址重映射,如果主机的主板不支持中断重映射功能则需要指定参
数"allow_unsafe_interrupt=1"
[root@ node3 ~]# modprobe vfio-iommu-type1 allow_unsafe_interrupt=1


# 将虚拟网卡与原驱动解绑
[root@ node3 ~]# echo 0000:04:10.0 > /sys/bus/pci/devices/0000 \:04 \:10.0/
```

```
driver/unbind
[root@ node3 ~]# echo 0000:04:10.1 > /sys/bus/pci/devices/0000\:04\:10.1/
driver/unbind
[root@ node3 ~]# echo 0000:04:10.2 > /sys/bus/pci/devices/0000\:04\:10.2/
driver/unbind
[root@ node3 ~]# echo 0000:04:10.3 > /sys/bus/pci/devices/0000\:04\:10.3/
driver/unbind

# 将虚拟网卡按照设备 ID 全部与 vfio-pci 驱动绑定
[root@ node3 ~]# echo 8086 10ed > /sys/bus/pci/drivers/vfio-pci/new_id

# 查看虚拟设备现在使用的驱动
[root@ node3 ~]# lspci -k -s 04:10.0
04:10.0 Ethernet controller: Intel Corporation 82599 Ethernet Controller Virtual
Function (rev 01)
    Subsystem: Intel Corporation Device 7b11
    Kernel driver in use: vfio-pci
```

然后我们即可在虚拟机中使用这些虚拟网卡,需要在 QEMU 命令行中添加设备选项,形似"-device vfio-pci, host = 04:10.0, id = hostdev0, bus = pci.0, multifunction = on, addr = 0x9",对应的 libvirt 定义如下。

```
<hostdev mode='subsystem'type='pci'managed='yes'>
    <driver name='vfio'/>
    <source>
        <address domain='0x0000'bus='0x04'slot='0x10'function='0x2'/>
    </source>
    <alias name='igbxe'/>
    < address type ='pci' domain ='0x0000' bus ='0x00' slot ='0x09' function ='0x0'
multifunction='on'/>
</hostdev>
```

如果使用 vfio-pci 透传 PCI-E 设备,需要使用 QEMU 机器模型 Q35,并添加相应的 PCI-E 总线参数,除此之外,设备驱动的解绑与绑定操作可以简化为如下所示的脚本操作。

```
[root@ node3 ~]# cat vfio-bind.sh
# /bin/bash
modprobe vfio-pci
for var in "$@"; do
        for dev in $(ls /sys/bus/pci/devices/$var/iommu_group/devices); do
                vendor=$(cat /sys/bus/pci/devices/$dev/vendor)
                device=$(cat /sys/bus/pci/devices/$dev/device)
                if [ -e /sys/bus/pci/devices/$dev/driver ]; then
```

```
                echo $ dev > /sys/bus/pci/devices/$ dev/driver/unbind
                fi
            echo $ vendor $ device > /sys/bus/pci/drivers/vfio-pci/new_id
        done
done
```

9.1.3　USB

USB 包括控制器和外设,控制器位于主机上且一个主机可同时拥有多个 USB 控制器,控制器通过 root hub 提供接口供其他 USB 设备连接,而这些 USB 设备又可以分为 hub、存储、智能卡、加密狗、打印机等。目前常用的 USB 协议有 1.1、2.0、3.0、3.1(Type-C)等。

在 QEMU 中,我们一般可以对 USB 控制器进行透传,外设进行透传或重定向。

1. 控制器透传

首先 USB 控制器也位于 PCI 总线上,所以我们将整个控制器及其上面的 hub、外设全部透传至虚拟机中,可以参考上一节中的相关域定义,不同的是我们需要找到 USB 控制器对应的 PCI 总线地址,如下所示。

```
[root@ node4 ~]# lspci -nn|grep -i usb
00:1a.0 USB controller [0c03]: Intel Corporation C610/X99 series chipset USB Enhanced
Host Controller #2 [8086:8d2d] (rev 05)
00:1d.0 USB controller [0c03]: Intel Corporation C610/X99 series chipset USB Enhanced
Host Controller #1 [8086:8d26] (rev 05)
```

然后选择要透传的 USB 控制器,我们需要查看主机线路简图或外设简图以确定要透传的 USB 接口,如果是对主机直接操作需避免将连有 USB 键盘鼠标设备的控制器透传至虚拟机,否则会造成后续操作的不便。

```
[root@ node4 ~]# lsusb
Bus 001 Device 002: ID 8087:800a Intel Corp.
Bus 002 Device 002: ID 8087:8002 Intel Corp.
Bus 001 Device 001: ID 1d6b:0002 Linux Foundation 2.0 root hub
Bus 002 Device 001: ID 1d6b:0002 Linux Foundation 2.0 root hub
Bus 002 Device 003: ID 12d1:0003 Huawei Technologies Co., Ltd.
```

参考上一节中的驱动绑定,使用 vfio-pci 对 USB 控制器进行透传,假设要透传的控制器为 2 号控制器,它的总线地址为 00:1a.0,设备 ID 为 8086:8d26。

```
[root@ node3 ~]# echo 0000:00:1a.0 > /sys/bus/pci/devices/0000\:04\:10.0/
driver/unbind
[root@ node3 ~]# echo 8086 8d26 > /sys/bus/pci/drivers/vfio-pci/new_id
```

最后在 QEMU 中添加参数形如"-device vfio-pci,host=00:1a.0,id=hostdev0,bus=pci.0,multifunction=on,addr=0x9"即可。

2. 外设透传

QEMU 下 USB 外设的透传相对比较容易,只需要在域定义中添加对应的 USB 外设的厂商与设备 ID 即可,以透传 USB-Key 为例。

```
# 查看设备总线地址与 ID
[root@ node1 ~]# lsusb
Bus 001 Device 002: ID 8087:800a Intel Corp.
Bus 002 Device 002: ID 8087:8002 Intel Corp.
Bus 001 Device 001: ID 1d6b:0002 Linux Foundation 2.0 root hub
Bus 002 Device 001: ID 1d6b:0002 Linux Foundation 2.0 root hub
Bus 001 Device 003: ID 04b9:8001 Rainbow Technologies, Inc.
Bus 002 Device 005: ID 096e:0202 Feitian Technologies, Inc.
Bus 002 Device 004: ID 12d1:0003 Huawei Technologies Co., Ltd.


# 然后在域定义中添加设备 ID,也可指定设备的总线地址
<hostdev mode='subsystem' type='usb' managed='yes'>
    <source>
        <vendor id='0x04b9'/>
        <product id='0x8001'/>
    </source>
</hostdev>
```

对应到 QEMU 的参数即是"-device usb-host,vendorid=0x04b9,productid=0x8001"或者"-device usb-host,hostbus=1,hostaddr=3,id=hostdev0",也可是"-usbdevice host:0529:0001"等形式。

3. 外设重定向

USB 外设的重定向是私有桌面云的必备功能之一,目前其实现方法包括硬件和软件两种,其中软件实现最为常用的是 USB over TCP/IP,即通过 TCP/IP 协议重定向客户端 USB 外设到虚拟机中。QEMU 桌面协议 spice 里的对应实现是 spice USB Redirection,即通过添加一个专用的通道用于客户端到虚拟机的 USB 重定向。

USB over TCP/IP 的一般实现如图 9-1 所示,其中 PDD 为具体的 USB 外设驱动(Peripheral Device Driver),HCD 为 USB 控制器驱动(Host Controller Driver),Stub Driver 为客户端 USB 外设的统一驱动,VHCI Driver 为虚拟机中的 USB 控制器驱动。当客户端插入 USB 外设时,系统会对其使用 Stub 驱动,设备重定向后 USB 请求与数据会被 Stub 驱动封装,经由 TCP/IP 传递至虚拟机的 VHCI 驱动,反过来亦如此。

接下来笔者使用 usbredir-server 工具,将 Ubuntu 客户端的 U 盘重定向至另一主机中的虚拟机。

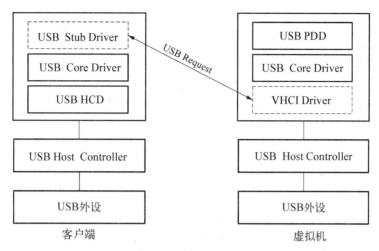

图 9-1　USB over IP 原理

首先在 Ubuntu 中确定 U 盘的设备 ID,安装 usbredir-server 并在 44444 端口监听。

```
root@ Ubuntu:~# apt-get install usbredir-server
root@ Ubuntu:~# lsusb
Bus 001 Device 004: ID 0781:5567 SanDisk Corp. Cruzer Blade
Bus 001 Device 001: ID 1d6b:0002 Linux Foundation 2.0 root hub
Bus 002 Device 003: ID 0e0f:0002 VMware, Inc. Virtual USB Hub
Bus 002 Device 002: ID 0e0f:0003 VMware, Inc. Virtual Mouse
Bus 002 Device 001: ID 1d6b:0001 Linux Foundation 1.1 root hub

# 这里可以将 USB 设备的总线地址或者设备 ID 作为参数
root@ Ubuntu:~# usbredirserver -p 44444 -v 4 0781:5567
```

然后在另一台主机中启动虚拟机,并添加如下设备定义。

```
<redirdev bus ='usb'type ='tcp'>
    <source mode ='connect'host ='192.168.0.58'service ='44444'/>
    <protocol type ='raw'/>
    <alias name ='redir2'/>
</redirdev>
```

虚拟机启动后,可以看到对应的 QEMU 命令中多了一个特殊的 usb-redir 设备,形似"-chardev socket,id＝charredir2,host＝192.168.0.58,port＝44444 -device usb-redir,chardev＝charredir2,id＝redir2"。这个设备即是 QEMU 的 USB 重定向设备后端,它可用在 USB over TCP/IP 中,也可作为 spice USB channel 的设备后端。

需要注意的是,上述实现中**hypervisor 会主动发送请求到客户端端口(spice USB Redirection 无此要求)**,而这在实际场景中往往比较难以实现。采用这种实现的私有云厂平台会在特定服务器(也可以是 hypervisor)中启用代理网关或者网络隧道,客户端将网络端口映射到其上的某个端口,hypervisor 再与服务器连接,从而完成双方间接通信,技术细节可以参考 spice 协议的 squid 代理实现。

9.1.4　串口与并口

QEMU 中串口与并口设备一般都可进行透传与重定向操作,其中透传比较简单,只需要将本地串口/并口的设备节点当做设备后端即可,形如"-parallel /dev/lp0",而重定向的思路与 USB over TCP/IP 较为类似。

重定向时我们需要使用工具将客户端串口/并口设备的输入/输出暴露到客户端的网络端口,hypervisor 再将客户端的 IP 地址与 TCP 端口作为虚拟机的串口/并口设备后端参数进行连接,如图 9-2 所示。

Linux 客户端中可以使用 ser2net 作为串口/并口的服务端,Windows 客户端中也有对应的实现,笔者以 Linux 中的 ser2net 为例,介绍 QEMU 中的串口与并口重定向。

首先在客户端启动监听服务:

```
# 本地串口为ttyS1,并口打印机为lp0(非parport0)
root@Ubuntu:~# apt-get install ser2net
root@Ubuntu:~# ser2net -C 44444:raw:0:/dev/ttyS1
root@Ubuntu:~# ser2net -C 44445:rawlp:0:/dev/lp0
```

然后在服务端添加串口/并口设备,QEMU 命令行如下所示:

```
root@Ubuntu:~# qemu-kvm -m 2G -smp 2,sockets=1 \
-device isa-serial,chardev=serial0 \
-chardev socket,id=serial0,host=192.168.0.40,port=44444 \
-device isa-parallel,chardev=lp0 \
-chardev socket,id=lp0,host=192.168.0.40,port=44445
```

和 USB over TCP/IP 相同,在实际场景中可能需要代理网关或网络隧道。

9.2　GPU 与桌面协议

随着技术进步,GPU 已经远不止于桌面用途,在数据中心中也已经有大规模实践,包括人工智能、高性能计算等场景。

笔者以 GPU 设备在私有云的常见使用方式进行介绍,包括透传、GPU 虚拟化等,也方便读者在面向不同场景时选择不同技术。

9.2.1　物理显卡透传

现在 AMD 和 NVIDIA 是显卡的两大厂商,其显卡按照用途一般分为桌面级、专业级、计算卡等。其中 AMD 的显卡技术主要来自它在 2006 年收购的显卡厂商 ATI,所以读者需要注意在某些技术资料中出现的 ATI 显卡即对应现在的 AMD 显卡。

　　一般 QEMU 虚拟机内的图形处理是由 vCPU 完成,vCPU 的特征一般继承于主机的 pCPU,但没有单独的 GPU 设备进行加速。对此,我们可直接将物理 PCI/PCI－E 显卡透传至虚拟机进行使用。基本过程可以参考 9.1 节 vfio-pci 透传相关内容,但需要注意的是在开始之前,我们需要将要透传的显卡的驱动模块加入黑名单以禁止其自动加载。

　　AMD 和 NVIDIA 的桌面级、专业级显卡一般都可进行透传,笔者将以桌面级显卡 AMD HD 7850 为例,介绍如何在 QEMU 中透传物理显卡设备以及需要注意的步骤。

　　首先查看显卡的总线地址,包含一个 GPU 设备和一个 HDMI 音频设备。

```
[root@ node6 ~]# lspci | grep -i amd
01:00.0 VGA compatible controller: Advanced Micro Devices, Inc. [AMD/ATI] Pitcairn
PRO [Radeon HD 7850] [1002:6819]
01:00.1 Audio device: Advanced Micro Devices, Inc. [AMD/ATI] Cape Verde/Pitcairn HDMI
Audio [Radeon HD 7700/7800 Series] [1002:aab0]
```

　　修改 grub 文件,除了开启 intel-iommu 外,也会屏蔽显卡加载系统自带驱动 nouveau.ko,形式如下。

```
# 修改/boot/grub2/grub.cfg,形式如下
linux16 /vmlinuz-3.10.0-327.3.1.el7.x86_64
root=UUID=ff78a51d-4759-464f-a1fd-2712a4943202 ro rhgb quiet LANG=
    zh_CN.UTF-8 intel_iommu=on pci-stub.ids=1002:6819,1002:aab0,
    vfio_iommu_type1.allow_unsafe_interrupts=1
initrd16 /initramfs-3.10.0-327.3.1.el7.x86_64.im
```

　　修改 modprobe 参数,基本与 9.1 节 PCI 设备透传类似,但这里需要指定 kvm-intel.ko 的参数 emulate_invalid_guest_state＝0 以防止处于未限制模式(unrestricted mode)的 vCPU 不能进入实模式。

```
[root@ node6 ~]# cat >> /etc/modprobe.d/kvm.conf<<EOF
blacklist radeon
options kvm ignore_msrs=1
options kvm allow_unsafe_interrupts=1
# options kvm-amd npt=0
options kvm_intel emulate_invalid_guest_state=0
options vfio_iommu_type1 allow_unsafe_interrupts=1
EOF
```

　　如果在 libvirt 环境下,需要修改 qemu.conf 使 QEMU 具有 root 权限(注意同时修改相关套接字权限),或者将显卡设备节点所有者更改为 libvirt,笔者在此以修改 QEMU 权限为例。

```
[root@ node6 ~]# cat >> /etc/libvirt/qemu.conf<<EOF
# The user ID for QEMU processes run by the system instance.
user = "root"

# The group ID for QEMU processes run by the system instance.
group = "root"

……

# If clear_emulator_capabilities is enabled, libvirt will drop all
# privileged capabilities of the QEmu/KVM emulator. This is enabled by
# default.
#
# Warning: Disabling this option means that a compromised guest can
# exploit the privileges and possibly do damage to the host.
#
clear_emulator_capabilities = 0
EOF
```

然后我们使用 9.1.2 节中的 vfio-bind.sh 脚本,进行显卡驱动的解绑与绑定操作。

```
[root@ node6 ~]# ./vfio-bind.sh 0000:01:00.0 0000:01:00.1
```

在虚拟机上添加 PCI－E 总线根接口,将显卡透传至虚拟机,设备参数形式如下。

```
-device ioh3420,bus=pcie.0,addr=1c.0,multifunction=on,port=1,chassis=1,
id=root.1 \
-device vfio-pci,host=01:00.0,bus=root.1,addr=00.0,multifunction=on,
x-vga=on \
-device vfio-pci,host=01:00.1,bus=root.1,addr=00.1
```

虚拟机启动后,由于启动过程的前段时间内系统并未加载显卡驱动,所以我们可以在QEMU 的远程或本地显示窗口中直接看到,当显卡驱动被加载后我们即可在与物理显卡VGA/HDMI/DVI 接口相连的显示器上看到后半部分启动过程并进入桌面。

需要注意的是,透传显卡的过程中,具体细节会由于 QEMU 版本、显卡型号、主机内核版本而有所差异。比如某些显卡会在虚拟机关机时造成蓝屏、主机死机的状况,所以我们在具体操作时需要做一些钩子脚本在虚拟机关机时卸载显卡,尽量减少此类现象发生。

另外,如果被透传的显卡启动时未连接显示器,则虚拟机系统分辨率会被设置的较低,一般可以使用"dummy monitor",即将显卡的 VGA 或 DVI 接口使用电阻进行短接,如图 9－2 所示,其中被短接的接口为 1－6、2－7、3－8。这样虚拟机内就会发现一个通用显示器,并且其分辨率可以任意设置。这样做的好处是避免某些远程协议(RDP、VNC 等)

由于无法找到本地显示器分辨率而使用最低分辨率,从而对远程访问的体验造成影响。

由于服务器主板 PCI/PCI‐E 接口数量的限制,使用透传物理显卡的虚拟机数量往往非常有限。针对这种状况目前有两种解决方法,一是使用 PCI‐E 扩展卡扩展出更多接口,但它会严重增加服务器的能耗与发热量,另一种即是使用 vGPU 技术。

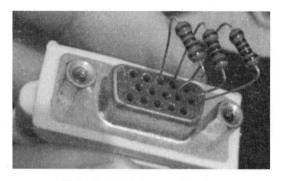

图 9‐2　VGA Dummy Monitor

9.2.2　vGPU 实现

NVIDIA 与 Citrix 合作并于 2012 年推出了首款硬件虚拟 GPU,也就是我们常说的 vGPU。

现在 vGPU 的硬件技术由 NVIDIA、AMD、Intel 提供,它可结合 KVM、Citrix Xen Server、VMWare ESXi、微软 Hyper‐V 等虚拟化平台,为虚拟机提供硬件绑定的 vGPU,从而使多个虚拟机同时拥有独立显卡设备以提高图形计算能力。当然,虚拟机 3D 应用显示仍然需要配合对应的远程显示协议才能获得良好的体验。

开源社区对 vGPU 实现的尝试可以最早追溯到 2003 年开始酝酿的 Virtual GL 项目,它主要提供给用户带有 3D 硬件加速的 X Windows 远程访问功能,同时也是现在诸多优秀远程桌面协议的主要借鉴对象之一。再后来一段时间内,社区在 vGPU 方面没有太多发展,直到 2014 年左右出现了 XenGT/KVMGT 和 Virgil 3D 项目。这两个适合虚拟化的开源 vGPU 项目将很可能是未来几年中私有云厂商的重点研究对象,笔者接下来也将对它们的实现与部署进行简单介绍。

1. XenGT/KVMGT

Intel 在 vGPU 方面的技术主要有 GVT-d、GVT-s、GVT-g,它们都依赖于 Intel Core 4 代及其以后的处理器。其中最有对私有云厂商最有价值的是 GVT-g,主要功能是使用 Intel 处理器的内置显卡向多个虚拟机提供完全虚拟化的 GPU。

这个项目对 Xen 和 KVM 两种虚拟化技术对应提供了 XenGT 和 KVMGT,读者可以从 Github 上下载其源码。本书成文时它们仍处于开发阶段,尚不明确其下一步方向,也许最终产品形式是类似 DPDK、SPDK 的 GPDK,也可能是支持类似 SR‐IOV 技术的专门设备。

以实现 KVMGT 为例,我们需要修改内核中的显卡驱动模块与 KVM,并在 QEMU 添加相关设备模型参数,其中使用的 CPU 型号为 i5‐4460,操作系统为 Ubuntu 14.04。

首先编译安装内核并重启。

```
# 下载 KVMGT 内核
[root@ Ubuntu ~]# cd ../
[root@ Ubuntu ~]# git clone git://github.com/01org/KVMGT-kernel
```

```
# 应用推荐内核配置并编译安装
[root@ Ubuntu KVMGT-kernel]# cd KVMGT-kernel
[root@ Ubuntu KVMGT-kernel]# cp config-3.14.1-host .config
[root@ Ubuntu KVMGT-kernel]# make oldconfig
[root@ Ubuntu KVMGT-kernel]# make -j4
make install; make module_install
[root@ Ubuntu KVMGT-kernel]# grub2-mkconfig > /boot/grub/grub.cfg


# 修改 grub 配置文件,在刚刚加入的引导选项中添加如下参数
      linux   /boot/vmlinuz-3.14.1-igvt
      root =UUID=3085a09b-0ab9-4c59-b742-9c8126146c2b ro
        find_preseed =/preseed.cfg auto noprompt priority =critical
        locale=en_US quiet intel_iommu=igfx_off i915.hvm_boot_foreground=1
      initrd   /boot/initrd.img-3.14.1-igvt


# 添加 UDEV 规则与 VGT 控制程序
[root@ Ubuntu KVMGT-kernel]# cp vgt.rules /etc/udev/rules.d/
[root@ Ubuntu KVMGT-kernel]# cp vgt_mgr /usr/bin/
[root@ Ubuntu KVMGT-kernel]# cd KVMGT-kernel
```

重启主机后编译 QEMU。

```
# 下载 KVMGT-qemu
[root@ Ubuntu ~]# git clone git://github.com/01org/KVMGT-qemu
[root@ Ubuntu ~]# cd KVMGT-qemu
[root@ Ubuntu KVMGT-qemu]# git submodule update --init dtc
[root@ Ubuntu KVMGT-qemu]# git submodule update --init roms/seabios


# 使能 QEMU 的一些常用功能特性并编译
[root@ Ubuntu KVMGT-qemu]# ./configure --enable-kvm --disable-xen \--enable-sdl --
target-list=x86_64-softmmu
[root@ Ubuntu KVMGT-qemu]# make -j4
[root@ Ubuntu KVMGT-qemu]# cd roms/seabios
[root@ Ubuntu seabios]# make; cd ..
```

　　然后启动虚拟机,并指定 VGA 类型为 vgt 即可,某些操作系统可能需要定制的显卡驱动才能识别到 vgt 设备,具体内容可参考项目文档。

```
[root@ Ubuntu KVMGT-qemu]# ./x86_64-softmmu/qemu-system-x86_64 \
-hda ~/hda.raw \-bios ./seabios/out/bios.bin -enable-kvm -M PC -smp 2 \
-cpu host -m 2048 -machine kernel_irqchip=on -vgt -vga vgt
```

　　此时虚拟机内的显卡设备即为 Intel HD 5000,且显存大小可通过修改/ sys/ kernel/ vgt/ control/ available_resources 进行设置,此文件的详细内容可参考官方内核文档说明,如下所示。

```
DESCRIPTION: This entry shows remaining free CPU visible graphics memory size,
             available CPU invisible graphics memory size and available
             fence registers.It can be used to determine how many VMs with
             VGT instance can still be created.
             The output consists of 3 lines in hexadecimal and looks like this:
             (Using "\" to represent the continuing of the same line)

0x00000200, 0x00000180, 0x00000600, 0x00000480, 0x00000010, 0x0000000c\
00000000,00000000,00000000,00000000,00000000,00000000,00000000,\
00000000,00000000,00000000,00000000,00000000,00000000,00000000,\
00000000,00000000,00000000,00000000,00000000,00000000,00000000,\
00000000,00000000,00000000,00000000,00000000,00000000,00000000,\
00000000,00000000,00000000,00000000,00000000,00000000,00000000,\
00000000,ffffffff,ffffffff,ffffffff,ffffffff,ffffffff,ffffffff,\
ffffffff,ffffffff,ffffffff,ffffffff,ffffffff,ffffffff,ffffffff,\
ffffffff,00000000,00000000,00000000,00000000,00000000,00000000,\
00000000,00000000,00000000,00000000,00000000,00000000,ffffffff,\
ffffffff
         000f

The first line shows 6 numbers:
    total CPU visible Graphics memory size,
    free CPU visible graphics memory size,
    toal CPU invisible graphics memory size,
    free CPU invisible graphics memory size,
    total number of fence register,
    the number of free fence registers. (Note: the first 4 are in'MB').
The second and third line show the bitmap of graphics memory and
fence register allocation. Bits of "1" mean the resources have
been taken.
```

2. Virgil 3D

Virgil 3D 项目即是 QEMU 2.4 中开始出现的 virtio-gpu，它基于 virtio 标准，使用 Mesa 实现 OpenGL 显示加速，这点不同于 VMWare 基于 DirectX 9 实现的 vGPU，前者完全开源且不依赖于物理 GPU 设备。

目前 Virgil 3D 的开发仍处于初级阶段，但发展十分迅速，比如 QEMU 2.4 版本时它仅支持 2D 加速，而 2.5 版本则开始支持带有 3D 加速能力的本地 GTK3 显示协议，2.6 版本更是与 spice 协议进行了初步集成。由于它的 vGPU 实现不与外部的物理显卡绑定，所以其缺点也比较明显，即渲染能力较差一般不能用于大型 3D 应用。尽管如此，它的出现使得私有云的厂商与客户多了一个选择，不再限制于以往的 vGPU 商业硬件和软件了。

接下来笔者仍以 Fedora 23 系统作为主机系统，使用 QEMU 2.6 启动 Windows 7 虚拟机，并用基于 Socket 的 spice 协议连接到控制台来展示 Virgil 的简单使用。

首先,先下载并编译最新的 QEMU。过程中需要用到 spice-gtk-0. 31 以及 spice-server-0. 13. 1,我们除了自己编译外,也可以直接使用开发者提供的预编译版本。

```
# 首先下载并编译最新的 QEMU
# 以下 repo 中包含预编译的 spice 协议、virt-viewer 等
[root@ fc23 ~]# cat > /etc/yum.repos.d/virgil.repo<<EOF
[kraxel-virgl]
name=Copr repo for virgl owned by kraxel
baseurl=https://copr-be.cloud.fedoraproject.org/results/kraxel/virgl/fedora-$
releasever-$basearch/
skip_if_unavailable=True
gpgcheck=1
gpgkey=https://copr-be.cloud.fedoraproject.org/results/kraxel/virgl/pubkey.gpg
enabled=1
enabled_metadata=1
EOF
[root@ fc23 ~]# dnf install virglrenderer-devel spice-gtk3-devel \
spice-server-devel virt-viewer SDL-devel libepoxy-devel libdrm-devel \
mesa-libgbm-devel

# 注意使能 gtk、opengl 等选项
[root@ fc23 ~]# cd qemu;
[root@ fc23 ~]#./configure --enable-kvm --enable-spice --enable-sdl \
--witch-sdlabi=2.0 --enable-gtk --enable-opengl \
--target-list=x86_64-softmmu
[root@ fc23 ~]# make -j4; make install
```

然后以本地显示模式启动虚拟机即可。

```
[root@ fc23 ~]# qemu-system-x86_64 -drive file=hda.raw,format=raw \
-smp 2,socket1=1,cores=2 -m 2048 -display sdk -vga virtio
```

截至本书成文时,Virgil 已经提供了对基于套接字 spice 协议的支持,同时 libvirt 的域定义中也加入了视频设备参数 accel2d 与 accel3d。

3. NVIDIA vGPU

NVIDIA vGPU 的早期商业尝试是在 GRID K1/K2 显卡上,仅支持 VMware 与 Citrix 等主流商业平台。后来与 RedHat、Intel 共同开发出新的 vGPU 技术——VFIO MDEV,从而在 KVM 平台下也能使用(需要 license 授权),支持包括现在的 Tesla 系列、GRID 系列等专用 GPU。这里需要说明的是,NVIDIA vGPU 除去 3D 之外,也可用于较为简单的计算场景,比如机器学习的开发测试。

4. AMD vGPU

AMD vGPU 技术采用了成熟的 SR－IOV 技术,可以在任意平台中使用,且无需授权即可

使用。相较于 NVIDIA vGPU,AMD vGPU 一般仅用于桌面环境,较少在计算场景中使用。

9.2.3 3D 远程桌面协议

在 2010 年左右,OnLive、GA、NVIDIA 等公司推出了云游戏产品,即是将游戏的计算、3D 渲染等置于云端的服务器集群中,客户端仅用作显示,用户从而可以在性能稍弱的 PC 中获得流畅的游戏体验。这其中的主要技术是将游戏画面进行流媒体化(streaming),尽可能地减少传输带宽和客户端压力,同时保证用户的操作延时在可接受范围内,结构如图 9-3。除了商业平台外,对此感兴趣的读者也可以查看其开源实现,比如 Gaming Anywhere、Moonlight Game Streaming、Mishira 等活跃项目。

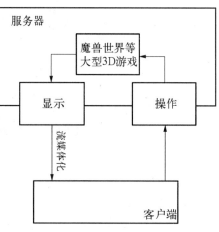

图 9-3 云游戏结构原理示意图

而前文提到的 Virtual GL 项目,则是这种实现的始作俑者。X Windows 的早期实现便支持 CS 架构的访问,当服务器端运行大型 3D 程序时,其中的计算、渲染等命令是从服务器端通过网络传输至客户端,然后客户端再进行计算、渲染、显示,过程如图 9-4 所示。其中,Xlib 负责应用程序 X Windows 窗口事件与命令操作,应用程序调用 libGL 时产生的处理指令会被 GLX(X Windows 的 OpenGL 扩展)发送到客户端,然后客户端 X Server 再进行 3D 计算、渲染后显示到本地。

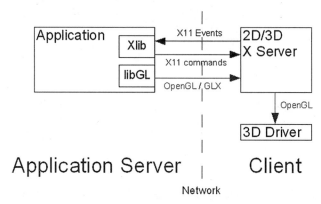

图 9-4 X Windows 默认 CS 架构

这种架构的缺点是当应用程序比较复杂时则会占用大量带宽,同时对客户端的处理能力也是一种挑战。Virtual GL 项目则主要将 3D 程序的计算、渲染与显示进行了服务器端转化成压缩的 2D 画面,然后客户端仅仅负责接收处理后的 2D 画面,如此一来便大大降低了带宽,原理如图 9-5 所示。

对 spice 协议了解的读者可能注意到两者的相似之处,图中 VirtualGL 与 X Server(包括驱

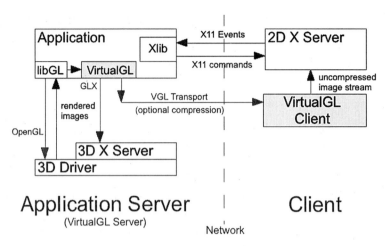

图 9-5　VirtualGL 优化后的 X Windows CS 架构

动)的组合即相当于 spice 协议中的 QXL,X11 命令、事件传递则可理解为发生在 spice 通道。

VirtualGL 目前支持 Linux、Solaris、MacOS(即 OS X,仅客户端)、Windows(仅客户端),客户端可配合 **Java TurboVNC 或其他 VNC 协议**进行使用。

以 Fedora 23 的 Mate Desktop(默认的 Gnome 3 需要硬件设备进行加速)为例,首先安装并配置 VirtualGL。

```
[root@ fc23 ~]# dnf install VirtualGL

# 注意 VirtualGL 默认使用 vglusers 用户组,笔者在此予以禁用
[root@ fc23 ~]# vglserver_config
1) Configure server for use with VirtualGL
2) Unconfigure server for use with VirtualGL
X) Exit

Choose:
1

Restrict 3D X server access to vglusers group (recommended)?
[Y/n]
n

Restrict framebuffer device access to vglusers group (recommended)?
[Y/n]
n

Disable XTEST extension (recommended)?
[Y/n]
n
... Modifying /etc/security/console.perms to disable automatic permissions
```

```
     for DRI devices ...
... Creating /etc/modprobe.d/virtualgl.conf to set requested permissions for
    /dev/nvidia* ...
... Granting write permission to /dev/dri/card0 for all users ...
... Modifying /etc/X11/xorg.conf.d/99-virtualgl-dri to enable DRI permissions
    for all users ...
... Adding xhost +LOCAL: to /etc/gdm/Init/Default script ...
... Adding display-setup-script=xhost +LOCAL: to
/etc/lightdm/lightdm.conf ...
... Enabling XTEST extension in /etc/gdm/custom.conf ...
... Setting default run level to 5 (enabling graphical login prompt) ...
... Commenting out DisallowTCP line (if it exists) in /etc/gdm/custom.conf ...

Done. You must restart the display manager for the changes to take effect.

1) Configure server for use with VirtualGL
2) Unconfigure server for use with VirtualGL
X) Exit

Choose:
x

# 重启 gdm 以使 VirtualGL 配置生效
[root@ localhost bin]# service gdm restart

# 然后从 SourceForge 下载 TurboVNC, 安装后启动 vncserver
[root@ fc23 ~]# rpm -i turbovnc-2.0.2.x86_64.rpm
[root@ fc23 ~]# /opt/TurboVNC/bin/vncserver
[root@ localhost bin]# ./vncserver

Desktop'TurboVNC: localhost.localdomain:1 (root)'started on display localhost.
localdomain:2

Starting applications specified in /root/.vnc/xstartup.turbovnc
Log file is /root/.vnc/localhost.localdomain:1.log
```

接下来在服务端中使用 vglrun 命令运行 3D 程序，以 glxsphere64 为例。

```
# 将 VNC 显示当做程序显示窗口并启动 VirtualGL 服务
[root@ fc23 ~]# export DISPLAY=localhost.localdomain:1
[root@ fc23 ~]# export VGL_CLIENT=127.0.0.1
[root@ localhost bin]# vglclient -detach -force
VirtualGL Client 64-bit v2.4 (Build 20150616)
Listening for unencrypted connections on port 4242

# 运行程序
```

```
[root@ fc23 ~]# vglrun glxspheres64
Polygons in scene: 62464 (61 spheres * 1024 polys/spheres)
Visual ID of window: 0x21
Context is Direct
OpenGL Renderer: Gallium 0.4 on llvmpipe (LLVM 3.3, 128 bits)
46.856113 frames/sec - 52.291422 Mpixels/sec
46.738261 frames/sec - 52.159900 Mpixels/sec
47.164955 frames/sec - 52.636090 Mpixels/sec
...
```

然后可使用任意 VNC 客户端到服务端,笔者同样在 Windows 中使用 TurboVNC 客户端进行连接,如图 9-6 所示。

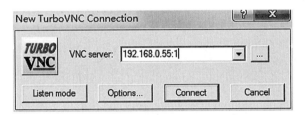

图 9-6　Windows 中 TurboVNC 连接 VirtualGL 应用

最后如果成功连接即可在 Windows 客户端中看到如下画面,且可左下角的帧数对比 VirtualGL 与服务器上直接运行此应用的差异。

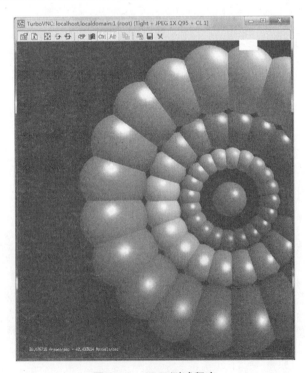

图 9-7　GLX 测试程序

9.3　文件带外管理

文件带外管理即是提供对虚拟机硬盘镜像内容进行离线操作,比如文件监控、应用分发、病毒扫描等常见私有云场景。

9.3.1　技术基础

Libguestfs 是一个 C 语言库,它的主要目的是提供虚拟机镜像进行带外管理 API,对应也有 Python、Java、Ruby 等语言扩展库,官网为 http://libguestfs.org。Libguestfs-tools 即是基于它实现的镜像管理工具,主流发行版中都可以通过包管理程序直接安装。其原理是通过 QEMU 启动一个最小系统,然后将虚拟硬盘镜像挂载到此系统中,最后再根据用户命令对文件系统或者文件进行具体操作。

通过 libguestfs,我们可以对虚拟硬盘镜像中的文件进行离线创建、修改、删除、复制等操作,也可以直接修改镜像内的系统分区表、文件系统类型等。基于这些功能,我们又可以实现诸如系统安装(virt-install、virt-builder)、系统初始化(virt-sysprep)、修复分区(virt-rescue)、挂载分区(guestmount)、系统扩容(virt-resize)、P2V(virt-p2v)、V2V(virt-v2v)等复杂操作。目前 libguestfs 几乎支持所有常见的镜像格式与本地文件系统,比如 VMWare 的硬盘镜像与 Windows 文件系统等。

笔者接下来以密码修改和分区挂载为例,介绍 libguestfs-tools 的简单使用。

```
[root@ localhost ~]# dnf install libguestfs-tools -y

# 修改用户名密码
[root@ localhost ~]# virt-sysprep --root-password password:123456 \
 --password demo:123456 -a hda.qcow2

# 以读写模式挂载 Windows 系统分区
[root@ localhost ~]# guestmount -a windows.raw -m /dev/sda1 --rw /mnt
```

Libguestfs 提供的也有 P2V 以及 V2V 工具,以将虚拟机从 ESXi 平台迁移至 oVirt 平台的 V2V 为例。

```
# 添加 ESXi 的登录认证文件
[root@ ovirt ~]# cat > .netrc <<EOF
machine esxi.example.com login root password 1234567
EOF
[root@ ovirt ~]# chmod 600 ~/.netrc

# 使用 virt-v2v 将虚拟机从 ESXi 迁移至 oVirt 的导出域
[root@ ovirt ~]# virt-v2v -ic esx://esxi.example.com/? no_verify=1 -o rhev -os ovirt.
```

```
example.com:/nfs/export_domain --network ovirtmgmt myvm
myvm_myvm: 100% [ = = = = = = = = = = = = = = = = = = = = = = = = = = = = = = = = = = = = = = = = = = = = = =
= = = = = = = = =]D 0h04m48s
virt-v2v: myvm configured with virtio drivers.
```

9.3.2 文件监控与审计

文件监控与审计是很多政企单位的需求,主要技术难点在虚拟机文件的离线扫描、权限审计。一般后者可直接利用软件厂商的平台,但前者就需要私有云平台厂商自己开发了。

文件监控除了在虚拟机内安装代理程序外,也可在存储或者计算节点上挂载虚拟机镜像,从而向监控程序暴露虚拟机系统文件,但不能进行永久挂载。

此场景涉及的工具为 guestmount、virt-edit、virt-cat 等。

9.3.3 病毒集中扫描

如果虚拟机内直接进行病毒扫描会消耗比平时高很的 CPU 与 I/O 资源,更不要说虚拟机的批量病毒扫描了。

除了使用专门针对虚拟机的杀毒软件,我们也可以将虚拟机镜像挂载到一个或多个专用机器上,进行病毒的离线扫描。由于多数虚拟机内的系统文件都相同,所以其中也可以采用去冗手段,需视具体病毒感染类型而定。

此场景涉及的工具为 guestmount、virt-diff(可选)等。

9.3.4 软件增量分发

软件增量分发的意义在于很多时候用户不需要因为仅仅更新、安装或删除了虚拟机模板内的一个软件,就要删除整个桌面池并重新创建。一般,它适用于教学机房这种需要频繁安装软件的场景。

如果采用带外管理手段,我们可以将桌面池镜像与模板镜像在关机状态下进行差异比较,然后将变化(文件、注册表的增删改)拷贝出来打包成补丁文件,再对桌面池内的虚拟机应用这个补丁文件即可完成更新;也可直接比较两个模板的差异,再对桌面池的虚拟机进行 rebase 操作,但具有一定风险。

此功能设计的工具为 qemu-img、virt-diff、virt-win-reg、virt-tar、virt-copy 等。 -

9.4 虚拟机体验优化

虚拟机体验优化包括性能和操作两个方面,性能上主要包括 CPU、内存、网络、硬盘、文件系统等,操作则主要考虑到单点登录和文件带外管理,另外针对 QEMU 虚拟机的 FT 功能笔者也将在此进行介绍。

至于操作系统的优化方法与相关工具集,可以参考下一小节内容,以针对具体应用进行更深度地优化。

9.4.1　CPU

以 QEMU 作为模拟器的虚拟化平台一般借助于 libvirt 进行较细颗粒度的 vCPU 性能调节,包括 CPU 特征、拓扑、钉选(pinning)、NUMA 配置等。

Libvirt 中可对 CPU 进行的定义包含如下内容。

```
<cpu mode='custom'match='exact'>
    <model fallback='allow'>SandyBridge</model>
    <topology sockets='2'cores='2'threads='2'/>
</cpu>
<vcpu placement='static'>8</vcpu>
<cputune>
    <vcpupin vcpu="0" cpuset="1-4,2"/>
    <vcpupin vcpu="1" cpuset="0,1"/>
    <vcpupin vcpu="2" cpuset="2,3"/>
    <vcpupin vcpu="3" cpuset="0,4"/>
    <emulatorpin cpuset="1-3"/>
    <iothreadpin iothread="1" cpuset="5,6"/>
    <iothreadpin iothread="2" cpuset="7,8"/>
    <shares>2048</shares>
    <period>1000000</period>
    <quota>-1</quota>
    <emulator_period>1000000</emulator_period>
    <emulator_quota>-1</emulator_quota>
    <vcpusched vcpus='0-4,3'scheduler='fifo'priority='1'/>
    <iothreadsched iothreads='2'scheduler='batch'/>
</cputune>
```

□ vCPU 微调

对虚拟机 CPU 性能优化的常用做法是设置其拓扑与微调字段。Cputune 中的 vcpupin 即是我们常说的钉选,即是将虚拟机的单个或多个 vCPU 线程分别固定在指定 pCPU 上运行;而 share、period、quota 字段则可限制虚拟机在全部物理核上的时间片比例。以虚拟机并发数量较高的应用场景为例,多个模拟器的子进程为在多个物理核间进行漂移,上下文切换成本较大,导致全部虚拟机内的程序运行缓慢。如果对上述参数进行适当设置,将全部虚拟机的所有 vCPU 平均地分散到各个 pCPU 上,就能够较好地改善此状况。

□ vNUMA

钉选同样也是虚拟机进行 NUMA 优化的基础。由于 vCPU 在主机操作系统中是在用户空间任务运行,如果当虚拟机的所有 vCPU 线程在同一个路 CPU 中运行时,那么它们之间将会共享 L3 缓存从而提高执行效率。

在设置 NUMA 之前,我们需要查询主机能力中是否支持 NUMA 功能,使用命令"virsh host capabilities"进行查询:

```
<topology>
    <cells num='1'>
        <cell id='0'>
            <cpus num='2'>
                <cpu id='0'/>
                <cpu id='1'/>
            </cpus>
        </cell>
    </cells>
</topology>
```

然后在虚拟机的定义中添加 NUMA 内存分配模式,包括 strict(严格遵守定义,资源请求失败则分配失败)、interleave(以轮询方式请求资源,这种模式适用于大多数场景)、prefered(优先从单一节点分配内存):

```
<numatune>
    <memory mode='interleave' nodeset='0-1'/>
</numatune>
```

最后将虚拟机的 vCPU 进行分组,即定义 vNUMA:

```
<cpu>
    <numa>
        <cell cpus='0-3' memory='10485760'/>
        <cell cpus='4-8' memory='10485760'/>
    </numa>
<cpu>
```

如此一来这个虚拟机的 8 个 vCPU 便分别绑定到了服务器的两个 pCPU 上,从而能够增加 vCPU 的内存效率。期间可以通过命令 numastat 查询 NUMA 节点内存使用情况、numactl 控制进程与共享内存的 NUMA 策略,在 virsh 中使用 numatune 动态调节 vNUMA。

9.4.2 内存

同 CPU 一样,QEMU 的内存配置同样可由 libvirt 进行调节,主要包巨页、透明巨页、

KSM、内存气球等。

　　□ 巨页

　　内存巨页是一个内核控制的内存页分配单位,再未指定巨页的情况下,内存默认以 4 KB 为单位操作内存。

　　由于虚拟机的内存分配策略可以继承自所在主机,所以我们只需要在主机中打开巨页功能,并设置域定义即可。在第四章的 QEMU 的设备一节中我们已经介绍了"object"设备后端的简单使用,虚拟机使用巨页可在其预定义中添加如下内容:

```
<memoryBacking>
   <hugepages/>
</memoryBacking>
```

　　主机中需要对应做以下设置:

```
#分配 4 个 1G 巨页
[root@ node1 ~]# echo 4 > /sys/devices/system/node/node0/hugepages/hugepages-
1048576kB/nr_hugepages

#分配 1024 个 2MB 巨页
[root@ node1 ~]# echo 1024 > /sys/devices/system/node/node0/hugepages/
hugepages-2048kB/nr_hugepages

#创建设备节点并将其挂载
[root@ node1 ~]# mkdir /dev/hugepages1G
[root@ node1 ~]# mount -t hugetlbfs -o pagesize=1G none /dev/hugepages1G
[root@ node1 ~]# mkdir /dev/hugepages2M
[root@ node1 ~]# mount -t hugetlbfs -o pagesize=2M none /dev/hugepages2M
```

　　重启 libvirtd 后启动虚拟机,此时可在主机中通过命令"cat /proc/meminfo | grep Huge" 查看使用状况。

　　□ 透明巨页

　　透明巨页(Transparent Huge page)是内核默认启用的巨页,一般以 2 MB 为单位,使用时需要注意虚拟机内也需要同样启用透明巨页,可通过以下命令进行控制。

```
#接受参数为 never、always、madvise
[root@ node1 ~]# echo always > /sys/kernel/mm/transparent_hugepage/enabled
```

　　□ KSM

　　内存合并(KSM)的原理我们在之前章节也已经谈到,它的开关由 QEMU 机器模型参数 mem-merge 控制(默认为 on),如果要关闭可以在虚拟机的 libvirt 域定义添加如下内容,并且禁用主机的 ksmd 与 ksmtuned 服务:

```
<memoryBacking>
    <nosharepages />
</memoryBacking>
```

□ 内存气球

内存气球的原理也已经在前面章节中讲到，笔者在此不予赘述仅列出其域定义：

```
</devices>
    <memballoon model ='virtio'>
        <address type ='pci' domain ='0x0000' bus ='0x00' slot ='0x07' function ='0x0'/>
    </memballoon>
</devices>
```

9.4.3 硬盘

虚拟机硬盘的性能一般可通过调节其接口类型、镜像格式、cache 策略、异步 I/O、I/O 优先级、QoS 等进行优化。一般推荐使用 virtio 接口，而镜像相关的参数可以查看第 7 章相关内容。一个较为完整的硬盘 libvirt 定义如下所示。

```
<devices>
    <disk type ='file' device =disk>
        <driver name ='qemu' type ='qcow2' cache ='wriththrough' io ='threads'/>
        <source file =/var /lib /libvirt /images /nfs_share /hda.qcow2'/>
        <target dev ='vda' bus ='virtio'/>
        <address type ='pci' domain ='0x0000' bus ='0x00' slot ='0x09' function ='0x0'/>
    </disk>
    <disk type ='file' device =disk>
        <driver name ='qemu' type ='qcow2' cache ='writeback' io ='threads'/>
        <source file =/var /lib /libvirt /images /nfs_share /hdb.qcow2'/>
        <target dev ='vda' bus ='virtio'/>
        <address type ='pci' domain ='0x0000' bus ='0x00' slot ='0x0a' function ='0x0'/>
    </disk>

    <blkiotune>
    <weight>800</weight>
    <device>
      <path>/dev/vda</path>
      <weight>1000</weight>
    </device>
    <device>
      <path>/dev/vdb</path>
      <weight>500</weight>
```

```
    <read_bytes_sec>10000</read_bytes_sec>
    <write_bytes_sec>10000</write_bytes_sec>
    <read_iops_sec>20000</read_iops_sec>
    <write_iops_sec>20000</write_iops_sec>
  </device>
 </blkiotune>
<devices>
```

其中,cache 的参数有 none(无 cache)、writethrough(直写)、writeback(回写)、directsync(虚拟机忽略主机页面缓存的直接模式)、unsafe(主机忽略虚拟机同步要求的回写模式)、default;异步 I/O 参数有 native(内核直接 I/O,这种模式有可能损坏带有文件空洞镜像上的文件系统,不推荐使用)、threads(用户模式下的线程模式)、default(默认为线程模式);I/O 优先级与 QoS 均可通过命令"virsh blkdeviotune"进行调节,权值越大 I/O 优先级越高,QoS 限速则是由 cgroup 实现。

9.4.4　网络

比较通用的网络参数调节包括网卡类型、vhostnet、发送模式等,完整 libvirt 定义如下:

```
<devices>
  <interface type='network'>
    <source network='default'/>
    <target dev='vnet1'/>
    <model type='virtio'/>
    <driver name='vhost'txmode='iothread'ioeventfd='on'event_idx='off'queues='5'>
      <host csum='off'gso='off'tso4='off'tso6='off'ecn='off'ufo='off'mrg_rxbuf='off'/>
      <guest csum='off'tso4='off'tso6='off'ecn='off'ufo='off'/>
    </driver>
    <bandwidth>
      <inbound average='1000'peak='5000'floor='200'burst='1024'/>
      <outbound average='128'peak='256'burst='256'/>
    </bandwidth>
  </interface>
</devices>
```

一般网卡类型同样推荐使用 virtio 接口,其中 driver 部分可设置网卡的发送模式、异步事件描述符、设备事件控制,而 host、guest 参数主要是对将多个网络数据包合并为一个从而提高网络性能,默认开启;网络 QoS 处理同样依赖 cgroup。

9.4.5　virtio 多队列

virtio 类型的接口一般都可以添加多队列选项,其原理是使每个 vCPU 都拥有独立的中断队列,之间互不影响。virtio 接口的硬盘、网络的多队列选项可通过如下定义实现:

```
# 硬盘
<controller type='scsi' index='0' model='virtio-scsi'>
    <driver queues='N' />
</controller>

# 网络,对应主机的 ethtool channel 设置
<interface type='network'>
    <source network='default'/>
    <model type='virtio'/>
    <driver name='vhost' queues='8'/>
</interface>
```

9.4.6　来宾工具

来宾工具(Guest Tools)即是虚拟机扩展工具,它在很多虚拟化平台中都有对应实现,比如 spice-guest-tools、VMware Tools、VBox Package 等。一般来宾工具中包括虚拟机代理、监控代理、扩展工具、设备驱动等,在虚拟机操作系统后安装完成以后再通过光盘等形式单独对其进行安装。

安装完成后两种代理程序会在虚拟操作系统中作为后台服务运行,比如 QEMU 中常用的 qemu-guest-agent 或者 spice-vdagent,以及与性能监控平台相关的 zabbix-agent、nagios-nrpe 等。其中虚拟机代理程序的主要功能是在不依赖 TCP/IP 网络的前提下提供虚拟机与外部的通信接口,从而实现虚拟机的监视、交互,甚至与虚拟内系统文件相关的操作。

不止在私有云,Guest Tools 也是公有云平台虚拟机的标配之一,很多公有云厂商的防病毒、监控程序都是由其完成。

9.4.7　单点登录

当用户环境中的应用比较多且这些应用使用统一的认证方式时,使用单点登录技术可以避免用户频繁地输入密码,从而间接提高桌面云的体验。主流的单点登录实现需要依赖 AD、LDAP 等目录服务,且必须有虚拟机代理程序辅助。

笔者用一个简单的场景描述单点登录的作用:用户从瘦客户端登录到校园门户,第一次输入用户名与密码后选择云平台入口,第二次输入用户名与密码后进入云平台,选择并连接到自己的虚拟桌面,第三次输入桌面的用户名与密码,打开浏览器后访问校园办公平

台,第四次输入用户名与密码后才能正常办公。如果使用了单点登录他只要在瘦客户端输入一次用户名与密码即可,其后的认证全部使用此次获取的凭据进行登录即可,极大程度地提高了办公效率。

私有云平台厂商在实现单点登录时,一般需要与其他应用软件厂商进行密切合作。目前,很多开源云平台都提供了单点登录实现,但其中以 oVirt 最为领先,它不止提供了桌面级的单点登录,在平台入口级别也提供了开放的接口。对其技术实现感兴趣的读者可以查看其最新 4.0 版本的相关描述,由于篇幅所限在此笔者不予详细说明。

9.4.8 QEMU FT

我们在第 2 章已经讲到,VMWare 的 Fault Tolerance 在 QEMU 中也有对应的实现,其大概原理是对两个运行的虚拟机创建微检查点,从业务虚拟机通过 TCP/IP 或 RDMA 方式进行迁移同步,使得备用虚拟机获得与业务虚拟机同样的运行状态。

本书成文时 QEMU 的 FT 功能尚未融合进主分支,但基本可用,接下来笔者使用其开发分支演示其基本操作,完整的实现仍需要一定开发工作。

首先,在 CentOS 7 上下载并编译 QEMU 的 mc 分支:

```
[root@ localhost ~]# git clone https://github.com/hinesmr/qemu.git qemu-mc
[root@ localhost ~]# cd qemu-mc
[root@ localhost ~]# ./configure --enable-kvm --enable-mc --enable-rdma \
--target-list=x86_64-softmmu
```

然后在网桥 br0 上创建两个 tap 接口,将分别用于主机和备机,同时:

```
[root@ localhost qemu-mc]# ip tuntap add tap1 mode tap
[root@ localhost qemu-mc]# ip tuntap add tap0 mode tap
[root@ localhost qemu-mc]# brctl addbr br0 tap0
[root@ localhost qemu-mc]# brctl addbr br0 tap1
```

分别启动主机和备机,同步方式为 TCP/IP:

```
# 主机
[root@ localhost qemu-mc]# ./x86_64-softmmu/qemu-system-x86_64 \
-cdrom centos.iso --enable-kvm -m 512 \
-monitor stdio -net nic -net tap,ifname=tap0,script=no
QEMU 2.3.50 monitor - type 'help' for more information
(qemu) Enabling tcp keepalive = = = = = = = =
VNC server running on '127.0.0.1:5900'
Enabling tcp keepalive = = = = = = = =

(qemu)
```

```
# 备机
[root@ localhost qemu-mc]# ./x86_64-softmmu/qemu-system-x86_64 \
-cdrom centos.iso --enable-kvm -m 512 \
-monitor stdio -net nic -net tap,ifname=tap0,script=no \
--incoming tcp:127.0.0.1:1234
QEMU 2.3.50 monitor - type'help'for more information
(qemu) Enabling tcp keepalive = = = = = = = = =
VNC server running on'127.0.0.1:5901'
Enabling tcp keepalive = = = = = = = = =

(qemu)
```

两台虚拟机都启动后,添加 IFB 接口,并将主机的 tap0 加入 ifb0,主要目的是进行流量重定向和宕机侦测:

```
[root@ localhost qemu-mc]# modprobe ifb numifbs=10
[root@ localhost qemu-mc]# ip link set up ifb0
[root@ localhost qemu-mc]# tc qdisc add dev tap0 ingress
[root@ localhost qemu-mc]# tc filter add dev tap0 parent ffff: proto ip pref 10 u32
match u32 0 0 action mirred egress redirect dev ifb0
```

在主机中设置 mc,由于禁止缓存虚拟机硬盘和网络,并开始同步:

```
(qemu) migrate_set_capability mc on
(qemu) migrate_set_capability mc-disk-disable on
(qemu) migrate_set_capability mc-net-disable on
(qemu) migrate -d tcp:127.0.0.1:1234
```

然后将 QEMU 的主机进程 kill,可以在备机中看到如下内容:

```
(qemu) mc: MC is requested
transaction: recv error while expecting ANY (308), bailing: Input/output error
MC: checkpointing stopped. Recovering VM
```

以上即是 QEMU FT 的测试过程,笔者在实际使用时发现它会占用较高的 CPU 与网络资源,所以作者推荐在万兆网络下使用,如果要达到 VMWare FT 的效果则仍需要较多工作。

9.5 服务器系统优化

多数 Linux 发行版在放出稳定版系统时出于兼容性的考虑,很多系统配置、内核参数都设置的比较保守以尽量适应不同的硬件。但是读者应该了解,针对具体的应用场景我们需要对系统配置与内核参数进行微调,甚至要重新编译内核、工具集等以更好地发挥硬件能力。

本节的优化内容将限制于 RedHat 系列操作系统,对其他发行版也具一定参考意义。另外,某些特殊场景下的内核、工具集编译将不在此讨论,有兴趣的读者可以参考 Arch Linux 以及 Gentoo Linux 等"build from scratch"形式的操作系统的官方文档,其社区也有很多经验丰富的网友参与建设。

所有针对内核参数的调整均可写入/etc/sysctl.d/目录中,应用程序参数的调整则可通过 tuned 工具实现。

9.5.1　性能监控工具

在开始优化之前,我们准备相应的工具以进行监视与优化,著名性能工程师 Brendan Gregg 曾列举过一些常用的工具集合图,分别如下所示。

图 9-8、图 9-9 中列出了系统各层对应的监视与调节工具,其性能测试工具可以参考第 10 章有关内容。接下来笔者将对服务器系统常见的优化措施进行介绍,以供读者参考。

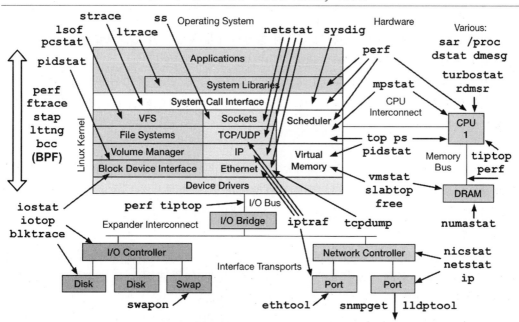

图 9-8　性能监视工具

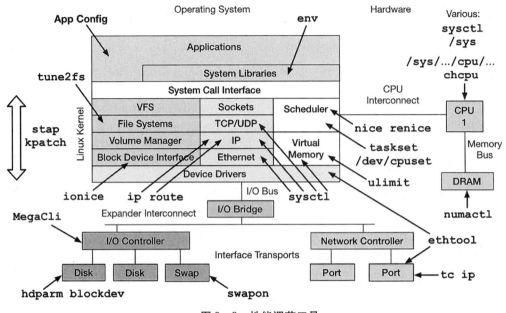

图 9 - 9 性能调节工具

9.5.2 存储

□ 固态硬盘

当使用固态硬盘时,可以使存储 I/O 性能与吞吐量大幅提升而带来诸多好处,比如普遍提高了虚拟机系统的创建与响应速度,用户体验也得以优化。

内核中特别针对固态硬盘的优化选项只有 TRIM 技术,其他诸如 I/O 调度、文件系统、缓存的优化具有普适性。由于现在的操作系统和服务器硬件已经针对固态硬盘默认启用了很多优化选项,所以笔者在此也不重复表述了。

□ I/O 调度

I/O 调度方式在第 7 章也已经有所介绍,但读者需要注意的是这些调度方式中的部分参数是针对机械硬盘的,所以在使用固态硬盘时可予以禁用。I/O 调度方式同样会与硬盘、文件系统、上层应用紧密相关,在进行选择时要做一定的测试工作。

□ 文件系统

现在发行版中的默认文件系统以 Ext4、Btrfs、XFS 为主,在此笔者推荐使用 Ext4 或 XFS,因为这两者在多数场景中都拥有相对平稳的表现,如果使用 Btrfs 则需要虚拟化平台做一些额外工作才能正常使用(前文所述的 COW 问题)。

文件系统的具体优化措施比较多,读者可以参考 RedHat 官方 Performance Tuning Guide。

□ 缓存

常用的缓存实现包括 FSCache、BCache、FlashCache、DM-Cache 等,它们可分别针对块

设备和网络文件系统进行缓存。虽然现在的分布式文件系统中已经自带了缓存机制,但在单机环境中这些工具仍有一定用途,笔者以 FSCache 和 BCache 为例简单介绍其使用方法。

FSCache 开启方法:

```
# 安装 cachefilesd
[root@ localhost ~]# dnf install cachefilesd

# 配置文件为/etc/cachefilesd.conf,其中的/var/cache/fscache 为默认目录,一般挂载 SSD 作为cache 目录
# 开启服务即可
[root@ localhost ~]# systemctl start cachefilesd; systemctl enable cachefilesd
```

BCache 开启方法:

```
# 安装 bcache-tools,包括 make-bcache、bcache-status、bcache-super-show 等
[root@ localhost ~]# dnf install bcache-tools

# bcache 中有 cache 设备和后端设备之分,其中 cache 设备的侧脸可配置回写或直写
# 将 SSD 设备节点/dev/sdb 作为 cache 设备,机械硬盘设备节点/dev/sdc 作为后端设备
[root@ localhost ~]# modprobe bcache
[root@ localhost ~]# make-bcache -C /dev/sdb -B /dev/sdc
[root@ localhost ~]# echo /dev/sdb > /sys/fs/bcache/register
```

9.5.3 网络

网络优化选项较多,且多针对改善其并发数、网络延迟、吞吐量。笔者常用的优化手段主要是调整/proc/sys/net/中的参数,以增加最大套接字连接数目为例。

```
[root@ localhost ~]# echo 256 > /proc/sys/net/core/somaxconn
```

9.5.4 主板选项

服务器的主板设置会对服务器性能有直接影响,主要包括性能选项、NUMA 选项、电源管理等。

首先,服务器 BIOS 中如果有性能选项,比如 Power Saving、Turbo Boost,需优先选择Turbo Boost 以在负载高时使 CPU 满频工作。

然后支持 NUMA 的主板中其 BIOS 选项可能会有 NUMA 开关选项,此选项默认开启。

最后即是电源 CPU 的硬件虚拟化支持与电源管理了。CPU 硬件虚拟化支持一般包括 VT-x、AMD－V、EPT、RVI 等,这些需要全部开启;由于现在的 CPU 支持多个级别的省电

状态,比如 C1/C1E(C3、C6)等,虽然操作系统可以对其直接进行控制,但笔者仍然推荐在存储服务器中关闭它们以避免 I/O 延迟现象,而在计算节点则可保持默认。

9.6 客户端部署

私有桌面云项目中,部署瘦客户端硬件或操作系统往往是较为消耗人力的部分,笔者将以亲身经验介绍如何对客户端的部署过程进行简化。

首先我们将客户端的部署过程分为上架和设置两个过程,其中上架即是安装客户端操作系统或者放置客户端,设置即是对客户端的 IP、连接信息等进行设置。

如果使用的是瘦客户端,那么只需要对其进行合理摆放即可,这一步通常需要人工操作;如果是在现有的 PC 上安装客户端操作系统,那么我们可以通过网络唤醒开启这些物理机,然后通过 PXE 安装操作系统。

当系统准备完成之后,需要设置客户端的 IP 信息与连接参数确保它们连接到正确的虚拟桌面。整个部署过程中比较耗时的部分主要集中在这里,笔者总结原因如下。

首先是网络环境的限制。客户端的网络环境中没有 DHCP 服务器,或者其 DHCP 服务器与 MAC 地址绑定,从而导致客户端不能自动接入网络,尤其当客户端数量较多且跨网段时。

然后是客户端系统的限制。有些私有云平台厂商的客户端系统并不是他们自己开发,所以他们很难对这些客户端进行一些预定义或批量管理,从而导致平台不能对客户端的连接、用户名、密码等信息进行统一设置,需要人工干预。

最后是平台功能的限制。当客户端网络环境良好且客户端系统是由平台厂商自己开发时,部署人员修改这些客户端的连接信息时就可以通过平台提供的批量部署管理工具进行操作,而另一些平台厂商并不提供这样的功能。

所以为了避免设置过程中的可能会发生的问题,笔者认为应首先确保网络环境的畅通,比如在客户端网络所在的环境中设置临时或永久的 DHCP 服务器并确保所有客户端接入网络,然后再对白牌/贴牌客户端和自研客户端加以区分,采取不同的部署方案。

针对**白牌/贴牌客户端**,我们能获取信息往往只有其 MAC 地址,原厂商可能会提供 API、管理工具等,但笔者仍以仅能获取 MAC 地址的客户端举例。首先在所有客户端上电之前,我们可以通过技术手段收集这批客户端的 MAC 地址,比如匹配扫描,如果客户端设备由于产品批次原因导致 MAC 地址跨度比较大,那么我们也可以对其进行提前登记。

收集 MAC 地址的好处是我们可以将 MAC 地址作为识别用户的关键字,如此一来客户端中只需要配置相同的登录信息(平台入口地址),然后交由平台根据不同的 MAC 地址分发桌面。这点与池桌面比较类似,但是在配置时不需要填写用户名与密码了。

如果采用**自研客户端**我们就可以对配置过程进行更加灵活地优化了。

比较通用的做法是让客户端系统对外提供 API,将诸如关机、重启、设置、执行命令、升级、发现等操作封装到 API 中,平台或工具可以对其进行统一调用,从而使得客户端配置更加方便快捷。笔者接触的一些客户端中,其管理平台发现客户端过程主要是通过扫描或广播实现,即客户端接收到平台发现请求后返回相关信息。

9.7　P－V 互迁

现有应用环境向云的迁移能力也是企业评估私有云平台的一个重要因素,其中以虚拟机为单位进行的迁移可分为 P2V 和 V2V 两种。

一般 P2V 实现可以参考物理机环境中常用的 Ghost、Clonezilla,也可以使用平台提供的专用工具,比如 libvirt 平台下可以使用 virt-p2v,VMWare 平台下可以使用 VMWare Converter。而 V2V 的方法相对 P2V 来说更自由一些,除了 virt-v2v、VMWare Converter 等工具,也可以直接对虚拟机的硬盘镜像进行转换,比如将 vmdk 转换为 qcow2 然后将其赋予虚拟机使用。关于迁移工具的具体使用,网络社区中都有较为详细的介绍,笔者在此不予赘述。

不管是 P2V 还是 V2V,期间不免会涉及虚拟机硬件配置的变化,比如物理机迁移至虚拟机、OpenStack、Xen、oVirt、ESiX 平台之间的互迁。以 P2V 为例,物理机的配置迁移至虚拟机后,主板各模块控制器配置、硬盘控制器、HBA 卡、网卡、内存、CPU 等发生了较大变化,虽然虚拟机系统对其中的某些变化并不敏感,但对于较为关键的硬盘控制器、网卡等还是比较挑剔的。在此,笔者将列出虚拟机最为敏感的几个设备的迁移方法进行介绍,供读者参考。

□ 硬盘控制器

硬盘控制器(含 HBA 卡)发生的变化主要体现在硬盘接口类型的变化,它们主要可以概括为 virtio、IDE、SCSI 三种类型。

首先我们需要确定迁移目标平台能提供的接口类型。默认情况下,OpenStack、oVirt、CloudStack 平台提供的是 virtio、IDE 和 SCSI 接口,VMWware Workstation/Player 提供的是 IDE 和 SCSI 接口,VMWare ESXi 提供的是含 Lsi Logic 适配器的 SCSI 接口以及普通的 IDE、SCSI 接口,Xen 平台提供的是 IDE 和 SCSI 接口(部分厂商也提供 virtio 接口),其中每个平台提供的与接口类型对应的具体控制器型号可能不同,但总体来说只要类型相同就可以互相兼容。

然后我们要确定迁移之前的物理机或虚拟机是否拥有此种接口。如果有,则迁移后的虚拟机通常状况下可以正常启动;如果没有,则需要提前安装目标平台的接口驱动并进行简单配置。未安装第三方驱动的情况下,现在主流的 Linux、BSD 发行版支持 IDE、SCSI、virtio 的硬盘接口,Windows 平台支持 IDE、SCSI,Solaris 同样仅支持 IDE、SCSI 接口。

其中 IDE、SCSI、virtio 之间的互相迁移比较简单,实际迁移时遇到的最大问题往往是从虚拟机含有 Lsi Logic SCSI 接口的 ESXi 平台迁移至其他平台。此时有两种解决办法,第一种是在原平台上将系统硬盘接口转换为不含 Lsi Logic 适配器的 SCSI 接口再进行迁移,第二种则是直接迁移后再在目标平台中针对此虚拟机添加 Lsi Logic 适配器。

第一种方法的具体步骤可参考 VMWare 官方知识库 KB2074628，笔者仅摘录其中的引导盘接口类型修改方法，如下所示：

要将现有 Windows 引导磁盘配置为使用 PVSCSI 适配器（即普通的 SCSI 适配器），请执行以下操作：

当客户机操作系统未配置 PVSCSI 驱动程序，且使用上述方法引导会出现 BSOD 时，必须采用本方法。此解决方法会强制客户机操作系统安装 PVSCSI 驱动程序。

1. 关闭虚拟机电源。

2. 创建一个新的 1 GB 临时磁盘（SCSI 1:0）并分配一个新的 SCSI 控制器（默认为 LSI LOGIC SAS）。

3. 将新的 SCSI 控制器更改为 PVSCSI。

4. 单击**更改类型**。

5. 单击 **VMware 准虚拟**，然后单击**确定**。

6. 单击**确定**退出"虚拟机属性"对话框。

7. 启动此虚拟机。

8. 在"磁盘管理"中验证是否可找到并查看新磁盘。此操作可确认已安装 PVSCSI 驱动程序。

9. 关闭虚拟机电源。

10. 删除 1 GB 临时 vmdk 磁盘和关联的控制器（SCSI 1:0）。

11. 按照步骤 3 至 5 的详细说明，将原始 SCSI 控制器（SCSI 0:X）更改为 PVSCSI。

12. 打开虚拟机电源。

要从附加到 PVSCSI 适配器的磁盘部署和启动 Windows 虚拟机，则必须在 Windows 客户机中安装 VMware PVSCSI 驱动程序。包含驱动程序的软盘映像可用于支持该软盘映像的 ESXi/ESX 版本。您可以在主机的 /vmimages/floppies/ 目录中找到所需的软盘映像。

这种方法通用型比较强，**读者可参考它进行 virtio、IDE、SCSI 硬盘接口之间的转换**。

另一种方法则针对目标是以 QEMU、Xen 作为模拟器的平台，具体实现即是在虚拟机命令行中加入 Lsi Logic 适配器的 rom 文件，同时将硬盘接口类型更改为 SCSI。

以 QEMU 为例，其中的 8xx_64.rom 即是 Lsi Logic 适配器的 rom 文件，可从 Lsi Logic 官网或社区下载：

```
[root@ node1 ~]# qemu-kvm -m 1024 -drive file=hda.raw,index=0,if=scsi,format=
raw -net nic -net user -option-rom 8xx_64.rom,bootindex=1
```

□ 网卡

一般来说，网卡在迁移后也会发生变化。但是这种变化相对来说就比较好处理，关键也是保证虚拟机内含有目标平台的虚拟网卡驱动，可参考硬盘控制器的迁移步骤进行操作。

但是对于依赖网络启动的虚拟机来说，情况就比较复杂了，尤其是使用 sanboot 无盘技术的虚拟机。因为这其中牵涉物理硬件的具体功能，迁移后的虚拟机除了要含有相关网卡驱动外，也要额外添加和修改系统文件才能正常启动。由于此种情况需要针对具体网卡，且不同网卡的方法不尽相同，所以笔者不予过多介绍，对这方面有兴趣的读者可以参考国内无盘系统的实施细节。

□　BIOS

迁移后 BIOS 变化产生的影响主要是在 Windows 这种激活机制依赖主板信息的操作系统。比较典型的是 SLIC 表的变化。SLIC 表位于主板 BIOS 中,它包含了很多主板厂商的信息以及二进制形式的密钥,是进行 Windows OEM 激活的关键部分。

一般来说,虚拟机的 BIOS 是由模拟器提供,而 QEMU 模拟器 BIOS 中的部分信息需要从主机 BIOS 中读取,SLIC 表就属于这部分内容。

某些白牌/贴牌服务器 BIOS 中很可能没有 SLIC 表,那么我们购买的 Windows OEM 许可则无法对其进行激活,此时我们就需要对 QEMU 的 BIOS 稍作修改以保证许可可进行激活。

首先下载 QEMU 的 BIOS 实现,即 seabios 的源码。

```
[root@ node1 ~]# git clone git://git.seabios.org/seabios.git seabios
```

然后找到其中的 acpi.c 文件并添加 OEM SLIC 信息,具体代码与 seabios 版本有关,笔者下载时的版本号为 1.7.2。

```
[root@ node1 ~]# cat slic.patch
--- a/src/acpi.c   2013-01-19 06:44:54.000000000 +0600
+++ b/src/acpi.c   2013-05-07 01:16:30.000000000 +0600
@ @ -214,6 +214,11 @ @

# include "acpi-dsdt.hex"

+# define CONFIG_OEM_SLIC
+# ifdef CONFIG_OEM_SLIC
+# include "acpi-slic.hex"
+# endif
+
static void
build_header(struct acpi_table_header * h, u32 sig, int len, u8 rev)
{
@ @ -226,6 +231,10 @ @
    h->oem_revision = cpu_to_le32(1);
    memcpy(h->asl_compiler_id, CONFIG_APPNAME4, 4);
    h->asl_compiler_revision = cpu_to_le32(1);
+    # ifdef CONFIG_OEM_SLIC
+    if (sig == RSDT_SIGNATURE) //only RSDT is checked by win7 & vista
+    memcpy(h->oem_id, ((struct acpi_table_header * )SLIC)->oem_id, 14);
+    # endif
    h->checksum -= checksum(h, len);
}

@ @ -827,6 +836,15 @ @
```

```
    ACPI_INIT_TABLE(build_srat());
    if (pci->device == PCI_DEVICE_ID_INTEL_ICH9_LPC)
        ACPI_INIT_TABLE(build_mcfg_q35());
+   #ifdef CONFIG_OEM_SLIC
+   void *buf = malloc_high(sizeof(SLIC));
+   if (!buf)
+     warn_noalloc();
+   else {
+     memcpy(buf, SLIC, sizeof(SLIC));
+     ACPI_INIT_TABLE(buf);
+   }
+   #endif

    u16 i, external_tables = qemu_cfg_acpi_additional_tables();

#打补丁
[root@node1 seabios]#patch -p1 src/acpi.c < slic.patch
```

其中添加的 acpi-slic.hex 文件即是 SLIC 表,它的内容来自社区提供 SLIC 表或者可进行激活的 OEM 主机 BIOS。

```
#从社区提供的 SLIC 表压缩包中解压得到对应品牌型号的主机 SLIC 表,本书成文时版本为2.1
[root@node1 seabios]# xxd -i Dell-2.1.BIN | grep -v len | sed 's/unsigned char.*/
static char SLIC[] = {/'> seabios.submodule/src/acpi-slic.hex

#或者直接从主机生成
[root@node1 seabios]# xxd -i /sys/firmware/acpi/tables/SLIC | grep -v len | sed 's/
unsigned char.* /static char SLIC[] = {/'> seabios.submodule/src/acpi-slic.hex
```

最后,进行编译并使用新的 seabios.bin 作为 QEMU BIOS 启动虚拟机。在激活之前,可以使用 slic-toolkit 查看系统的 SLIC 表。

```
#其中 Dell-2.1.BIN 可替换为 /sys/firmware/acpi/tables/SLIC
[root@node1 seabios]# qemu-kvm -hda hda.raw -bios ./seabios.bin -acpitable file=
Dell-2.1.BIN
```

9.8 数据备份

数据备份也是很多用户与厂商关心的内容,对应的商业软件与开源软件也比较多,笔者在此不一一列举,仅就它们的备份方式予以简单介绍。私有云中的备份主体可简单划分为业务数据和云平台数据,其中业务应用运行于云平台之上,且每部分都包含对应的应用程序、数据库、文件系统、虚拟机等具体备份对象。备份是灾难恢复的条件之一，业内通常将这两者合成为**灾备**。

对于迁移到云中的业务数据部分，可继续使用之前的备份软件和机制，以使得备份数据与往日的副本格式保持相同，从经验上避免潜在的软件风险；与此同时，针对文件系统的备份软件可能会有所改变，因为很多全盘备份软件对硬盘接口有要求，比如仅兼容 IDE 或 SATA 接口，但部分平台提供的是专用的虚拟硬盘接口；虚拟机实例则可对其快照、虚拟硬盘分别进行备份。平台数据即是私有云平台运行所需的数据，备份对象以平台应用、日志文件、数据库为主，一般不对服务器文件系统进行备份。

现在国内灾备厂商对备份的分类方法比较多，比如可以按照备份发生时业务是否上线分为**离线备份**、**在线备份**两种方式，其中时间窗口很小的在线备份又叫做**实时备份（CDP）**；按照备份存储介质可分为**硬盘备份**、**磁带备份**、**光盘备份**等；按照备份目标存储所在数据中心的地理位置分为**本地备份**和**异地备份**；按照备份对象与备份目标存储的对应关系可分为**一对一备份（专用备份）**、**多对一备份（集中备份）**、**一对多备份（多副本备份）**；按照备份的存储形式又可分为**增量（差量）备份**和**完全备份**。

灾备技术指标中最为重要的是 **RTO**、**RPO**。RTO 即是 Recovery Time Objective，表示企业能接受业务离线的最长时间；RPO 即是 Recovery Point Objective，表示企业能接受的数据备份之间的最大时间间隔。

接下来笔者结合以往经验，对私有云灾备中的虚拟机实例离线、在线备份做简单介绍。

9.8.1　离线备份

当业务运行时对数据进行备份有可能对用户造成影响，所以离线备份的时间通常选在业务量相对较少的时间段内，这会因行业的不同而有所差异。

与虚拟机实例相关的数据主要包括硬盘镜像文件、硬盘快照文件、内存快照文件、虚拟机描述文件等。当对它们进行离线备份时，业务下线的同时需至少保证虚拟机完全关机，否则可能会造成虚拟机系统数据不连续。如果在虚拟机开机状态下进行离线备份，则需注意对虚拟机进行制作快照的操作，以作为恢复的目标位置。由于虚拟机镜像文件相对业务数据比较大。所以在备份时一般采用增量备份的方式，且传输时保留其中的文件空洞（技术实现可参考第 7 章的镜像格式一节）。

业务数据可脱离云平台进行单独备份，且使用专用的存储设备，优先考虑使用完全备份策略。业务数据的备份与平台数据的备份可以交叉或同时进行，需根据具体场景加以权衡。

离线备份较在线备份来说，周期较长，数据量较大。针对虚拟化的离线备份软件厂商有 Veeam、Symantec、IBM、VMWare 等。

9.8.2　在线备份

传统的在线备份（比如闲时备份）往往都会对业务产生一定影响，而在云平台中这点影响一定程度上被虚拟化技术弱化了。

由于模拟器可以对虚拟机的运行状态与硬盘镜像快速拍摄快照,并将其保存至文件,从而保证备份发生的时刻业务会话状态也被保存,可进行短周期数据快速恢复。然后将单独的快照文件备份至存储时,最好将其与快照拍摄操作分离,并使用相对高速的备份存储后端以尽可能减少备份时间。

虽然可以使用虚拟机进行业务数据的在线备份,但出于安全考虑我们仍要对其进行备份。当出现事故时,某个时间节点上虚拟机实例中的业务数据可能和备份的数据发生重叠,一般需要从中选择一个作为恢复目标。

在线备份除了使用第三方厂商的专用软件外,其他工作仍主要是由云平台厂商自己完成,所以在这个层面,某些灾备背景的私有云厂商会更有技术优势。

第10章 运维与测试工具

本章将介绍一些通用的云平台运维、测试工具,关于它们的使用方法网上有很多资源,所以笔者仅就它们的技术对比选型予以介绍,以供读者参考。

10.1 监视与日志管理

私有云平台的监视与日志管理需求一般来说并不是很强烈,仅具备基本的性能监视和日志查看即可。但随着 IT 管理的日益复杂,普通的监视与日志查看功能已经不能满足用户需求,而多数开源云平台在这两点上并没有提供完整的解决方案,很多时候仍需要借助第三方系统实现综合管理。

10.1.1 监视

一般我们使用开源的 Zabbix、Nagios、Ganglia、Cacti、Munin 等,在虚拟机性能、节点性能、各层级应用服务健康进行详细的监视并予以图形化展示。

第三方监控程序在功能上都大同小异,目前对虚拟化和容器的支持都比较完善,都可以进行定制并嵌入至云平台中。笔者认为监控的选择如同操作系统的选择,除了功能外,更重要的是管理员习惯,所以这点将不进行过多讨论。

10.1.2 日志管理

平台中实例内的服务、平台本身都会产生大量日志,某些平台虽然已经集成了日志管理系统,但记录范围十分有限,往往仅限于平台本身,并不包括实例内的服务,所以拥有单独的日志管理系统是很有必要的。

在日志管理上,通常包括收集、分析、展示 3 个过程,它们可分别由不同的程序负责,且可选工具也是非常丰富,但笔者认为在这些方面同时做的最好的是 ELK 与 Splunk(商业软件,不作过多介绍)。

ELK 是 Elastic 公司的 Elasticsearch、Logstash、Kibana 三种开源产品的组合,其中 Elasticsearch 用于索引并检索 Logstash 收集的日志数据,Kibana 则为这两者提供了较为基础的管理界面,并且社区提供了丰富的界面模板,如图 10 - 1 所示。

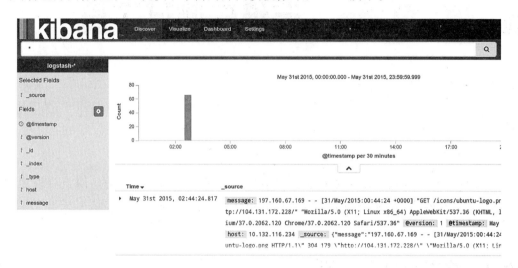

图 10 - 1　ELK 日志系统界面

当服务器、虚拟机、容器中的日志被定时收集以后,我们便可以在界面中进行搜索,并且可以查看图形化结果,如果结合外部程序则可实现基本事件预警机制。

10.2　主机管理与配置

配置工具能使管理员的工作包括系统安装、应用安装、升级维护等工作更加轻松,而主机管理侧重于机房资源的整体管理。

10.2.1　自动配置

现在比较主流的配置工具包括 Ansible、Chef、Puppet、SaltStack 等,其对应的社区文档也比较齐全。抛开它们之间实现上的区别,从笔者的初步使用经验来看,Chef 和 Puppet 对管理人员的编程能力有一定要求,而 Ansible 和 Salt 只需要管理员使用较为简单的配置和命令即可完成任务。Ansible 直接使用 SSH 作为通信方式,它在配置上比较简单,很适合管理员快速上手;SaltStack 使用 Python 作为主要语言,并且使用消息队列机制,所以其执行效率有一定保证;Chef 和 Puppet 的开发一般使用 Ruby 作为主要语言,Chef 配置的需要 Ruby 代码直接实现,而 Puppet 有一定的上层封装。

综合来说,笔者建议在基础架构部署时使用 Ansible 或 SaltStack,而部署较为精细、复杂的软件时可使用 Chef 或 Puppet。

10.2.2　主机管理

主机管理工具是从资源管理方面入手,对整个平台的基础设施进行规划、管理的软件。对于云平台而言,其本身提供的管理方法往往不足以管理物理硬件,所以需要借助于外部管理软件。

笔者一般使用 Foreman/Katello 进行主机管理,包括它能够清晰地展示集群中每个服务器资源,并且借助于外部插件可轻易将 VMWare ESXi、OpenStack、oVirt、CloudStack 等平台的虚拟机作为其主机资源进行安装配置,新版本甚至提供了容器实例的管理支持,如图 10-2 所示。

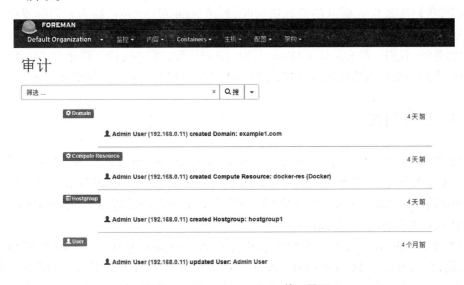

图 10-2　Foreman/Katello 管理界面

使用 Foreman/Katello 的优势在于当面临混合云平台的场景时,管理员能够轻松管理位于不同平台中的集群服务器,结合自动配置工具(Puppet)可实现初步的自动化运维。

10.3　负载均衡与高可用性

负载均衡与高可用性是常见的提高集群服务能力的方法。它们的主要区别在于负载均衡中的服务器会同时对外提供服务从而增强整体并发能力间接提高稳定性,单节点故障只会降低其集群的并发能力;而高可用性集群中的服务器同时只能有一台(组)对外提供服务,其并发能力有限。当单节点故障时,服务会交由其他服务器继续提供,从而提高单个服务的稳定性。很多场合中两种都可以互相嵌套使用,比如负载均衡集群中的每个服务节点都由一个高可用集群组成,或者高可用性集群中的每个服务节点都由一个负载均衡集群组成。

10.3.1　负载均衡

开源的负载均衡手段包括 LVS、Nginx、HAProxy 等,它们虽然作用相同,但实现方法确各有优劣。

以笔者的使用经验来看,LVS 负载分发能力较强,工作在网络 4 层,应用广泛但配置较为复杂且不支持正则表达式,其作者是业内著名的章文嵩博士;Nginx 工作在网络 7 层,它能够针对不同的域名、目录别名做分流,并且具备一定的后端健康度检查能力,并且其反向代理功能也很实用,唯一的缺点是某些高级功能仅在其收费版中支持;HAPorxy 与 LVS 类似,但可以对后端健康度进行检查,同时分发算法也更为丰富。

通常,我们在做 Web 服务的负载均衡时,首选 Nginx/HAProxy,因为它们配置最为方便,除非某些节点需要对外提供 API 服务,我们才会使用 LVS 作为其负载均衡手段;当做数据库服务时,我们一般会选择 HAProxy/LVS,因为只有它们才支持 4 层分发。另外,不管使用何种负载均衡措施的场景,往往都需要一定的高可用性措施以确保服务稳定。

10.3.2　高可用性

常见的高可用性工具有 heartbeat、corosync、keepalived、pacemaker 等,其主要区别是 pacemaker 之类的资源管理工具将确保后端服务资源至多同时出现在一个节点上,keepalived 则保证其提供的虚拟(共享)IP 至少有一个可用后端服务节点,而 corosync 和 heartbeat 仅负责节点之间的通信。

以实现 MySQL 服务的高可用性为例,我们可使用 keepalived 提供一个虚拟 IP 以供客户端连接,同时在后端使用 corosync 或 heartbeat 检查服务与节点健康,当出现异常时 pacemaker 会关闭异常节点的 MySQL 服务,同时在其他正常的节点中选择一个并启动 MySQL 服务,虚拟 IP 也会在正常节点上出现。这期间需要确保节点看到的位于共享存储上的 MySQL 数据的一致性,比较经典的做法是使用 DRBD 进行数据同步,读者如果阅读了第 7 章内容会发现带有 sanlock 机制分布式存储也可以用于此种场景。

10.4　测试

私有云中的测试主要分为性能指标测试和功能单元测试,主要考量服务器、操作系统、hypervisor、虚拟机的综合能力。但由于笔者经验有限,所以仅对其中较为熟悉的工具予以介绍,以供读者参考。

10.4.1　性能测试

服务器的性能测试工具我们可以参考图 10-3,其中标注了系统每一层的常用命令。

在云平台的一些调度机制实现时也会用到性能测试工具,比如 dd、fio、openssl 等。

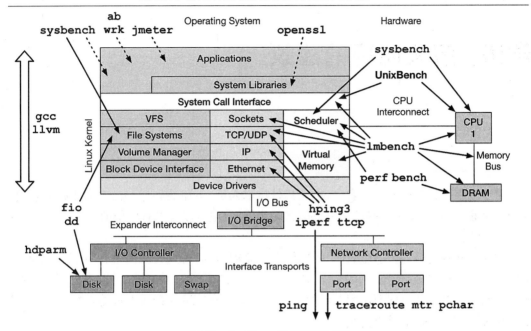

图 10 - 3　Linux 性能测试工具

　　针对云桌面的测试,笔者推荐使用 Login VSI 系列产品。它能够针对虚拟化环境中的桌面、服务器进行完整、详细的测试,且能够给出改进建议、找出性能软肋,是目前云桌面环境首选测试工具。

10.4.2　功能测试

　　这里的功能测试仅限于虚拟化相关功能,比如 QEMU、libvirt、OpenvSwitch 等。目前社区比较推荐的是 virt-test,它来自 autotest(Google、IBM、RedHat 等公司合作贡献的内核测试项目),是一种针对 QEMU 的自动化测试工具。其使用也比较简单,仅需要安装 virt-test 及相关工具即可,目前仅支持运行在 Linux 操作系统中。

结语：解决问题的建议

对于从事云计算行业的读者来说，尤其是技术人员，不免遇到凭一己之力难以解决的问题。对此，笔者总结了一些关于解决问题的建议，希望对读者能有所帮助。

☐ 原因排除

在遇到问题之后，首先列出这个问题的潜在原因，然后对这些原因进行可能性大小的排序。又由于这些排除可能原因的所需要进行的测试工作量不一样，所以我们要有选择的进行测试。对于部分问题所引起的"Google 风暴"（短时间内查阅大量搜索结果），我们尽量从关键字的选择上予以避免。

☐ 查看文档

这一步我们应该在使用软件或硬件之前已经做到，但出现的问题可能是由于误差或者环境不同导致的，其开发商或作者在这方面理应有比较明确的解释而将其标注在使用文档中。

☐ 日志收集

日志收集是必须的，除了软件本身的日志外，也需要收集系统信息，包括内核、系统服务等。注意经常查看/var/log/下内容变化，如果有统一的日志收集工具更好。

☐ 调试跟踪

当错误被定位到某几个命令或进程时，我们可使用 gdb、trace 之类的调试跟踪工具对软件进行快速调试，以进一步确定错误根源。使用调试跟踪工具时需注意软件支持情况，某些软件可能带有防破解机制从而导致调试失败。

☐ 阅读源码

阅读源码有时并不是快速解决问题的有效途径，但它能帮助我们理解软件的具体实现。有经验的读者能通过源码直接判断问题所在，经验略微欠缺者则能通过阅读源码而对软件有一定的感性认识。

☐ 寻求帮助

如果问题凭一己之力实在难以解决，我们可以从即时通讯群、邮件列表、行业专家甚至开发者寻求帮助。不管哪种方式求助，这些人的时间都是非常宝贵的，所以在这之前请收集完整日志并确认错误出现时的系统环境。

☐ 换一种思考方式

现在软件的绝大多数功能都是以往软件的升级版，所以我们可以将这些软件的实现与其他软件进行横向对比，或者查看其 changelog 进行纵向对比。为了理解软件的架构，我们可能需要将其实现框架画出来，以能形象地展示各模块功能，同时也能较准确地定位错误模块。即使是某些功能特别的软件，其实现也可分解为既有功能的组合，所以这类软件问题也可被看作具体模块或者组合上的问题加以对待。

参考文献与开源项目

参考文献

［１］ 肖力.深度实践 KVM［M］.北京：机械工业出版社,2015.

［２］ 任永杰.KVM 虚拟化技术：实战与原理分析［M］.北京：机械工业出版社,2013.

［３］ 敖青云.存储技术原理分析——基于 Linux 2.6 内核源代码［M］.北京：电子工业出版社,2011.

［４］ 华为 Docker 实践小组.Docker 进阶与实战［M］.北京：机械工业出版社,2016.

［５］ Brendan Gregg.性能之巅［M］.徐章宁,吴寒思,陈磊.北京：电子工业出版社,2015

［６］ 英特尔开源技术中心.Open Stack 设计与实现［M］.北京：电子工业出版社,2015.

［７］ 李智慧.大型网站技术架构：核心原理与案例分析.北京：电子工业出版社,2013.

［８］ 白英彩,章仁龙.英汉信息技术大辞典［M］.上海：上海交通大学出版社,2014.

［９］ 薛质,白英彩.英汉计算机通信辞典［M］.上海：上海交通大学出版社,2016.

［10］ Roy Thomas Fielding. Architectural Styles and the Design of Network-based Software Architectures［D/ OL］. http://www.ics.uci.edu/~fielding/pubs/dissertation/top.htm, 2000.

［11］ Daniel P. Bovet. Understanding the Linux Kernel, third edition［M］. California：O'Reilly, 2005.

［12］ Andrew S. Tanenbaum, David J. Wetherall. Computer Networks［M］. New Jersey：Prentice Hall, 2010.

［13］ Paul Goransson. Software Defined Networks：A comprehensive approach［M］. San Francisco：Morgan Kaufmann, 2014.

［14］ W. Richard Stevens, Stephen A. Rago. Advanced Programming in the UNIX Environment, Third Edition［M］. Boston：Addison-Wesley Professional, 2008.

［15］ Kevin R. Fall, W. Richard Stevens. TCP/ IP Illustrated, Volume 1：The Protocols (2nd Edition)［M］. Boston：Addison-Wesley Professional, 2011.

［16］ Diomidis Spinellis, Georgios Gousios. Beautiful Architecture：Leading Thinkers Reveal the Hidden Beauty in Software Design［M］. California：O'Reilly, 2009.

［17］ Hideto Saito, Hui-Chuan Chloe Lee, Ke-Jou Carol Hsu. Kubernetes Cookbook［M］.

Birmingham：Packt Publishing，2016.

[18] James Denton. Learning OpenStack Networking（Neutron）— Second Edition［M］. Birmingham：Packt Publishing，2016.

[19] Thomas F. Herbert. SDN, Openflow, and Open vSwitch：Pocket Primer（Pocket Primer Series）［M］. Virginia：Mercury Learning & Information，2014

[20] Uresh Vahalia. UNIX Internals：The New Frontiers［M］. London：Pearson，1996.

[21] Frederick P. Brooks Jr. The Mythical Man-Month Essays on Software Engineering［M］. Boston：Addison-Wesley，1995.

[22] Steve D. Pate. UNIX Filesystems：Evolution, Design, and Implementation 1st Edition ［M］. New Jersey：Wiley，2003.

[23] Maurice J. Bach. The Design of the UNIX Operating System 1st Edition［M］. New Jersey：Prentice Hall，1986.

开源项目

[1] QEMU. http://wiki. qemu. org/Main_page

[2] OpenStack. http://www. openstack. org.

[3] oVirt. http://www. ovirt. org

[4] OpenShift. http://www. openshift. com

[5] CloudStack. http://cloudstack. apache. org

[6] Docker. http://www. docker. com

[7] Kubernetes. http://kubernetes. io

[8] Mesos. http://mesos. apache. org

[9] OpenvSwitch. http://openvswitch. org

[10] Glusterfs. http://www. gluster. org

[11] Ceph. http://ceph. com

[12] VirtualGL. http://www. virtualgl. org

[13] libguestfs. http://libguestfs. org

[14] Linux Terminal Server Project. http://www. ltsp. org